Principles and Technologies for
High-Value Utilization of C9 and C10 Fraction

# 碳九碳十馏分
# 高质化利用原理与技术

李爱元　王楷　孙向东　等　著

化学工业出版社
·北京·

**内容简介**

本书在分析碳九碳十馏分综合利用现状及发展趋势的基础上，从碳九碳十馏分的组成和性质、碳九碳十馏分的分离方法及工艺、碳九碳十馏分深加工技术与产品、碳九石油树脂加氢改性和碳九碳十馏分产品检测等方面，全面介绍碳九碳十馏分高质化利用的原理与技术。

本书可供从事碳九碳十馏分深加工的企业从业人员和相关研究人员参考使用。

**图书在版编目（CIP）数据**

碳九碳十馏分高质化利用原理与技术 / 李爱元等著. 北京 ：化学工业出版社，2025. 12. -- ISBN 978-7-122-46327-2

Ⅰ. TQ21

中国国家版本馆 CIP 数据核字第 20246230BS 号

责任编辑：王淑燕　提　岩　　　文字编辑：王丽娜
责任校对：宋　玮　　　装帧设计：王晓宇

出版发行：化学工业出版社
（北京市东城区青年湖南街 13 号　邮政编码 100011）
印　　装：涿州市般润文化传播有限公司
710mm×1000mm　1/16　印张 15¼　字数 237 千字
2025 年 12 月北京第 1 版第 1 次印刷

购书咨询：010-64518888　　　售后服务：010-64518899
网　　址：http://www.cip.com.cn
凡购买本书，如有缺损质量问题，本社销售中心负责调换。

定　　价：58.00 元

# 前言

碳九碳十馏分主要来源于催化重整和裂解制乙烯副产的芳烃馏分。随着我国乙烯工业的大发展，碳九碳十馏分的产量快速增加，国内碳九碳十馏分综合利用迎来新的发展机遇。但在高端石油树脂、加氢催化剂和环烯烃共聚物（COC）等行业高端产品和关键技术方面还较为依靠国外。作者致力于碳九碳十馏分综合利用研究工作二十多年，先后主持和参与了柔性氢化石油树脂制备及其单体浇注尼龙（又称 MC 尼龙）增韧作用研究、$\alpha$-蒎烯/间戊二烯共聚物的合成及结构和性能的研究、乙烯碳九提取双环戊二烯及双甲基环戊二烯产业化、万吨级碳九加氢树脂催化生产工艺产业化、17 万吨/年碳五碳九综合利用产业化和 10 万吨/年碳九综合利用产业化等理论和成果转化项目，研究成果获浙江省科技进步奖 2 项、宁波市科技进步奖 4 项（其中一等奖 1 项）。作者在总结国内外碳九碳十馏分高质化利用理论研究和产业化技术开发的基础上，结合从事该领域的研究工作经验，探索性地撰写了本书。

本书的主要内容包括碳九碳十馏分的组成和性质、碳九碳十馏分的分离方法及工艺、碳九碳十馏分深加工技术与产品以及国内外碳九碳十高质化利用的发展趋势，特别是功能化石油树脂和加氢改性是我国碳九碳十馏分高质化利用的重点发展方向。本书可作为从事碳九碳十馏分相关领域的科研人员、管理人员、企业家和信息技术人员的专业参考资料，也可作为大中专院校学生相关课程的参考书。

本书由李爱元、王楷、孙向东主笔，张慧波、彭振博、李浩、周晓燕、陈碧芬、董艳杰、李来福、王斌、徐少飞、曹恒升、郁之义、方意琦、王泽和衡超也参加了撰写工作。本书得到了浙江省科技厅、浙江省教育厅、宁波市科技局和宁波市科协等部门的大力支持，在此致以衷心的感谢。对给予工作支持的宁波职业技术大学和恒河材料科技股份有限公司的领导及相关同事，也致以诚挚的谢意。还要感谢对本书给予启示、参考的有关文献作者们。

限于作者水平，虽力求完善，仍难免存在不足之处，敬请广大读者不吝赐教。

李爱元<br>2025 年 5 月

目录

## 第5章 碳九石油树脂加氢改性 085

## 第 6 章　碳九碳十馏分产品检测　107



## 附　录　140

# 第1章

# 绪　论

## 1.1 碳九碳十馏分的产生

碳九碳十馏分主要指裂解制乙烯装置和芳烃联合装置重整的副产馏分，按来源不同可以分为裂解碳九碳十馏分和重整碳九碳十馏分。其中裂解碳九碳十馏分来自乙烯装置，重整碳九碳十馏分来自芳烃联合催化重整装置。

### 1.1.1 我国乙烯工业和芳烃工业发展概述

乙烯工业是我国石油化工的核心，石化产品原料75%以上来自乙烯产业链，具有极为广泛的工业用途。乙烯及其衍生物是交通、电子、电器、医疗、农业、日用品等产业的基本原料，这些基本原料在国民经济中占有重要的地位，对促进国民经济高质量发展以及改善人民生活水平具有重要作用。截至2024年底我国乙烯生产相关企业约有70家，产能达5384万吨/年，已跃居全球第一。近年来，各大民营企业快速崛起，迎来了发展的高峰期，其中有代表性的企业有恒力石化股份有限公司、盛虹石化产业集团、山东裕龙石化有限公司以及浙江石油化工有限公司等；国内央企石化巨头也稳步发展，如中国石油化工集团有限公司（简称中国石化）、中国石油天然气集团有限公司（简称中国石油）、中国中化集团有限公司，大批炼化一体化项目相继投产；外资石化巨头也竞相布局中国石化市场，如埃克森美孚、巴斯夫、壳牌、沙比克，与国内石化企业开展深入合作，开辟多元化市场。据统计，截至2024年底，我国在建和拟建乙烯项目13项。预计至2030年，我国乙烯总产能将达9000万吨/年，基本满足国内市场需求。裂解碳九碳十馏分主要来自乙烯装置。

随着全世界二甲苯和聚酯产能需求的增加，芳烃装置处于高速发展阶段，为重整碳九碳十馏分深加工提供了机遇。近年来，在工程塑料、涤纶纤维、涂料、特种酚醛树脂、医药、农药等终端应用领域不断发展的背景下，国内对二甲苯市场需求不断增加。2024年我国对二甲苯产量为3739万吨，表观需求量为4623万吨，对二甲苯存在较大市场空间。在需求量持续增加的驱动下，国内布局对二甲苯领域企业数量不断增加，主要企业有浙江石油化工有限公司、恒力石化（大连）有限公司、宁波中金石化有限公司、中国石化海南炼油化工有限公司、福建福海创石油化工有限公司、大连福佳大化石油化工股份有限公司、东营华联石油化工有限公司等，其中2022年浙江石化与恒力集团是国内对二甲苯产能第一、第二企业。2030年我国对二甲苯自给率将达到90%，产能将达到4500万吨/年。重整碳九碳十馏分主要来自芳烃联合重整装置。

## 1.1.2 碳九碳十馏分的来源

（1）裂解碳九馏分（裂解汽油）

裂解碳九馏分是石脑油及其他重质裂解原料蒸气经过乙烯裂解过程形成的馏分，经分离脱除 $C_5\sim C_8$ 馏分得到的剩余馏分，裂解碳九馏分占乙烯总产量的5%～15%[1]。图1.1为乙烯装置副产裂解碳九馏分工艺图。

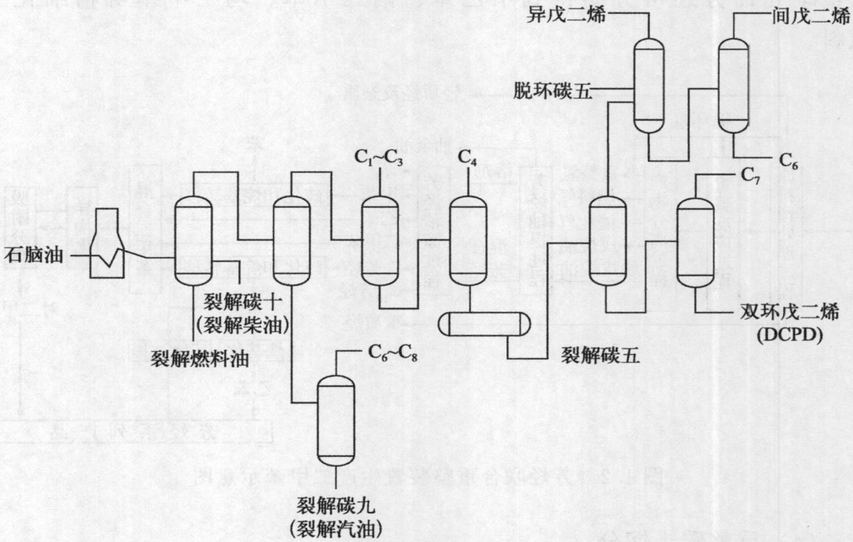


图1.1 乙烯装置副产裂解碳九馏分工艺图

（2）裂解碳十馏分（裂解柴油）

裂解碳十馏分是制备乙烯时的副产物，由裂解气分离过程中油洗塔侧线抽取馏程在200～300℃的馏分，主要由茚、甲基茚、二乙烯苯、萘等组分构成（来源见图1.1）。其产率因所用裂解原料的不同而有较大的差异，以柴油及重质烃为原料时产率一般约5%（质量分数），以石脑油或轻质烃为原料时则产率较少。裂解碳十馏分组成中绝大部分是 $C_{10}\sim C_{16}$ 芳烃，主要由萘及其衍生物构成，可作为脱烷基法制萘的原料，也可直接用作燃料油。以大庆轻柴油作裂解原料为例，裂解轻柴油的主要组分中萘占 7.83%（体积分数），其衍生物约占 66%（体积分数）。

（3）重整碳九馏分

重整碳九馏分主要来自芳烃联合装置中重整产出的重芳烃经分离碳十及碳十以上组分后得到的产物，富含大量均三甲苯、连三甲苯、偏三甲苯、甲乙苯以及萘等精细化工的重要中间体，附加值高。根据重整装置原料的不同，重整碳九馏分占重整产物的 20%～30%。

重整碳九馏分中富含的三甲苯可以通过芳烃歧化或烷基转移工艺将其转化为苯和二甲苯，图 1.2 是 $C_9$ 馏分转化为二甲苯的示意图。由 100 份甲苯和 80 份 $C_9$ 芳烃可制得 36 份苯和 102 份对二甲苯。根据化工需要，重整碳九馏分还可分离得到甲乙苯、偏三甲苯、均三甲苯等精细化工原料。

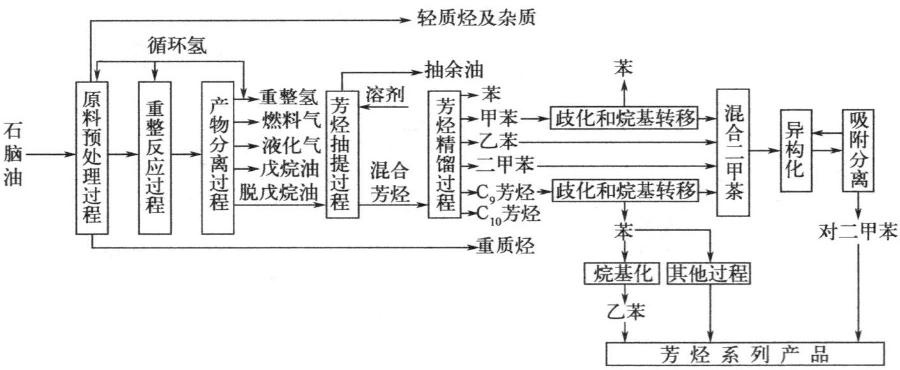


图 1.2　芳烃联合重整装置生产二甲苯示意图

（4）重整碳十馏分

重整碳十馏分主要来源于芳烃联合装置中碳十及碳十以上芳烃构成的重质芳烃馏分。重整碳十馏分主要由四甲苯以及萘馏分组成，可分离得到均四甲苯、萘等精细化工原料，是非常宝贵的化工资源[2]。

### 1.1.3　碳九碳十馏分应用领域

碳九碳十馏分组成极其复杂，由 150 多种组分构成，其中以不饱和组分居多，主要有苯乙烯（St）、α-甲基苯乙烯（α-St）、双环戊二烯（DCPD）、茚、萘等组分，以及环戊二烯（CPD）、甲基环戊二烯二聚体

(DMCPD) 等。其中甲基苯乙烯、双环戊二烯以及茚在碳九馏分中的含量最高。目前，国内碳九碳十馏分应用主要集中在 6 个方面：①裂解碳九加氢、重整碳九精制生产高品质芳烃溶剂油；②裂解碳九、裂解碳十生产石油树脂、加氢石油树脂、共聚石油树脂；③重整碳十生产石油萘；④重整碳九分离制备偏三甲苯、均三甲苯、甲乙苯等化工原料；⑤裂解碳九分离制备甲基环戊二烯二聚体、双环戊二烯等高价值精细化学品[3-4]，双环戊二烯是生产下游高附加值产品如高纯环戊二烯的原料，甲基环戊二烯是合成高级树脂和染料以及汽油添加剂的主要原料[5]；⑥裂解碳九抽提苯乙烯，苯乙烯是各类树脂以及橡胶产品的生产原料，在许多领域有着广泛应用。目前，碳九碳十馏分提取技术难度较大，利用难度较高，部分作为燃料燃烧，造成严重资源浪费。如何对碳九碳十馏分进行高效分离，充分挖掘各组分潜在的利用价值，是未来石油化工行业的重要发展方向。碳九碳十馏分综合利用示意图如图 1.3 所示。

#### 1.1.3.1 碳九石油树脂

碳九石油树脂是以乙烯副产碳九馏分为主要原料，通过热聚合或催化聚合或将其与芳烃、醛类、萜烯类化合物共聚制备得到的热塑性树脂。其中双环戊二烯含量高的原料［20%（质量分数）以上］采用热聚合方法生产深色热聚石油树脂；双环戊二烯含量低的原料采用催化聚合方法生产浅色石油树脂。碳九石油树脂为非极性聚合物，具有良好的耐水性、耐酸碱性、耐候性、耐光老化性、有机溶剂溶解性、相容性、增黏性以及黏结性，在涂料、橡胶助剂、塑料和沥青等领域有广泛的应用[6]。

碳九石油树脂可以作为涂料的基础原料，制成各种颜色的涂料，利用碳九石油树脂改性的涂料具有优异的耐候性、耐腐蚀性和耐磨性，可以有效保护被涂物表面，延长其使用寿命；碳九石油树脂可以与天然橡胶或合成橡胶混合，制成各种橡胶制品，如轮胎、密封件、管道等，利用碳九石油树脂改性的橡胶具有优异的耐磨性、耐油性和耐化学品性，可以满足各种复杂环境下的使用要求；碳九石油树脂可以作为改性剂，制备各种塑料产品，如塑料管、塑料板、塑料薄膜等，利用碳九石油树脂改性的塑料制品具有优异的机械性能、耐化学品性和耐热性；碳九石油树脂还可以与各类沥青混合，制成各种沥青产品，如路面沥青、防水沥青等，利用碳九石油树脂改性的沥青制品具有优异的耐候性、耐水性和耐化学品性，可以有效地保护路面和建筑物。

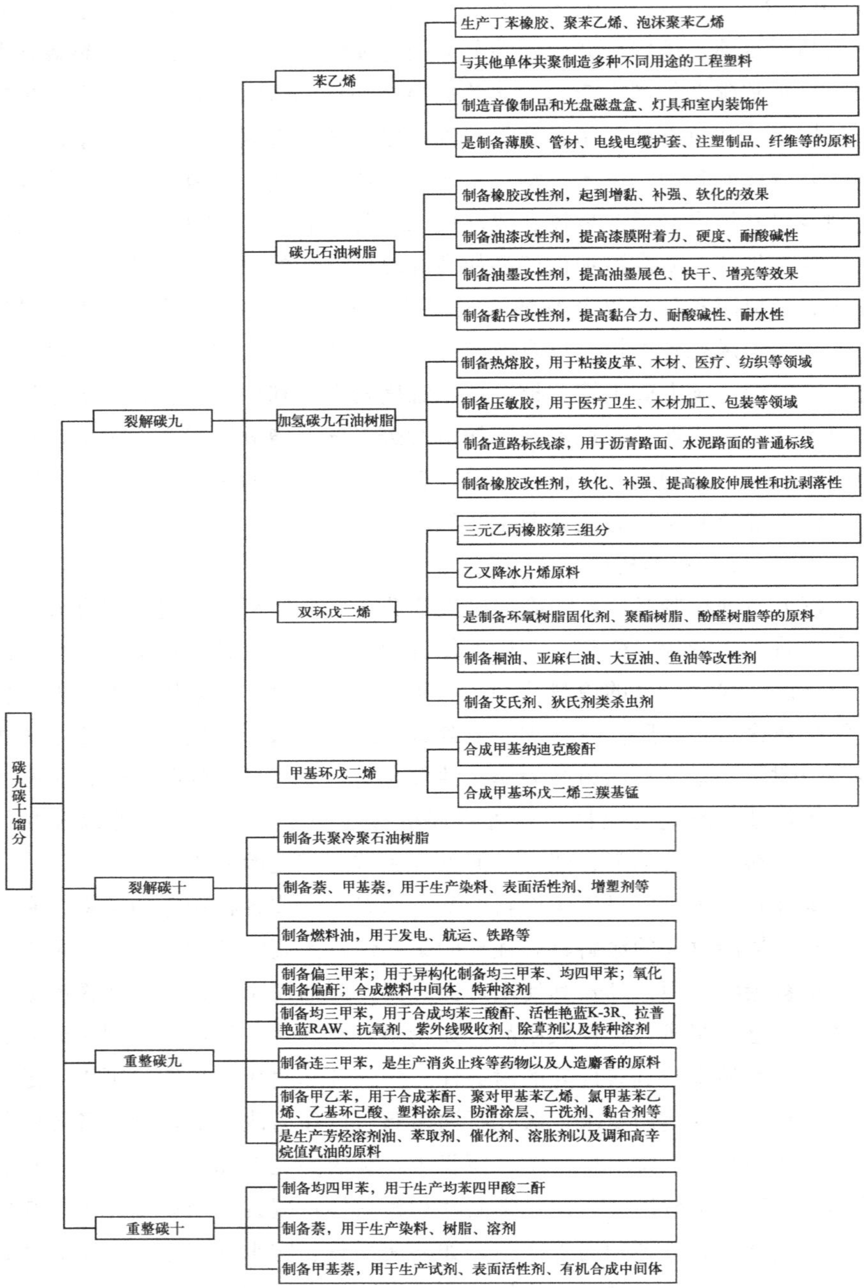


图 1.3 碳九碳十馏分综合利用示意图

### 1.1.3.2 碳九加氢石油树脂

碳九石油树脂分子结构中含有丰富的不饱和双键，存在颜色深、黏性差等问题，此外不饱和双键极易与活性物质发生化学反应，使得碳九石油树脂化学稳定性较差。基于碳九石油树脂加氢技术可将树脂基体中的不饱和组分饱和化，提高其与树脂的相容性。碳九石油树脂加氢前后的性能见表 1.1。加氢后的碳九石油树脂在橡胶、油墨、涂料以及黏结剂等领域有广泛应用。

表 1.1 碳九石油树脂加氢前后性能对比

| 指标 | 未加氢 | 二段加氢 |
| --- | --- | --- |
| 加德纳色度 | 12 | <1 |
| 溴价(Br)/(g/100g) | 40 | 1 |
| 耐热性① | 18 | <2 |
| 卤原子含量/$\times10^{-6}$ | 80 | 1 |
| 软化温度/℃ | 106 | 101 |

① 在 180℃下将树脂处理 4h，测加德纳色度。

(1) 涂料行业

碳九加氢石油树脂与油脂类化合物具有较好的相容性，是制备涂料成膜物质的主要原料，通过调节石油树脂含量可得到不同配制要求的涂料。碳九加氢石油树脂改性的涂料耐久性和耐候性十分突出，与传统涂料相比，其使用寿命可提升三倍。

(2) 黏结剂行业

目前热熔胶生产过程中大多采用萜烯树脂、松香树脂作为增黏剂。相较于传统增黏剂碳九加氢石油树脂生产成本较低、色度浅、与热熔胶相容性好、抗热老化性能优异，在热熔胶等领域将逐步替代传统增黏剂。

(3) 橡胶行业

碳九加氢石油树脂色相较浅，具有优异的热稳定性与耐候性，与橡胶相容性较好。在橡胶中加入一定量碳九加氢石油树脂可显著改善橡胶的强度与黏度，使其更易于使用，目前碳九加氢石油树脂正逐渐替代古马龙树脂以及松香树脂作为橡胶改性剂。

(4) 路标漆行业

添加 10%～20%碳九加氢石油树脂的路标漆耐久性、耐候性和热稳定性显著提升，干燥速度快，与普通溶剂型路标漆相比，可大幅延长路标漆使用寿命。

（5）油墨行业

碳九加氢石油树脂与油墨有较好的相容性，油墨生产过程中添加碳九加氢石油树脂可加快油墨润湿干燥速度、释放溶剂性能、提高油墨耐酸碱性能、提高颜料分散稳定性。

### 1.1.3.3 芳烃溶剂油

溶剂油是五大石油产品之一，占全球有机溶剂 30%以上，主要有链烷烃、环烷烃和芳香烃三种类型。芳烃溶剂油约占溶剂油 14.8%，具有沸点高、溶解力强，在涂料、油墨、精密器械清洗及农药等领域有广泛应用。芳烃溶剂油主要来源于裂解碳九馏分中的非活性组分。根据应用需求，可将裂解碳九馏分按馏程分为 149～180℃、177～215℃、200～270℃、215℃以上四个馏分。

① 149～180℃馏分：可用于涂料及树脂溶剂、高级印刷油的配料、双氧水生产萃取剂、农药乳油溶剂等。

② 177～215℃馏分：可用于涂料及树脂溶剂、高级印刷油的配料，在农药乳油、防水涂料中可作为溶剂部分替代二甲苯。

③ 200～270℃馏分：可用于高级烤漆溶剂、农药乳油溶剂等。

④ 215℃以上馏分：可用于高级烤漆溶剂、农药乳油溶剂、聚氨酯防水灌浆材料溶剂和增塑剂等。

芳烃溶剂油用途广泛，可以应用于化工、印染、油墨、制药、染料、橡胶等领域：芳烃溶剂油具有稳定性好、挥发性低等优点，广泛应用于有机合成化学中；芳烃溶剂油可以用于制备石油和钻井领域的稠度改善剂；还可以用作清洗剂、树脂涂料稀释剂、润滑油、防锈剂等。

（1）燃料

芳烃溶剂油可以用作燃料，其中最常用的是苯和甲苯。这两种芳烃溶剂油可以用作汽油和柴油的添加剂，以提高其燃烧效率并减少有害排放物。

（2）化学原料

芳烃溶剂油是一种非常重要的化学原料，可以用于制造各种化学品。其中苯可以用于制造药品、橡胶、塑料、染料和农药等，甲苯可以用于制造染料、合成树脂和药品等。

（3）溶剂

芳烃溶剂油是一种优良的溶剂，广泛应用于涂料、染料、油墨、胶水、清洁剂和化妆品等行业。

其中，甲苯是一种优良的挥发性溶剂，可以用于制备人造丝和合成树脂等。

(4) 化妆品

芳烃溶剂油可以用于制造口红、眼影、指甲油、香水、皮肤护理产品和头发护理产品等化妆品。

(5) 医药

芳烃溶剂油可以用于制造药品，其中最常用的是苯和二甲苯。苯可以用于制造阿司匹林等药品，而二甲苯则可以用于制造止咳糖浆和鼻喷雾等药物。

(6) 食品添加剂

芳烃溶剂油可以用于制备食品添加剂，其中最常用的是苯乙酮。苯乙酮可以用于提升食品香味和口感，还可以用于制造饮料、糖果和口香糖等。

(7) 电子产品

芳烃溶剂油可以用于制造电子产品，其中二甲苯可以用于制造电子元件、黏合剂和半导体等。

#### 1.1.3.4 精细化学品

碳九碳十馏分中含有大量的苯乙烯、双环戊二烯、甲基环戊二烯二聚体、三甲苯、四甲苯和石油萘等组分，具有很高的工业利用价值，通过精细化分离可以实现高质化利用，不仅可减少因碳九碳十馏分焚烧对环境造成的污染，同时可以为社会创造巨大的经济效益。

(1) 苯乙烯

苯乙烯是一种应用极为广泛的芳烃类化工原料，易溶于丙酮、苯等有机溶剂，自然条件下易发生聚合反应并被空气氧化，是制备合成树脂、合成纤维、合成橡胶的基础原料，可生产聚苯乙烯（PS）、苯乙烯-丙烯腈-丁二烯共聚树脂（ABS）、苯乙烯-丙烯腈共聚树脂（SAN）、丁苯橡胶（SBR）等系列产品。

① 聚苯乙烯。苯乙烯可用于生产通用级聚苯乙烯（GPS）、高抗冲聚苯乙烯（HIPS）以及可发泡聚苯乙烯（EPS）等各种改性聚苯乙烯产品。聚苯乙烯具有生产成本低、力学强度高、绝缘性好等优点，在通信材料、高频电器等领域有广泛应用。

② 丁苯橡胶。苯乙烯可与丁二烯通过自由基聚合或阴离子聚合得到丁苯橡胶。丁苯橡胶是目前世界上产量最大、消费量最高的通用合成橡胶，具有优异的耐磨性、耐热性以及耐老化性能，可广泛用于轮胎制品、鞋类、胶管、电线电缆、医疗器械等领域。

③ 苯乙烯-丙烯腈-丁二烯共聚树脂。苯乙烯可与丙烯腈、丁二烯共聚制备得到 ABS 树脂。ABS 树脂是全球产量最大的热塑性工程塑料，具有优异的抗冲击强度、耐油性、耐酸碱性、耐水性、耐候性以及电绝缘性，在汽车、电子电气、建筑行业等领域有广泛应用。

④ 苯乙烯-丙烯腈共聚树脂。苯乙烯可与丙烯腈共聚制备得到 SAN 树脂。SAN 树脂具有优异的耐热性、耐候性、尺寸稳定性、耐油性、抗振动性以及化学稳定性，在家用电器、日用商品、汽车工业等领域有广泛应用。

⑤ 其他用途。苯乙烯可制备不饱和聚酯树脂，用于生产玻璃钢制品、涂料以及建筑材料；可用于制备苯乙烯类嵌段共聚物苯乙烯-丁二烯-苯乙烯三嵌段共聚物（SBS）、苯乙烯-乙烯/丁烯共聚物-苯乙烯三嵌段共聚物（SEBS）、苯乙烯-异戊二烯-苯乙烯三嵌段共聚物（SIS）等产品；在制药、染料、农药以及矿业等领域有广泛应用。

目前，全球建有苯乙烯生产装置百余套，总生产能力约为 3.1 亿吨/年。其中美国产能最大，中国产能位居第二。近年来随着国内炼化项目陆续投放，国内苯乙烯产能同步大幅增长，据统计，2025 年我国苯乙烯产能新增 187 万吨/年，达到 2371.7 万吨/年，基本实现了自己自足[7-9]。

(2) 甲乙苯

甲乙苯主要来源于重整碳九馏分，重整碳九馏分通过精馏分离得到的富集均三甲苯混合物中含有 57%（质量分数）左右的甲乙苯。甲乙苯在有机合成和化学生产中有一定应用，可作为有机合成溶剂以及染料、香料、医药等化学品原料。

① 合成氯甲基苯乙烯。间甲乙苯和对甲乙苯经氯化脱氢处理可得到氯甲基苯乙烯。氯甲基苯乙烯可用于生产大孔径阴离子交换树脂，在水处理领域有较为广泛的用途。

② 合成甲基苯乙烯单体。甲乙苯的三种同分异构体都可以脱氢生成对应的甲基苯乙烯单体。其中对甲基苯乙烯最为常用，对甲基苯乙烯可用于生产聚甲基苯乙烯（PPMS），PPMS 具有优异的弹性和透明性，并且

易于加工成型，有取代聚苯乙烯的趋势。

③ 生产间甲乙苯、对甲乙苯混合物。间甲乙苯、对甲乙苯沸点相近，很难一次分离，因此将间甲乙苯、对甲乙苯混合物同时脱氢得到间甲基苯乙烯、对甲基苯乙烯的混合物。它具有较为广泛的用途，将其与不同第三单体共聚，可制备胶黏剂、树脂、油墨、涂料等工业产品。

④ 生产环己基乙酸。在催化条件下，甲乙苯可被氧化为甲基苯甲酸，随后通过加氢处理可转化为环己基乙酸，环己基乙酸是生产各类防腐剂、洗涤剂以及农药的重要原料。

(3) 双环戊二烯

双环戊二烯（DCPD），化学式为 $C_{10}H_{12}$，是环戊二烯通过 Diels-Alder 反应得到的二聚体，具有活泼的碳-碳双键以及亚甲基结构，能与许多反应物聚合生成化学品，是制备三元乙丙橡胶、乙烯降冰片烯、环氧树脂固化剂、阻燃剂等的重要原料。

20 世纪 60～70 年代，双环戊二烯广泛应用于农药杀虫剂。70 年代以后，双环戊二烯应用逐渐向石油树脂和橡胶领域转移。目前，双环戊二烯在精细化工及新型高分子材料方面有广泛应用，是石油化工下游延伸的重要分支。

① 制备不饱和聚酯树脂（UPR）。双环戊二烯最典型的工业应用是制备不饱和聚酯树脂。不饱和聚酯树脂是由分子量相差较大的不饱和化合物与聚酯类化合物通过缩聚反应制备而成的，当两者接触时，双环戊二烯中不饱和双键断裂并与聚酯树脂分子中的羟基或者羧基反应，得到不饱和聚酯树脂[10]。

工业生产中，常采用封端法或者加成法在不饱和聚酯树脂中引入双环戊二烯，该工艺可有效减少聚酯类化合物缩聚过程中苯乙烯的使用量和挥发量，使得产品耐热性和防腐蚀性得到显著提升[11-13]。壳牌集团在生产不饱和聚酯树脂过程中引入高纯度双环戊二烯［>94%（质量分数）］，使得不饱和聚酯树脂的气干性、固化性、力学强度得到显著提升，带来了较好的经济效益。

② 合成聚双环戊二烯（PDCPD）。在 Zieglar-Natta 催化剂催化条件下，高纯度环戊二烯［≥99%（质量分数）］可通过反应注塑成型技术（RIM）制备成聚双环戊二烯。该过程主要发生双环戊二烯的开环再交联聚合反应，所得产品具有优异的耐酸碱性、绝缘性、耐热性、尺寸稳定性

以及低温韧性。Leconte 等人[14] 在制备 PDCPD 时通过优化催化剂体系来增强反应活性，得到性能优异的 PDCPD 产品。目前，国外利用反应注射成型技术制备 PDCPD 工艺相当成熟，市场占有率也稳步上升，而我国还处于高纯度 DCPD 制备以及微量杂质去除技术攻关阶段和 PDCPD 小试阶段。

③ 合成乙烯基降冰片烯（VNB）和乙叉降冰片烯（ENB）。双环戊二烯中的不饱和双键能与乙烯、丙烯等单体反应形成降冰片烯及其衍生物。其中乙叉降冰片烯是合成乙丙橡胶（EPDM）的第三单体，市场消耗量相对较大。工业上制备乙叉降冰片烯步骤如下：首先将双环戊二烯解聚为环戊二烯，然后与二烯烃进行 Diels-Alder 反应得到乙烯基降冰片烯，再通过催化异构转化为乙叉降冰片烯[15]。

我国 EPDM 引进欧、美、日等多家先进技术后，产能在 2020～2021 年达到了 39.5 万吨/年。现在国内石化龙头企业如中石化、中国海洋石油集团有限公司（简称中海油）等也在大力发展 EPDM 项目，促使双环戊二烯产业发展迅速，具有较高的投资价值。

④ 合成新型石油树脂。双环戊二烯通过加氢等改性手段，可以制备新型石油树脂，具有稳定性好、黏附性强等优点，应用十分广泛。付学红等人[16] 将贵金属 Pt 用于双环戊二烯加氢反应，研究了温度、压力以及空速对加氢反应的影响，通过工艺优化得到收率大于 94%的加氢双环戊二烯。山川文雄等人[17] 将改性 Pt/Pd 催化剂用于双环戊二烯/乙烯基芳香烃混合物的加氢反应，得到了性能优异的改性双环戊二烯。

⑤ 制备其他化工中间体。双环戊二烯是制备其他精细化工中间体的基础原料。例如氨基化后的双环戊二烯通过热聚合可得到氨基树脂；尿素或者马来酸酐用于双环戊二烯改性，可得到用于合成纸填充剂的新型树脂[18]；双环戊二烯通过酸催化可合成三环癸烯醇，三环癸烯醇是制备香料助剂的关键原料[19]；双环戊二烯还可用于制备金刚烷，双环戊二烯催化加氢后，选择性生成四氢双环戊二烯的桥式异构体（endo-TCD），对该异构体进行催化重整便可得到金刚烷[20]。

(4) 甲基环戊二烯二聚体

甲基环戊二烯二聚体（DMCPD）易溶于醇、醚、苯，是一种重要的有机化工原料，可用于制备环氧树脂固化剂［如甲基纳迪克酸酐（MNA）］、甲基环戊二烯三羰基锰（MMT）以及甲基环戊二烯基稀土二氯化物等，在增塑剂、表面涂料、固化剂等领域有广泛应用。

（5）偏三甲苯

偏三甲苯是生产偏苯三酸酐和偏苯三酸酐三辛酯的重要原料。偏苯三酸酐可用于生产聚酯亚胺和聚酰胺亚胺，这些分别是F级和H级高级绝缘材料原料；偏苯三酸酐三辛酯主要应用于耐高温聚氯乙烯（PVC）电缆料。具体用途如下：

① 偏三甲苯最重要的用途是制备偏苯三甲酸，然后脱水生成偏苯三酸酐。偏苯三酸酐是制备偏苯三酸三辛酯的主要原料，可用于PVC增塑剂。

② 偏三甲苯通过异构化、歧化反应可制备均三甲苯，均三甲苯是合成均三甲苯胺、活性艳蓝K-3R、草酮、均三甲苯甲醛树脂和均苯三酸等精细化工产品的原料；偏三甲苯还可与甲醛反应生成二芳基甲烷，再通过加氢裂解得到均四甲苯，进一步可生产均苯四酸酐。

③ 偏三甲苯是制备维生素E的主要原料。维生素E消耗量大并且售价高，具有很好的发展前景。

④ 偏三甲苯经硝化以及还原反应可制备三甲基苯胺，进而可制备染料。

⑤ 偏三甲苯与溴代苯胺按一定比例混合处理，可制备具有较高黏度指数的压力液。

⑥偏三甲苯具有较好的溶解能力与低挥发性，可用于高档油漆的制备。

⑦ 偏三甲苯与丙烯通过烷基化反应可得到5-异丙基偏三甲苯，该有机物是制备均酐的中间体。

（6）均三甲苯

均三甲苯是一种重要的化工原料，具有较为广泛的用途。均三甲苯主要应用于染料工业，是生产各种艳色染料的原料。随着纺织产业规模的不断扩大，均三甲苯的市场需求量逐年提升，应用前景广阔。均三甲苯还可以制备抗氧剂、均苯三甲酸、麦田除草剂、化工中间体和医药等产品，在机械制造、电子、印染、农业生产和航天等领域具有广泛应用[21]。

① 制备染料K-3R。均三甲苯通过磺化、硝化以及还原等反应可得到芳胺单体，将其与氨基酸进行缩合反应，再用乙氧基表面活性剂进行活化处理，即可得到染料K-3R。K-3R具有较高的活性，可以用于纤维素扎

染和印化，在活性印染等领域有广泛应用。

② 制备新型除草剂。均三甲苯通过硝化以及还原反应可得到2,4,6-三甲基芳胺，2,4,6-三甲基芳胺是制备新型除草剂的重要原料。

③ 制备抗氧剂。均三甲苯与2,6-二叔丁基-4-(甲氧基)苯酚在酸性催化条件下可进行缩合反应得到2,4,6-三(3,5-二叔丁基-4-羟基)均三甲苯(Lonox-330)。Lonox-330是一种多酚类的高效抗氧剂，具有优异的耐热性与抗老化性，在聚乙烯、聚苯乙烯、润滑油、胶黏剂和合成橡胶领域有广泛应用。

④ 制备均苯三甲酸。均三甲苯通过液化空气氧化可以得到均苯三甲酸，均苯三甲酸有三个完全对称的官能团，具有优异的热稳定性和力学强度，是制备增塑剂、塑料、水溶性烷基树脂和人造纤维等的原料。

⑤ 制备树脂材料。在浓硫酸催化条件下，均三甲苯能够和甲醛进行缩合反应得到淡黄色均三甲苯-甲醛树脂；此外，均三甲苯还可以与苯酚等单体缩聚制备各种类型的树脂，可用于印刷电路板、绝缘纸、脱黏剂、增塑剂以及沥青改性剂等领域。

⑥ 制备肟草酮。在铜催化条件下，均三甲苯可与氯化氢以及一氧化碳反应，得到2,4,6-三甲基苯甲酸，进一步反应可得到肟草酮。肟草酮是一种高效除草剂，对于麦田杂草具有较好的去除效果。

(7) 石油萘

石油萘是一种从乙烯裂过程产生的重要化工原料，石油萘中硫含量低，适于生产精萘、甲基萘等重要化工产品，在合成树脂、涂料、医药、农药、轻工、助剂等行业有广泛的用途。

① 生产苯酐。石油萘是生产苯酐的原料，而苯酐是制备各类增塑剂、染料、树脂以及农药的重要单体。

② 生产萘酚和萘胺。萘酚可用作分析试剂、有机合成原料、医药中间体、染料中间体等，可应用于生化、医药及农药制造、染料生产、香料合成等领域。萘胺是直接染料、酸性染料、冰染染料和分散染料等多种染料产品的中间体，也是多种橡胶防老剂的主要原料，主要用作染料中间体，也可用于医药行业如分析试剂、荧光指示剂等。

③ 制备混凝土减水剂。通过石油萘制备的减水剂可在水泥中起到延缓、减水、早强、高强、泵送、引气等改善作用。

④ 制备其他化工产品。利用石油萘生产的二烷基萘可阻凝石蜡网状

结构的形成，提高油品的流动性；利用石油萘生产的2,6-萘二甲酸是制备各种树脂、聚氨酯材料及液晶聚酯树脂的重要单体；利用石油萘生产的2,6-萘二甲酸乙二醇酯具有优异的耐热性和机械强度，可用于制造电绝缘膜、食品包装膜以及高性能电子产品接插件等；利用石油萘生产的萘醌是制备染料、香料、农药、增塑剂、防腐剂和杀菌剂等产品的重要中间体。

(8) 均四甲苯

均四甲苯又名杜烯，是一种重要的有机化工原料。均四甲苯主要用于生产均苯四甲酸二酐（PMDA），PMDA是生产聚酰亚胺的主要原料，随着聚酰亚胺生产规模的不断扩大，均四甲苯市场需求也与日俱增。

① 生产均苯四甲酸二酐。在钒钛氧化物催化作用下，将均四甲苯氧化为均苯四甲酸，然后通过水解、重结晶等工艺可制备高纯度均苯四甲酸二酐。均苯四甲酸二酐具有特殊的结构，能制备许多具有优异耐热性、电绝缘性和化学稳定性的产品。

② 生产均苯四甲酸二酐衍生物。将均四甲苯氧化可以得到均苯四甲酸，均苯四甲酸可用于分离$La^{3+}$，进而获得可用于提取稀土元素的萃取剂；由均苯四甲酸转化得到的均苯四甲酸钠可与多价金属离子结合形成螯合物，用于清洁剂助剂；均苯四甲酸通过酯化反应生成的均苯四甲酸酯是一种性能优异的增塑剂和热稳定剂，此外均苯四甲酸酯还可以用作黏性改善剂。

## 1.2 碳九碳十馏分综合利用现状及发展趋势

### 1.2.1 裂解碳九馏分综合利用现状

碳九馏分组成非常复杂，从碳九馏分中分离单体物质极其困难。目前炼化厂大多采用精馏的方法对裂解碳九馏分进行梯度分离。分离过程共分为四个馏程阶段：第一馏程阶段温度为140～160℃，由碳八轻组分例如苯乙烯、邻二甲苯等构成；第二馏程阶段温度为160～180℃，由双环戊二烯、甲基环戊二烯二聚体、甲基苯乙烯、乙烯基甲苯、茚等组分构成；第三馏程阶段温度为180～210℃，由稠环烯烃、萘、蒽等组分构成；第四馏程阶段温度为210℃以上，主要由重组分构成。各馏程阶段应用如下：第一馏程阶段主要用于碳八抽提苯乙烯；第二馏程阶段可用于生产双环热聚树脂；第一、第三馏程阶段可用于生产共聚、催化聚合石油树脂；第四馏程阶段可用于生产含萘闪蒸油以及深色石油树脂。上述石油树脂加氢后即可得到加氢石油树脂。裂解碳九馏分综合利用见图 1.4。

工业上生产双环戊二烯（DCPD）、甲基环戊二烯二聚体（DMCPD）主要以裂解碳九馏分为原料，通过高温裂解碳九馏分解聚生成环戊二烯和甲基环戊二烯，并通过二聚分离得到 DCPD 以及 DMCPD。高纯度 DCPD 以及 DMCPD 是重要的化工原料，其中 DCPD 可用于制备环烯烃共聚物(COC)、聚双环戊二烯、抗氧剂、金刚烷等，DMCPD 可用于制备甲基纳迪克酸酐、甲基环戊二烯三羰基锰等。

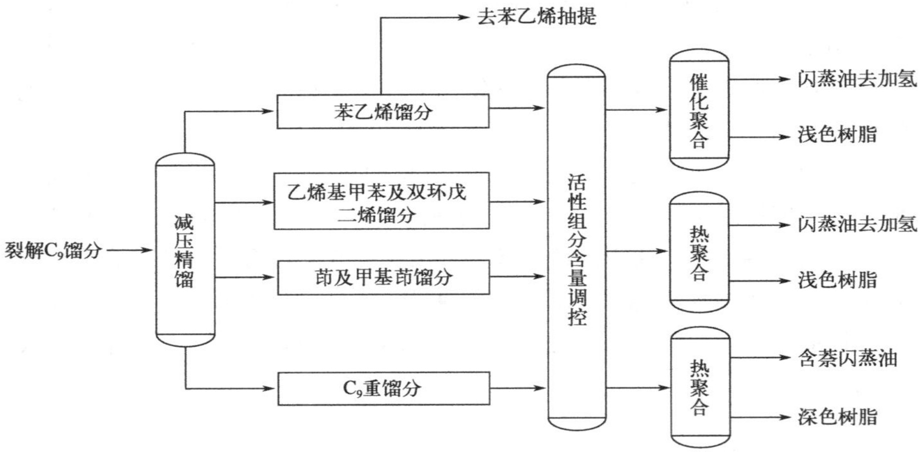


图 1.4　裂解碳九馏分综合利用示意图

### 1.2.2　裂解碳十馏分综合利用现状

裂解碳十馏分是乙烯裂解装置的副产物，组成十分复杂。不同裂解原料以及裂解工艺得到的裂解碳十组分差异较大。裂解碳十中含有大量萘馏分，经分离可得树脂油，树脂油是生产 $C_5/C_9$ 共聚石油树脂的原料；裂解碳十中的重组分经分离可得到粗萘，粗萘结晶分离后可得石油萘；裂解碳十中还有较多的非活性组分，可用于生产溶剂油或调和柴油。此外，裂解碳十还可用于生产高附加值精细化学品。由于目前裂解碳十中各组分分离技术难度较大，整体利用率不高，大部分作为燃料燃烧，不仅造成巨大的资源浪费，还会引起严重的环境污染。随着我国乙烯生产规模不断扩大，如何高效利用裂解碳十，提高其经济附加值，已经成为石油化工行业亟待解决的问题。

### 1.2.3 重整碳九馏分综合利用现状

国外重整碳九综合利用起始于20世纪50年代，从重整碳九馏分中分离出偏三甲苯，偏三甲苯是生产各类塑料、纤维、涂料、橡胶产品的重要原料。经过几十年的发展，应用领域不断扩展，形成了比较完善的生产和应用体系，带来显著的经济效益。

世界上最大的重整碳九馏分加工利用公司为美国科氏工业集团(Koch)，该公司利用超精馏工艺生产偏三甲苯，生产能力占全世界生产能力的45%；通过偏三甲苯异构化生产均三甲苯和连三甲苯，其中均三甲苯生产能力占全世界生产能力的60.9%；同时，科氏工业集团采用偏三甲苯烷基化技术生产均四甲苯、偏四甲苯、连四甲苯及五甲基苯。

重整碳九馏分中含有相当多的甲乙苯，国外有一些从重整碳九中分离甲乙苯的专利，如 Esso Reserh Engineering 公司提出了萃取蒸馏工艺，Dow Chemical 及 UOP 公司提出了吸附分离工艺等，UOP 公司目前已实现甲苯与乙烯选择性烷基化制备的工业化生产。

日本三菱石油公司开发了新型的重整催化剂，实现重整碳九馏分中均三甲苯与甲醛缩聚，得到三甲苯甲醛树脂，并对缩聚后的馏分进行蒸馏，可得到间、对甲乙苯富集馏分。国外重整碳九综合利用生产概况见表1.2。

**表1.2 国外重整碳九综合利用生产概况[22]**

| 国别 | 生产公司 | 产品 | 产能/(万吨/年) |
| --- | --- | --- | --- |
| 美国 | Koch Refining | 偏三甲苯 | 3.6 |
| | Sun Oil Co Texas | | 2.3 |
| 德国 | Societed Hydrocarbons Dest Denis | | 0.75 |
| | Deutsche Erdol Heide | | 0.75 |
| 日本 | Maruzen Oil | | 0.20 |
| | Nippon Petrochemical | | 0.27 |
| | 三菱石油公司 | | 0.24 |

续表

| 国别 | 生产公司 | 产品 | 产能/(万吨/年) |
|---|---|---|---|
| 美国 | Koch Refining | 均三甲苯 | 0.45 |
| 德国 | Rütger Werke | | 0.12 |
| 日本 | 三菱瓦斯化学公司 | | 0.24 |
| | 可乐丽油化公司 | | 0.12 |

我国重整碳九馏分综合利用起始于20世纪70年代，存在规模偏小和利用率不高等问题，部分对重整碳九没有做精细分离，常用于汽油调和组分，对化工资源是极大的浪费。国内以江苏正丹化学工业股份有限公司为代表的企业，通过不断开展技术攻关，在重整碳九馏分精细方面取得较大的进展。国内重整碳九综合利用生产概况见表1.3。

**表1.3 国内重整碳九综合利用生产概况**

| 生产企业 | 主要产品 | 下游产品 |
|---|---|---|
| 盘锦锦阳化工有限公司 | 偏三甲苯、芳烃溶剂油 | |
| 中国石油兰州石化公司 | 偏三甲苯 | |
| 江苏正丹化学工业股份有限公司 | 偏三甲苯、芳烃溶剂油 | 偏苯三酸酐及酯类 |
| 安庆亿成化工科技有限公司 | 偏三甲苯 | |
| 南京炼油厂有限责任公司 | 偏三甲苯、均三甲苯、芳烃溶剂油 | |
| 新疆独山子天利实业总公司 | 偏三甲苯、芳烃溶剂油 | |
| 九江华庐石化有限公司 | 偏三甲苯 | |
| 江苏华伦化工有限公司 | 偏三甲苯、均四甲苯、芳烃溶剂油 | 均苯四甲酸二酐 |
| 鹏辰新材料科技股份有限公司 | 均四甲苯、芳烃溶剂油 | 均苯四甲酸二酐 |
| 常熟联邦化工股份有限公司 | 均四甲苯、芳烃溶剂油 | 均苯四甲酸二酐 |
| 南京振兴新能源发展有限公司、吴江市通运石化有限公司、洛阳宇晶化工有限公司 | 均四甲苯、芳烃溶剂油 | |

最早是由中国石化金陵石油化工公司炼油厂（现南京炼油厂有限责任公司）通过精细化分离得到纯度大于98%的偏三甲苯，再通过异构化反应得到均三甲苯，之后国内不少企业开始重整碳九综合利用研究与小规模

生产。20 世纪 70 年代初，哈尔滨炼油厂与中国科学院东北石油化学研究所共同研究以偏三甲苯与甲醛反应生成双（2,2′,4,4′,5,5′）三甲苯基甲醛，再加氢分解获得均四甲苯与偏三甲苯。

中国石化金陵石油化工公司炼油厂在 20 世纪 70 年代中期开始从事重整碳九馏分制备偏三甲苯研究，并与广东省化学工业研究所联合开发了偏三甲苯异构化工艺，建立了 5000 吨/年重整碳九精馏装置。金陵石油化工公司炼油厂同时开展了三甲苯甲醛树脂及松香改性三甲苯甲醛树脂的生产与应用研究，采用重整碳九与甲醛缩聚工艺生产三甲苯甲醛树脂，可代替萜烯类树脂用作子午线轮胎的添加剂。

20 世纪 70 年代末，南京造漆厂和黑龙江省科学院石油化学研究院（前身为中国科学院东北石油化学研究所）联合开发偏三甲苯液相催化空气氧化合成偏苯三甲酸酐工艺，建立了 250 吨/年的偏苯三甲酸酐生产装置。该工艺以乙酸钴、乙酸锰及四溴乙烷为催化剂，将反应物溶解在乙酸中，在反应温度 170℃，反应压力 2.2MPa 条件下，通过降压闪蒸以及减压蒸馏回收溶剂，然后在 230～240℃脱水成酐，最后精馏获得成品，产品纯度可达 95%～98%。中国石油化工总公司联合黑龙江省科学院石油化学研究院、中国石化金陵石油化工公司研究院、天津石油化工技术开发中心，共同开发偏三甲苯的乙酸溶液液相催化空气氧化生产偏苯三甲酸酐小试工艺，取得良好效果，尾气含氧量＜6%，偏苯三甲酸纯度为 98%以上，全酐含量＞99%。1984 年初，黑龙江省科学院石油化学研究院先把偏三甲苯与蒸馏烷基化产物二异丙基偏三甲苯进行反应，然后再通入丙烯进行烷基化，最后获得纯度为 80%的 5-异丙基偏三甲苯及二异丙基偏三甲苯重组分，并成功实现工业化。

1982 年，西北第二合成药厂将偏三甲苯磺化-硝化、催化加氢还原、硫酸脱磺、三氯化铁氧化，再催化加氢还原生产 2,3,5-三甲基氢醌，产品总收率达 59.2%。1988 年，黑龙江省科学院石油化学研究院采用类似的合成路线生产 2,3,5-三甲基氢醌，产品收率为 54.7%。

中海油惠州石化有限公司通过精细分离，优化馏分切割温度，通过优化操作压力和蒸汽压力、降低回流比和蒸汽压力等措施，解决了热负荷不足问题，获得碳十芳烃和芳烃溶剂油 SA-1000 型，收率为 24.6% 和 75.4%[23]。

南京炼油厂有限责任公司对碳九重芳烃中馏程在 170～200℃的馏分

进行粗切割，得到富含连三甲苯的芳烃溶剂油，然后利用特种分子筛进行吸附分离，对吸余油进行精密分馏得到高纯度连三甲苯产品；对脱附油进行精馏得到精茚满[24]。

中国石油化工股份有限公司天津石油分公司对重整碳九抽提装置进行优化，解决了碳九重组分胶质含量超标的问题，提高了高标号汽油的产量，具体工艺流程如图 1.5 所示[25]。

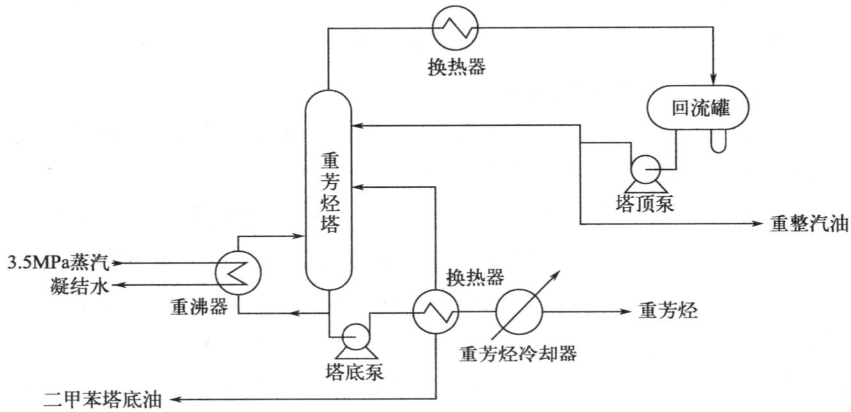


图 1.5　重整抽提装置 $C_{9+}$ 组分分离塔工艺流程

中化泉州石化有限公司在利用碳九重芳烃调和汽油时，通过对白土罐反应温度进行优化，提高了白土罐脱烯烃效果，同时有效避免了副反应生成的重组分导致碳九重芳烃干点超标[26]。

中国石油天然气股份有限公司兰州石化分公司以碳九重芳烃为原料，通过精馏等工艺对原料进行精细化分离，得到高纯度偏三甲苯，具体工艺如图 1.6 所示[27]。

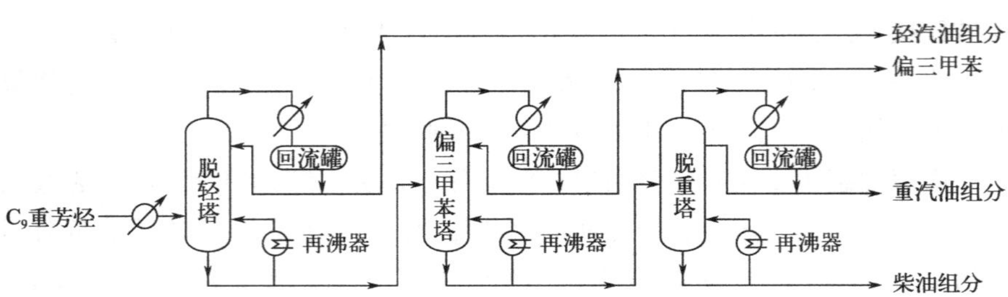


图 1.6　$C_{9+}$ 重芳烃分离工艺流程

中国石化青岛炼油化工有限责任公司对连续重整装置进行工艺优化，通过在二甲苯塔下部增设侧线气相抽出单元以及增加脱重组分塔，侧线抽出组分直接作为汽油调合组分，脱重塔塔底重组分作为柴油调合组分，具体工艺如图 1.7 所示[28]。

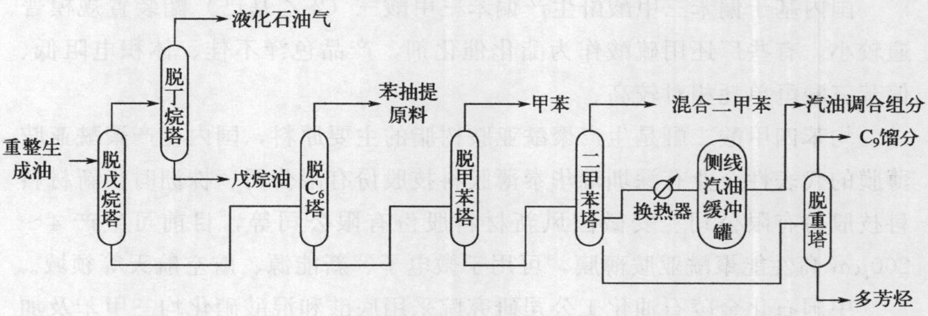


图 1.7　重整装置分离部分流程

## 1.2.4　重整碳十馏分综合利用现状

我国重整碳十馏分综合利用起始于 20 世纪 70 年代，之后国内不少企业开始重整碳十研究与小规模生产。国内重整碳十芳烃整体利用率不高，多数作为燃料燃烧，造成资源上的极大浪费。我国重整碳十芳烃生产装置生产概况见表 1.4。

表 1.4　我国重整碳十芳烃生产装置生产概况

| 产品 | 生产企业 | 装置生产能力/(万吨/年) |
|---|---|---|
| 均四甲苯 | 江苏华伦化工有限公司 | 0.6 |
| | 南京振兴新能源发展有限公司 | 0.47 |
| | 苏州久泰集团有限公司 | 0.42 |
| 偏苯三酸酐 | 江苏正丹化学工业股份有限公司 | 8.8 |
| | 无锡百川化工股份有限公司 | 4.0 |
| | 安徽泰达新材料股份有限公司 | 2.2 |
| 均苯四甲酸二酐 | 南京龙沙有限公司 | 0.5 |
| | 石家庄昊普科技有限公司 | 0.4 |
| | 江苏华伦化工有限公司 | 0.3 |

南京工业大学以三氯化铝为催化剂，用偏三甲苯与一氯甲烷进行烷基化反应，经分离得到均四甲苯；利用 V-Ti 五组分催化剂将均四甲苯气相催化空气氧化，得到纯度为 97%～98%的均苯四甲酸二酐，产品收率为 90%～100%。

国内基于偏苯三甲酸酐生产偏苯三甲酸三（2-乙基己）酯装置规模普遍较小。有些厂还用硫酸作为酯化催化剂，产品色泽不佳、体积电阻低、偏苯三酸酐单耗相对较高。

均苯四甲酸二酐是生产聚酰亚胺树脂的主要原料，国内生产聚酰亚胺薄膜的代表性企业有深圳瑞华泰薄膜科技股份有限公司、株洲时代新材料科技股份有限公司、安徽国风新材料股份有限公司等，目前可生产 4～200μm 高性能聚酰亚胺薄膜，可用于微电子、新能源、航空航天等领域。

中国石化金陵石油化工公司研究院采用底酸和混酸硝化均三甲苯及加氢还原工艺合成均三甲苯胺。上海焦化厂煤炭化学研究所利用高锰酸钾作为氧化剂，开发了相转移催化制备均苯三甲酸工艺，产品纯度可达 96.57%。

中国石油化工总公司、天津大学及天津石油化工技术开发中心通过丝网波纹填料精馏塔分离工艺，获得馏程为 158～177℃的 $1^{\#}$ 溶剂油、馏程为 177～205℃的 $2^{\#}$ 溶剂油、均四甲苯富集馏分、萘富集馏分及甲基萘含量在 70%以上的混合甲基萘馏分，所得均四甲苯及萘的富集馏分经低温分离后，再通过分步结晶器进行精制，获得馏程为 194.5～196.5℃的均四甲苯和低含水量石油萘，分离的母液即为 $2^{\#}$ 溶剂油和 $3^{\#}$ 溶剂油，蒸馏残液可作为橡胶软化剂。

天津大学开发的降膜式分步结晶工艺，通过对萘含量为 90%～95%的原料进行六段结晶，可得到符合国家一级标准的精萘产品。

南京师范大学江苏省萃取分离工程技术研究中心详细阐述了典型的 ZEOLYST/SK、Toray TAC9、Trans-Plus 等国内外 $C_{10}$ 芳烃轻质化利用工艺的优缺点，指出未来以大孔径、小颗粒分子筛催化剂的开发作为重点，可以进一步提高二甲苯的产量[29]。

中国石化扬子石油化工有限公司南京研究院采用侧线出料精馏技术，从碳十芳烃中提取均四甲苯馏分，通过优化进料与出料位置、塔釜温度、进料量等工艺参数，实现均四甲苯含量一次达到 25%以上，收率达到 98%左右。具体工艺如图 1.8 所示[30]。

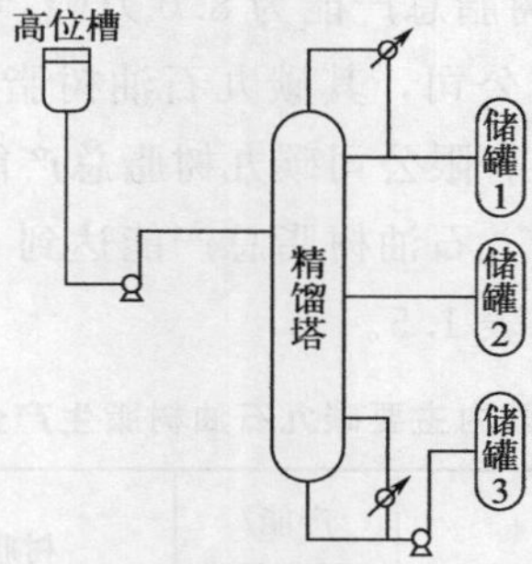


图 1.8　连续侧线出料精馏装置

恒力石化（大连）炼化有限公司以重整碳十重芳烃为原料，通过选择性加氢工艺与加氢裂解的组合工艺技术，实现萘及萘系物的饱和，同时控制四氢萘向十氢萘方向转化，实现重整碳十重芳烃高效转化为轻质芳烃[31]。

## 1.2.5　碳九石油树脂的生产与应用

### 1.2.5.1　碳九石油树脂的生产现状

（1）国内

我国碳九石油树脂生产技术起步较晚，但发展较快。目前国内生产碳九石油树脂代表性企业有恒河材料科技股份有限公司、广东新华粤石化集团股份有限公司、山东齐隆化工股份有限公司、兰州汇丰石化有限公司等，这些企业采用的生产工艺主要有催化聚合和热聚合，产品有色度小于3的浅色碳九石油树脂、色度在16～18之间的深色碳九石油树脂以及色度大于18的棕色碳九石油树脂。对于低浓度双环戊二烯原料如解聚脱环碳九、树脂油等，可采用低温催化聚合工艺生产碳九石油树脂，利用该工艺制备的石油树脂色度浅，但催化过程需要脱除“三废”；对于高浓度双环戊二烯原料，可采用热聚合工艺生产碳九石油树脂，该工艺制备的石油树脂色度较深。

截至2023年9月，我国碳九石油树脂产能约为75万吨/年。其中碳九石油树脂产能最大的企业为恒河材料科技股份有限公司，其碳九石油树脂总产能为19.5万吨/年（含碳九加氢石油树脂）；碳九石油树脂产能第二大企业为齐隆集团（含山东齐隆化工股份有限公司和抚顺齐隆化工股份有限公司)，其碳九石油树脂总产能为 8.0 万吨/年；碳九石油树脂产能排名第三的企业为台湾元良公司，其碳九石油树脂总产能为 6 万吨/年。此外，武汉鲁华泓锦新材料有限公司碳九树脂总产能为 4.76 万吨/年，台湾联超实业股份有限公司碳九石油树脂总产能达到 4.75 万吨/年。国内主要碳九石油树脂生产企业见表 1.5。

**表 1.5　国内主要碳九石油树脂生产企业概况**

| 公司 | 产能/（万吨/年） | 树脂种类 | 备注 |
|---|---|---|---|
| 山东齐隆化工股份有限公司 | 8 | $C_9$ 石油树脂 | |
| 恒河材料科技股份有限公司 | 10 | $C_9$ 石油树脂 | |
| | 9.5 | $C_9$ 加氢石油树脂 | 2018 年投产 |
| 武汉鲁华泓锦新材料有限公司 | 4.76 | $C_9$ 石油树脂 | |
| 山东科特化工产品有限公司 | 4.5 | $C_5/C_9$ 石油树脂 | |
| 台湾元良实业股份有限公司 | 6 | $C_9$ 石油树脂 | |
| 台湾联超实业股份有限公司 | 4.75 | $C_9$ 石油树脂 | |
| 兰州汇丰石化有限公司 | 3.6 | $C_9$ 石油树脂 | |
| 北京欣联石油化工有限公司 | 3 | $C_9$ 石油树脂 | |
| 濮阳市新天化工有限公司 | 2.9 | $C_9$ 石油树脂 | |
| 大庆华科股份有限公司 | 2.8 | $C_9$ 石油树脂 | |
| 抚顺齐隆化工股份有限公司 | 2 | $C_9$ 石油树脂 | |
| 安徽同心化工有限公司 | 2 | $C_9$ 石油树脂 | |
| 广东新华粤石化集团股份有限公司 | 5 | $C_9$ 石油树脂 | |
| 唐山科润化工产品有限公司 | 2 | $C_9$ 石油树脂 | |
| 淄博正德建筑装饰材料有限公司 | 1.5 | $C_9$ 石油树脂 | |
| 天津市金业化工有限公司 | 1.5 | $C_9$ 石油树脂 | |
| 天津市奥邦树脂有限公司 | 1.5 | $C_9$ 石油树脂 | |
| 山东齐邦树脂有限公司 | 0.9 | $C_9$ 石油树脂 | |
| 青岛伊森化学有限公司 | 0.8 | $C_9$ 石油树脂 | |
| 盘锦宝腾石油化工有限公司 | 0.8 | $C_9$ 石油树脂 | |
| 淄博市临淄新征化工有限公司 | 0.5 | $C_9$ 石油树脂 | |

续表

| 公司 | 产能/(万吨/年) | 树脂种类 | 备注 |
| --- | --- | --- | --- |
| 抚顺市裕龙化工有限公司 | 2 | $C_9$ 石油树脂 | 2019年投产 |
| 抚顺市久丰合成树脂制造有限公司 | 2 | $C_9$ 石油树脂 | 2019年投产 |
| 新疆天利石化股份有限公司 | 3 | $C_9$ 石油树脂 | |

以恒河材料科技股份有限公司为例，国内碳九石油树脂典型产品理化指标见表1.6。

**表1.6 国内碳九石油树脂主要产品理化指标**

| 碳九石油树脂产品 | | 软化点/℃ | 加德纳色度 | 应用 |
| --- | --- | --- | --- | --- |
| $C_9$ 催化聚合石油树脂 | HHP-1003 | 100±5 | 2.1～3.0 | 热熔胶、包装胶 |
| | HHP-1104 | 110±5 | 3.1～4.0 | 热熔胶、包装胶 |
| | HHP-1204 | 120±5 | 3.1～4.0 | 热熔胶、涂料 |
| | HHP-1304 | 130±5 | 3.1～4.0 | 油墨、涂料 |
| | HHP-1404 | 140±5 | 3.1～4.0 | 油墨、胶黏剂 |
| $C_9$ 热聚石油树脂 | PR-100-10 | 90.1～100.0 | 9.5～10.4 | 橡胶 |
| | PR-110-10 | 100.1～110.0 | 9.5～10.4 | 溶剂型胶黏剂 |
| | PR-120-10 | 110.1～120.0 | 9.5～10.4 | 涂料、油墨 |
| 古马隆树脂 | GML-100 | 90.1～100.0 | ≥16 | 橡胶 |
| | GML-110 | 100.1～110.0 | ≥16 | 防水材质 |
| | GML-120 | 110.1～120.0 | ≥16 | 改性沥青 |
| $C_9$ 加氢石油树脂 | HF-100 | 100±5 | 0～1.0 | 卫材胶、热熔胶 |
| | HM-1200 | 120±5 | 0～1.0 | 压敏胶、热熔胶 |
| | HM-1300 | 130±5 | 0～1.0 | 压敏胶、热熔胶 |
| | HS-100 | 98～108 | 3.0(最大) | 道路标线涂料 |
| | HA-100 | 100±5 | 0～1.0 | 卫材胶、热熔胶 |
| | HR-100 | 100±5 | 0～1.0 | 橡胶混炼 |

(2) 国外

国外碳九石油树脂生产企业主要有美国埃克森美孚（Exxon Mobil）、伊士曼（Eastman）、固特异（Goodyear），德国吕特格（RUTGERS

Group）和韩国科隆（Kolon）等公司；碳九石油树脂加氢生产企业主要有美国伊士曼、日本荒川等。美国是全球主要的石油树脂生产国家之一，其生产能力和技术水平均处世界前列，美国生产的石油树脂品种齐全，功能丰富，可满足国内外市场各种需求。伊士曼是全球高性能碳九石油树脂生产企业，如该公司生产的碳九加氢石油树脂可有效改善轮胎的抗湿滑性能和低滚动阻力，同时不损失其他关键性能和混炼工艺。韩国科隆公司是亚洲碳九石油树脂生产巨头，该公司的双环戊二烯石油树脂总生产能力为8.0万吨/年。

随着石油树脂工艺技术不断更迭，石油树脂产品逐渐向低气味、低色度、高稳定性等高性能化转型，在高端橡胶制品、功能性胶黏剂、高档油墨等领域有越来越多的应用。随着国外裂解碳九产能逐渐减少，碳九原料供应逐渐萎缩，加上碳九石油树脂加氢技术难度较大，相关企业绕过碳九石油树脂加氢转向 DCPD 树脂加氢，导致国外碳九石油树脂和碳九加氢石油树脂产能逐渐减少，竞争力逐渐下降，预计未来碳九石油树脂和碳九加氢石油树脂发展将以国内为主。

#### 1.2.5.2 碳九石油树脂的应用

碳九石油树脂分子结构中含有大量的五元环、六元环、双环和苯系化合物，无极性基团，能与苯、甲苯等有机溶剂互溶，具有良好的黏结性。碳九石油树脂还具有耐酸碱性、耐候性和耐光老化性等性能，不同类型的碳九石油树脂具有不同的用途，其主要应用见表1.7。

**表1.7 不同类型碳九石油树脂主要应用**

| 碳九石油树脂类型 | 主要应用 |
|---|---|
| 碳九热聚石油树脂 | 主要应用于油漆、橡胶特种胶黏剂、油墨、印刷等行业的助剂 |
| 碳九催化聚合石油树脂 | 主要用于油漆、橡胶、胶黏剂、油墨、塑料地板砖、改性沥青等行业的助剂 |
| 共聚石油树脂 | 主要用于热熔胶、轮胎和橡胶制品，可作为萜烯树脂、松香甘油酯等的替代品 |
| 古马隆树脂 | 主要应用于橡胶、彩色沥青、特种胶黏剂等行业的助剂 |
| 单体树脂 | 一般用作加工助剂，也可作为各种胶黏剂、涂料及热塑性聚合物的改性剂 |

（1）彩色沥青

碳九石油树脂可用于生产彩色沥青，然而未经加氢改性的碳九石油树脂化学稳定性较差，制备的彩色沥青使用寿命较短，通常需要对碳九石油树脂进行加氢改性或者添加其他助剂，从而延长彩色沥青的彩色效果。王香平等人[32] 将碳九石油树脂与SBS、机油以及低密度聚乙烯（LDPE）共混，得到了一种性能优异的彩色沥青胶结料。

(2) 油田化学剂和化工助剂

碳九石油树脂经过化学改性后可作为油田和建筑行业广泛使用的阻垢剂、水泥缓凝剂、失水剂以及分散剂等多种助剂；此外，碳九石油树脂还可以与丙烯酰胺聚合得到油田和化工生产行业广泛使用的水质稳定剂以及增稠剂等。

张旭[33] 制备了碳九石油树脂接枝马来酸酐、碳九石油树脂接枝丙烯酸等二元共聚物以及三元共聚物，研究发现这些共聚物具有优异的阻垢性能。赵晓非等人[34] 将碳九馏分与马来酸酐共聚，再将共聚物进行磺化、皂化反应得到石油树脂减水剂，可代替萘系减水剂用于混凝土领域。王芳等人[35] 将碳九馏分、丙烯酸和马来酸单聚乙二醇酯进行自由基共聚反应，得到水溶性碳九石油树脂减水剂，试验结果表明该减水剂具有优异的除水效果。李春生等人[36] 通过溴化反应制备得到改性碳九石油树脂，再将其与三氧化二锑共混，加入发泡聚氨酯基体中，得到了性能优异的阻燃聚氨酯材料。

(3) 塑料

碳九石油树脂是聚氯乙烯（PVC）塑料的常用改性剂，可有效提升PVC的加工性。李春生等人[37] 将少量改性石油树脂与PVC共混，可有效提升PVC加工过程中的流动性，并且可有效提高PVC的抗冲击强度。

(4) 涂料

碳九石油树脂可用于制备涂料改性剂，显著提升涂料产品的光泽度、耐水性、耐化学品性等综合性能，生产过程中可以部分或全部代替价格昂贵的涂料添加剂，显著降低生产成本。

(5) 胶黏剂

在胶黏剂中引入碳九石油树脂可有效提升胶黏剂的抗蠕变性、耐热性以及黏结稳定性。王久龙[38] 以碳九石油树脂、聚乙酸乙烯酯（PVAC）为主要原料制备了一种纸质品黏结用胶黏剂，具有较好的黏结效果。陈炳强等[39] 将SBS、萜烯树脂、碳九石油树脂溶解于环保溶剂中，制备了一种新型环保SBS胶黏剂，在塑料包装领域有一定的应用。

(6) 油墨

碳九石油树脂与油墨相容性较好，可用作松香的替代料，研究表明，加入松香含量一半左右的碳九石油树脂便可显著提升油墨的增塑效果。马国章等人[40] 将碳九石油树脂与马来酸酐、丙烯酸等单体进行接枝改性，再与酚醛树脂反应得到石油树脂改性酚醛树脂，可用于提升油墨的黏结性能。

(7) 油漆

碳九石油树脂在有机溶剂中具有较好的溶解性，易溶于石油类有机溶剂，可有效改善油漆外观，通过碳九石油树脂改性的油漆具有较好的耐酸碱性、耐水性、耐化学品性以及耐光老化性。

(8) 橡胶

碳九石油树脂可作为橡胶的软化添加剂，在不改变橡胶制品性能的前提下，减少橡胶的添加量，从而有效降低生产成本。碳九石油树脂环芳烃含量和碳碳双键含量较高，易发生交联反应，对硫化橡胶有较好的补强作用。倪少卿等人[41] 将碳九石油树脂用于农业轮胎胎面胶，它对于橡胶综合性能的提升显著优于古马隆树脂。

### 1.2.6 碳九碳十馏分综合利用发展趋势

碳九碳十馏分综合利用正在向精细化分离、功能化合成以及绿色化生产方向发展。①精细化分离。其发展趋势主要为减少“三废”产生、提高分离精度，具体表现为开发特殊精馏分离工艺，采用低压降技术，适当降低塔釜温度，提高如环戊二烯、甲基环戊二烯等高附加值单体分离精度；采用分子蒸馏技术，减少渣油产生；优化隔壁塔、反应精馏塔，提高塔器分离效果，降低能耗。②功能化合成。其发展趋势主要为利用芳烃制备高附加值单体，具体表现为以石油树脂、芳烃溶剂为主导，通过精确控制树脂分子量和分子量分布以及引入功能性单体，开发 ENB、PDCPD、COC、抗氧剂、紫外线吸收剂（UV 剂）、香料、增塑剂、轮胎抗湿滑单体树脂、低挥发性有机化合物（VOC）高软化点单体树脂、硅烷改性石油树脂等功能化产品。③绿色化工艺。其发展趋势主要为开发高性能催化剂和满足低能耗碳减排相关工艺，具体表现为开发耐毒性加氢催化剂，缩短加氢流程，提升产品品质；开发 $C_9$ 石油树脂固体催化剂和离子液体催化剂；采用能量梯级利用技术，将高温位塔顶冷凝器与低温位塔釜再生器耦合，使塔顶冷凝器中的过热蒸汽为塔釜设备供热，提高能量利用率；生产规模化，区域集中，原料互供，高低能级热量匹配，降低能耗，实现资源综合利用；对于饱和芳烃分离，采用正压操作，利用塔顶余热副产蒸汽，回收热能；在石油树脂基体中引入 20%～30%生物基材料如松香、萜烯、生物基酚等，合成生物基石油树脂，减少碳排放。

# 第2章

# 碳九碳十馏分的组成和性质

碳九碳十馏分组成十分复杂，可分为烷烃、烯烃、芳烃、多环烃等多种类别。根据化学结构和反应特性的不同可将其分为四类：①苯乙烯及其衍生物；②环戊二烯以及双环戊二烯；③茚及其衍生物；④三甲苯和四甲苯及其衍生物。

裂解碳九馏分组成较为复杂，并且各组分沸点相差不大，从裂解碳九馏分中提取具有高经济附加值的化工原料，将极大增加裂解碳九馏分的经济价值，具有较好的应用前景。表 2.1 为不同厂家裂解碳九馏分组成。从表 2.1 中可以看出，不同厂家裂解碳九馏分中苯乙烯、双环戊二烯以及茚的含量差异较大，因此可以将其作为原料区分依据。其中高双环戊二烯含量裂解碳九馏分可以用于生产热聚石油树脂以及精制双环戊二烯；低双环戊二烯含量裂解碳九馏分可以用于生产催化聚合石油树脂；高苯乙烯含量裂解碳九馏分可以用于苯乙烯抽提。

**表 2.1　不同厂家裂解碳九馏分组成**　　　　单位：%

| 活性组分 | 中国石化镇海炼化公司 | 福建炼油化工有限公司 | 扬子石化-巴斯夫有限责任公司 |
|---|---|---|---|
| 环戊二烯 | 0.05 | 0.18 | 0.03 |
| 苯乙烯 | 1.94 | 3.14 | 3.58 |
| 甲基苯乙烯 | 22.35 | 5.98 | 18.64 |
| 双环戊二烯 | 21.32 | 41.18 | 16.35 |
| 茚 | 11.37 | 3.87 | 9.61 |
| 萘 | 2.35 | 1.32 | 7.68 |

裂解碳十组成较裂解碳九组成更为复杂，分离难度大，部分作为燃料，综合利用价值不高。提高裂解碳十馏分综合利用程度，具备较好的应用前景。表 2.2 为不同厂家裂解碳十馏分组成。

**表 2.2　不同厂家裂解碳十馏分组成**

| 活性组分 | 中国石油大庆石化公司 | 中国石化燕山石化公司 | 中国石油吉林石化公司 | 中国石化天津石化公司 |
|---|---|---|---|---|
| 苯 | 0.12 | 0.28 | 0.35 | 0.41 |
| 甲苯 | 0.11 | 0.41 | 0.37 | 0.63 |
| 乙苯 | 0.05 | 0.43 | 0.15 | 0.16 |
| 间、对二甲苯 | 0.15 | 1.57 | 0.41 | 0.40 |

续表

| 活性组分 | 中国石油大庆石化公司 | 中国石化燕山石化公司 | 中国石油吉林石化公司 | 中国石化天津石化公司 |
|---|---|---|---|---|
| 苯乙烯 | 1.13 | 6.59 | 1.60 | 1.07 |
| 邻二甲苯 | 0.14 | 2.41 | 0.37 | 0.28 |
| α-甲基苯乙烯 | 0.21 | 0.91 | 0.48 | 0.25 |
| 正丙基苯 | 0.12 | 0.66 | 0.34 | 0.18 |
| 间、对甲基乙基苯 | 0.63 | 3.23 | 2.00 | 1.40 |
| 1,3,5-三甲苯 | 0.29 | 0.73 | 0.66 | 0.65 |
| 邻甲基苯乙烯 | 0.94 | 2.2 | 1.33 | 1.45 |
| 间甲基苯乙烯 | 6.56 | 8.56 | 10.56 | 12.40 |
| 对甲基苯乙烯 | 2.99 | 4.32 | 1.90 | 3.97 |
| 1,2,3-三甲苯 | 3.55 | 2.60 | 2.16 | 2.08 |
| 双环戊二烯 | 0.11 | 0.20 | 0.05 | 0.05 |
| 茚满 | 1.47 | 0.98 | 1.19 | 0.91 |
| 茚 | 16.30 | 10.30 | 9.02 | 15.10 |
| 甲茚 | 11.40 | 9.33 | 9.00 | 12.40 |
| 萘 | 22.3 | 18.70 | 23.00 | 17.40 |
| 甲基萘 | 7.48 | 8.33 | 14.74 | 5.46 |

重整碳九馏分组成比较复杂，但组分相对集中，主要含有均三甲苯、偏三甲苯、连三甲苯、甲乙苯等组分，这些都是宝贵的精细化学品，具有很高的使用价值。表 2.3 为重整碳九典型组成。

**表 2.3　重整碳九典型组成**

| 组分 | 含量(质量分数)/% | 沸点/℃ |
|---|---|---|
| 对二甲苯 | 0.30 | 138.5 |
| 异丙苯 | 4.52 | 152.4 |
| 正丙苯 | 4.42 | 159.2 |
| 间甲乙苯 | 11.59 | 161.3 |
| 对甲乙苯 | 6.34 | 162.0 |
| 均三甲苯 | 8.98 | 164.7 |
| 邻甲乙苯 | 6.64 | 165.1 |
| 偏三甲苯 | 40.46 | 169.4 |
| 连三甲苯 | 12.94 | 176.1 |
| 其他 | 3.81 | — |

重整碳十馏分由 100 多种组分构成，组成更为复杂。重整碳十馏分主要由均四甲苯、偏四甲苯、连四甲苯以及萘构成，在化工合成领域有广泛的应用。表 2.4 为重整碳十典型组成。

**表 2.4　重整碳十典型组成**

| 组分 | 含量(质量分数)/% |
|---|---|
| 均三甲苯 | 0.15 |
| 偏三甲苯 | 2.35 |
| 连三甲苯 | 2.54 |
| 均四甲苯 | 7.65 |
| 偏四甲苯 | 10.87 |
| 连四甲苯 | 7.07 |
| 萘 | 25.13 |
| 萘以及其他重组分 | 34.14 |

特别是重整碳十的萘馏分，主要用于生产邻苯二甲酸酐，其次可生产乙萘酚、甲萘酚、甲萘胺和萘的磺酸衍生物，用途很广泛。表 2.5 为几种萘馏分的典型组成[42]。

**表 2.5　几种萘馏分的典型组成**　　单位：%

| 组分 | 重整残留物 | 催化轻循环油 | 裂解焦油组分 | 煤焦油萘馏分 |
|---|---|---|---|---|
| 烷基苯 | 20 | 25 | 20 | 5 |
| 二氢茚和氢化萘 | 15 | 25 | 10 | 5 |
| 烷基茚 | 2 | 7 | 18 | 3 |
| 萘和烷基萘 | 55 | 35 | 45 | 75 |
| 蒽和菲 | 2 | 2 | 2 | 2 |

# 2.1　苯乙烯

苯乙烯 (St)，分子式为 $C_8H_8$，为苯环中一个氢原子被乙烯取代形成的有机化合物。苯乙烯在常温常压下是微黄色黏稠油状液体，具有较强的挥发性，带有特殊的刺鼻香气；是一种性能极好的有机溶剂，几乎不溶于水；自然条件下容易被光解、生物降解以及化学降解；接触酸性催化剂容易引发猛烈聚合，形成大量蒸气，与空气混合变为易燃易爆气体，遇明火或接触氧化剂有爆炸的危险。苯乙烯的主要物理性质如表 2.6 所示。

表 2.6　苯乙烯的物理性质

| 物理量 | 单位 | 数据 | 物理量 | 单位 | 数据 |
| --- | --- | --- | --- | --- | --- |
| 熔点 | ℃ | −30.6 | 爆炸上限(体积分数) | % | 6.8 |
| 沸点 | ℃ | 146 | 爆炸下限(体积分数) | % | 0.9 |
| 密度 | $kg/m^3$ | 0.99 | 黏度 | MPa·s | 0.696 |
| 表面张力 | mN/m | 30.9 | 汽化焓 | kJ/mol | 43.96 |
| 饱和蒸汽压 | kPa | 0.7 | 熔化焓 | kJ/mol | 10.95 |
| 燃烧热 | kJ/mol | −4376.9 | 标准摩尔生成焓 | kJ/mol | 147.76 |
| 临界温度 | ℃ | 369 | 比热容 | kJ/(kg·K) | 1.17 |
| 临界压力 | MPa | 3.81 | 溶解度 | % | 0.031 |
| 闪点 | ℃ | 31 | 常温折射率(25℃) |  | 1.542 |

苯乙烯整个分子骨架为一个大共轭结构，化学性质活泼，在常温常压下即可发生自聚反应，且温度越高反应越剧烈。苯乙烯是最基本的高分子单体之一，也是合成塑料和橡胶的重要原料。例如将苯乙烯与丙烯腈共聚可得到色泽光亮、抗冲击性能优异的苯乙烯-丙烯腈共聚树脂（SAN）工程塑料；将苯乙烯、丁二烯、丙烯腈共聚可制备得到苯乙烯-丙烯腈-丁二烯共聚树脂（ABS），它具有强度高、韧性好、易于加工成型等优点；将苯乙烯与丁二烯共聚可以得到性能优异的苯乙烯-丁二烯-苯乙烯嵌段共聚树脂（SBS）热塑性弹性体，广泛用作橡胶制品的增塑剂、软化剂[43]。

## 2.2　α-甲基苯乙烯

α-甲基苯乙烯，分子式为 $C_9H_{10}$，密度 $0.9082g/cm^3$，熔点 −24.5℃，沸点 163.4℃，是一种无色液体，微溶于水，能溶于大多数有机溶剂。α-甲基苯乙烯中的 α 位甲基阻碍了聚合物空间旋转，使分子链运动变得困难，材料整体刚性较强，玻璃化转变温度较高，具有优异的耐热性。此外，α-甲基苯乙烯中的 α-碳原子取代了原来苯乙烯上的氢，导致双键上 π 电子云密度增加，促使 α 位甲基上的氢原子发生链转移。因此当聚合温度高于平衡温度时，聚合物极易发生解聚，难以获得高分子量的聚合物[44]。

国外对 α-甲基苯乙烯的利用比较早，20 世纪 60 年代开始便通过 α-甲基苯乙烯制备合成树脂、改性剂以及其他精细化学品。日本生产的 α-甲基苯乙烯 90%用于制备 ABS 树脂改性剂，剩余 10%用作溶剂或有机合成原料。α-甲基苯乙烯是制备对异丙苯基酚的主要原料，对异丙苯基酚可用于制备环氧树脂助剂、烷基苯酚树脂、非离子型表面活性剂等化学品，具有重要的经济价值。

## 2.3 茚

茚（indene）是一种芳香烃，分子式为 $C_9H_8$，常温下为无色透明油状液体，沸点为 182.44℃。茚是一种重要的芳香烃，主要存在于乙烯裂解副产物碳九馏分和煤焦油中。

茚的聚合研究最早开始于 1890 年，20 世纪 20 年代 Brown[45] 开始对茚聚合进行了初步研究，40 年代 Carmody[46] 以煤焦油副产物合成了茚-古马隆树脂。茚的聚合方法较多，主要有电化学聚合、自由基聚合、阳离子聚合和活性阳离子聚合。茚的电化学聚合由于聚合工艺复杂、聚合转化率低，使用受到较大限制；茚的自由基聚合反应条件温和并且引发剂易于获得，应用较为广泛，但聚合物的结构大多为无规共聚物，结构不易控制；茚的阳离子聚合可选择的催化剂和共聚单体种类较多，但聚合条件较为苛刻，易于发生链转移反应，聚合物结构同样不易控制。

茚在精细化工领域具有重要的应用价值。茚是一种重要的药物中间体，其所制备的药物在治疗帕金森病、获得性免疫缺陷综合征（简称艾滋病）等疾病方面有不错的疗效；茚是一种重要的香料中间体，可用于制备麝香、开司米酮等高级香料；此外，茚还可用于制备茚-古马隆树脂、乙烯-茚树脂以及各类杀虫剂和除草剂。

## 2.4 1-甲基茚

1-甲基茚（1-methyl-1*H*-indene）是一种芳香烃，分子式为 $C_{10}H_{10}$，分子量为 130.1，密度 1.0g/cm$^3$，沸点 200℃，常温下为无色液体。1-甲基茚主要来源于裂解碳十馏分，最主要的用途是制备高软化点石油树脂。1-甲基茚在常温常压下较为稳定，常温保存应避光、通风干燥、避免接触氧化物。

## 2.5 双环戊二烯

双环戊二烯（又称二聚环戊二烯，DCPD），分子式为 $C_{10}H_{12}$，分子量 132.20，密度 0.98g/cm$^3$，溶于醇、醚和四氯化碳等有机物，不溶于水。双环戊二烯有两种同分异构体，分别是桥式异构体（α 结构）和挂式异构体（β 结构）（见图 2.1）。这两种结构凝固点相差 10℃左右，室温条件下 β 结构会自动转化为 α 结构，而将双环戊二烯加热至 150℃时，α 结构又会转化为 β 结构，因此双环戊二烯两种异构体可通过调节温度实现转化[47]。双环戊二烯为环状二烯烃，具有活泼的碳碳双键和亚甲基结构，因此化学性质较为活泼，可与其他化合物反应生成多种衍生物，自身也容易自聚合生成多聚体等。

图 2.1　DCPD 分子结构

双环戊二烯分子结构具有一定开环张力，开环聚合后熵值变高，因此较易进行开环移位反应。反应有不同的理论模型，其中 Chauvin 模型最为典型，该模型指出，金属卡宾为双环戊二烯开环聚合过程中的活性中心，金属卡宾与烯烃发生环化反应得到环丁烷，然后通过逆环化过程产生新的金属卡宾以及烯烃，反应过程如图 2.2 所示。

## 2.6 甲基环戊二烯二聚体

甲基环戊二烯二聚体（DMCPD），分子式为 $C_{12}H_{16}$，密度为 0.941g/cm$^3$，沸点为 200℃，外观为无色液体，易溶于乙醇、乙醚、苯，不溶于水。甲基环戊二烯二聚体通常由甲基环戊二烯（MCPD）聚合得到，工业上制备 MCPD 的方法主要是以环戊二烯（CPD）与金属钠反应，然后用甲烷作烷基化剂，通过烷基化反应得到 MCPD。碳九馏分中 MCPD 含量

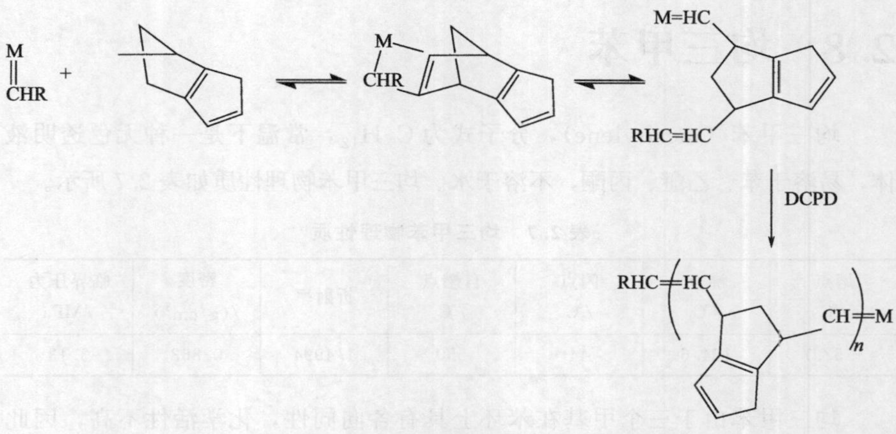


图 2.2 DCPD 开环移位聚合机理

大约为 8%（质量分数），随着我国乙烯工业的发展，碳九馏分产量不断上升，为 DMCPD 提供充足原料。

到目前为止，MCPD 工业化制备方法大致分为以下两种：①以裂解碳九馏分为原料，在高温下使原料中高沸点馏分及其二聚体发生解聚，形成低沸点馏分，再通过精馏分离得到纯度较高的 MCPD 组分；②以裂解碳九馏分为原料，通过高温解聚后将产物甲基化合成得到 MCPD，该方法对于甲基化合成催化剂有较高的要求。

## 2.7 偏三甲苯

偏三甲苯是一种无色透明液体，分子式为 $C_9H_{12}$，常压沸点 169.4℃，密度 0.875g/cm$^3$，易燃，不溶于水，易溶于乙醇、乙醚以及苯等有机溶剂。偏三甲苯为环状结构，氢原子出现在环的内部和外部，碳原子出现在环的内部。偏三甲苯中氢原子可以自由变动，各个异构体之间不仅有结构异构，还有性质异构，有利于提高其在环境变化时的稳定性。此外，由于它是一种具有高对比性的液晶，具有较高的吸光度，可以用于高灵敏性的光谱检测，广泛应用于分析化学和生物化学检测领域。偏三甲苯环状结构有利于其与其他有机分子相互作用，它具有极强的反应性，能够与大多数有机化合物发生反应，因此在合成有机物质及临床诊断中具有重要作用。

## 2.8 均三甲苯

均三甲苯（mesitylene），分子式为 $C_9H_{12}$，常温下是一种无色透明液体，易溶于苯、乙醚、丙酮，不溶于水。均三甲苯物理性质如表 2.7 所示。

**表 2.7 均三甲苯物理性质**

| 熔点/℃ | 沸点/℃ | 闪点/℃ | 自燃点/℃ | 折射率 | 密度/(g/cm³) | 临界压力/MPa |
|---|---|---|---|---|---|---|
| -52.7 | 164.6 | 44 | 550 | 1.4994 | 0.863 | 3.13 |

均三甲苯由于三个甲基在苯环上具有各向同性，化学活性不高，因此很难进行烷基化反应，利用该特点可将其从混合物中分离得到高纯度均三甲苯。此外，通过磺化、硝化、缩合等化学反应可制备各种均三甲苯衍生物。

## 2.9 均四甲苯

均四甲苯是一种白色/无色晶体，分子式为 $C_{10}H_{14}$，密度 0.89g/cm³，熔点 79.2℃，沸点 196.8℃，不溶于水，溶于苯、乙醇、乙醚。均四甲苯具有四个均匀分布的甲基，因此具有较好的对称结构以及较高的结晶度和熔点。利用均四甲苯高结晶度的特性，可将其作为添加剂提高聚合物的结晶度。此外，均四甲苯包含的多对官能团使其具有独特的反应特性，经均四甲苯改性的聚合物具有优异的抗氧化性、耐热性、耐生物降解性以及较好的力学性能。

## 2.10 甲乙苯

甲乙苯（又叫乙基甲苯）是一种无色液体，分子式为 $C_9H_{12}$，有邻、间、对三种同分异构体。邻乙基甲苯为无色液体，密度 0.881g/cm³，熔点-80.8℃，沸点 165.2℃，折射率 1.5042，不溶于水，溶于乙醇、醚、丙酮和苯等有机溶剂；间乙基甲苯为无色液体，密度 0.867g/cm³，熔点-95.6℃，沸点 161.3℃，折射率 1.4975，不溶于水，能与醇、醚混溶[48]。

甲乙苯在自然条件下性质较为稳定，但遇到酸或者氧化剂容易发生剧烈的化学反应，化学性质介于苯酚和苯之间。甲乙苯可进行自由基取代、自由基加成以及亲电取代等反应，例如在受热或光辐射条件下，甲乙苯上的甲基可与活泼化合物发生自由基取代反应。

## 2.11 石油萘

石油萘（即萘）分子式为 $C_{10}H_8$，分子量 128.18，沸点 217.9℃，闪点 78.89℃，是一种浅黄色或黄色透明液体，不溶于水，溶于醇和醚，有温和芳香气味。石油萘主要来自碳十馏分，通常采用萃取或者吸附法初步分离，然后利用结晶分离法进一步提纯得到高纯度石油萘。

## 2.12 甲基萘

甲基萘又名 1-甲基萘，分子式为 $C_{11}H_{10}$，是一种无色油状液体，熔点为−22℃，沸点为 244.6℃，密度为 1.02g/cm$^3$，闪点为 82.22℃。甲基萘不溶于水，但溶于乙醚、乙醇等有机溶剂。

甲基萘化学性质较为活泼，能与高锰酸钾、氯酸盐、铬酸酐等化学物质发生剧烈反应引起燃烧或爆炸，并放出刺激性的毒性烟雾。通常需要密封保存，避光防热。

## 2.13 二乙苯

二乙苯简称 DEB，分子式为 $C_{10}H_{14}$，是一种无色透明、带有芳香气味的液体，具有邻、间、对三种同分异构体，不溶于水，易溶于丙酮、甲苯等有机溶剂。二乙苯的基本物性见表 2.8。

表 2.8 二乙苯的基本物性

| 物性 | 邻二乙苯 | 间二乙苯 | 对二乙苯 |
|---|---|---|---|
| 沸点/℃ | 183.46 | 181.14 | 183.79 |
| 熔点/℃ | −63.60 | −83.92 | −31.24 |
| 蒸气压(25℃)/mmHg | 1.303(1.74hPa) | 1.328(1.77hPa) | 0.983(1.31hPa) |

由表 2.8 可知，二乙苯三种同分异构体沸点差异极小，因此难以通过

普通精馏方法进行分离，工业上通常采用萃取精馏法、吸附分离法等工艺将二乙苯混合物分离。二乙苯主要来源于苯乙烯工业副产物多乙苯，部分来源于重整碳十馏分。我国多乙苯产量每年高达几十万吨，可以为二乙苯提供充足的原料。

## 2.14 高沸点芳烃溶剂油

芳烃溶剂油是一种烃类有机物，主要由烷烃、环烷烃和芳香烃构成，根据主要成分的不同可将其分为不同类型的溶剂油，其主要性能见表 2.9。芳香烃溶剂油溶解能力最强，但毒性最高；其余溶剂油毒性虽然较弱，但溶解能力不如芳香烃溶剂油。

表 2.9 不同类别溶剂油的性质

| 类别 | 烷烃 | 环烷烃 | 芳香烃 |
|---|---|---|---|
| 密度 | 小 | 中 | 大 |
| 溶解度参数 | 6.5～8 | 7.5～8.5 | 8.5～9.5 |
| 嗅味 | 弱 | 中 | 强 |

高沸点芳烃溶剂油是由碳九和碳十中重芳烃的同分异构体组成的一系列化合物的总称，主要成分为三甲苯、四甲苯以及相应同分异构体。李秀敏[49] 对碳九馏分制取石油树脂过程中未聚合溶剂油组分做了分析，发现未聚合溶剂油中芳烃含量为 65.5%（体积分数），未聚合溶剂油经过精馏处理得到 85%（体积分数）的 190# 溶剂油和 10%（体积分数）的一般溶剂油。高沸点芳烃溶剂油具有优异的溶解性、化学稳定性、流平性，并且毒性低，气味小，在医药、化妆品、涂料、印刷以及染料等领域有广泛的应用。表 2.10 为国内高沸点芳烃溶剂油产品典型物性指标。

表 2.10 国内高沸点芳烃溶剂油产品典型物性指标

| 物性 | S-100A | S-150A | S-180A | S-200 | S-330 |
|---|---|---|---|---|---|
| 外观 | 无色透明液体 | 无色透明液体 | 微黄色液体 | 微黄色液体 | 黄色液体 |
| 密度/(g/cm$^3$) | 0.860～0.865 | 0.870～0.885 | 0.910～0.930 | 0.960～1.004 | 0.985～1.015 |
| 芳烃含量/% | 98 | 98 | 98 | 98 | 98 |
| 闪点/℃ | 42 | 60 | 80 | 95 | 140 |
| 混合苯胺点/℃ | 15 | 15 | 17 | 17 | 18 |
| 色度 | 10 | 10 | 20 | 100 | — |

# 第3章

# 碳九碳十馏分的分离方法及工艺

裂解碳九碳十馏分中含有大量的苯乙烯、双环戊二烯和 α-甲基苯乙烯等，重整碳九碳十馏分中含有大量偏三甲苯、均三甲苯、连三甲苯、甲乙苯、四甲苯、二乙苯及萘等，这些精细化学品具有较高的经济附加值。

# 3.1 裂解碳九碳十馏分分离

## 3.1.1 苯乙烯分离工艺

石脑油裂解装置副产裂解碳九馏分中含有 3%～5%苯乙烯，在加氢阶段容易转化为乙苯，造成苯乙烯资源严重浪费。因此裂解碳九加氢前，需要将苯乙烯以抽提蒸馏的方式预先分离出来。裂解碳九抽提苯乙烯工艺流程见图 3.1，包括原料预处理、抽提蒸馏、苯乙烯精制三部分，预处理部分从裂解碳九中切出碳八馏分进行加氢除去苯乙炔，得到合格的抽提蒸馏原料[50]。

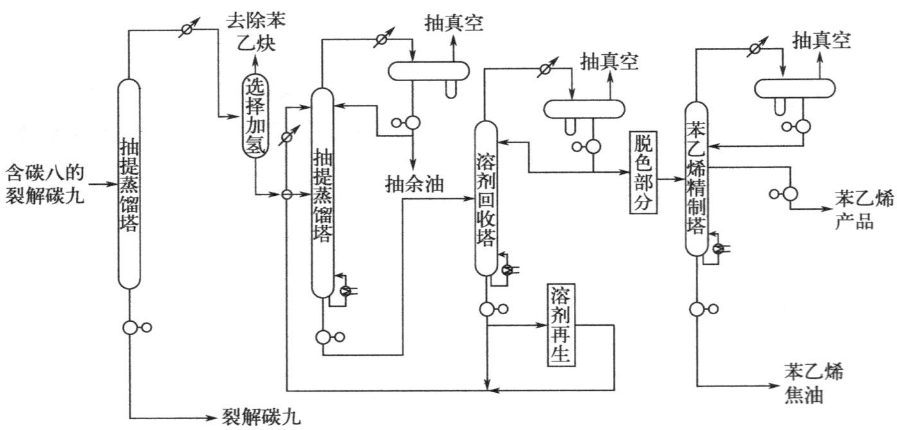


图 3.1　裂解碳九抽提苯乙烯工艺流程

苯乙烯抽提包括抽提蒸馏、溶剂回收、溶剂再生等操作单元。抽提蒸馏单元在苯乙烯蒸馏塔内进行，塔顶得到碳八馏分，碳八馏分送往苯乙烯精制单元提纯，塔釜得到富含溶剂的裂解碳九馏分，溶剂通过回收塔再生利用。苯乙烯精制单元主要对粗苯乙烯进行脱色与去除杂质，得到高纯度苯乙烯产品。目前国内外苯乙烯抽提工艺存在以下问题：①苯乙烯抽提工艺稳定性欠佳，如何实现苯乙烯抽提装置长期平稳运行；②开发高纯度苯乙烯技术难度较大，如何制备高纯度、高收率的苯乙烯产品；③粗苯乙烯颜色较深，如何有效改善苯乙烯产品色度。中国石化石油化工科学研究院经过十几年的工作完成了从裂解碳九馏分中抽提苯乙烯工艺的研究，包括溶剂筛选、阻聚剂评价、抽提蒸馏工艺试验、产品精制和工艺过程模拟研究等[51]。

中国石化石油化工科学研究院与广东新华粤石化集团股份有限公司联合开发了具有自主知识产权的裂解碳九抽提苯乙烯成套技术(STED)[52]。STED详细工艺流程见图3.2，该流程主要包括原料预分馏、苯乙炔选择性加氢、苯乙烯抽提和脱色精制等工艺流程。首先原料经减压精馏得到富含苯乙烯的碳八馏分；然后进行选择性加氢，脱除苯乙炔得到抽提原料；以环丁砜复合溶剂作为萃取剂，通过萃取精馏实现苯乙烯和碳八芳烃的分离，得到粗苯乙烯和碳八抽余油；将粗苯乙烯经过脱色精制得到聚合级苯乙烯产品。广东新华粤石化集团股份有限公司在2011年5月实现3万吨/年苯乙烯抽提装置成功开车，至今平稳运行。

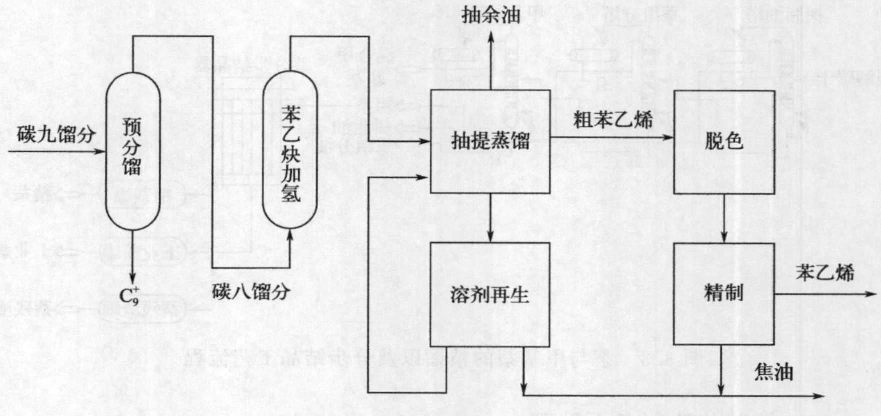


图3.2　STED工艺流程

兰州汇丰石化有限公司开发了一种从裂解 $C_8/C_9$ 中抽提苯乙烯的生产工艺[53]，工艺流程如下：①抽提原料，乙烯热裂解产生的 $C_8/C_9$ 馏分通过减压精馏分离其中的 $C_8$ 馏分作为抽提原料；②将抽提原料与萃取溶剂充分混合，加入阻聚剂和消泡剂，通过减压精馏将轻组分及 $C_9$ 馏分分离出去，同时通过水换热器冷却后得到 $C_8$ 抽余油，塔釜则得到溶剂与苯乙烯的混合物；③溶剂与苯乙烯的混合物通过减压精馏进行分离，冷却后得到苯乙烯，同时回收溶剂；④苯乙烯通过脱色剂处理后，再通过减压精馏将杂质脱除，即可得到聚合级苯乙烯单体。

### 3.1.2 萘、甲基萘分离工艺

裂解碳十中含有很多组分，如萘、甲基萘等，特别是萘馏分在裂解碳十中含量较高，最高可达 25%（质量分数）。萘是一种重要的有机化工原料，如何高效利用碳十馏分中的萘和甲基萘具有重要的经济意义。

（1）裂解碳十分离萘、甲基萘

萘、甲基萘与其相邻组分沸点接近，很难用精馏的方法将其分别从碳十馏分中分离出来，工业上采用减压连续精馏方法先脱除重组分，再分离轻组分。利用定制液体分布器可实现塔内液体均匀分布，实现萘与甲基萘的高纯度分离。通过精馏工艺可得到纯度 90% 的粗萘产品，再通过分步结晶提纯可将萘的纯度提升至 99.6%。萘与甲基萘的精馏以及分步结晶工艺流程见图 3.3。

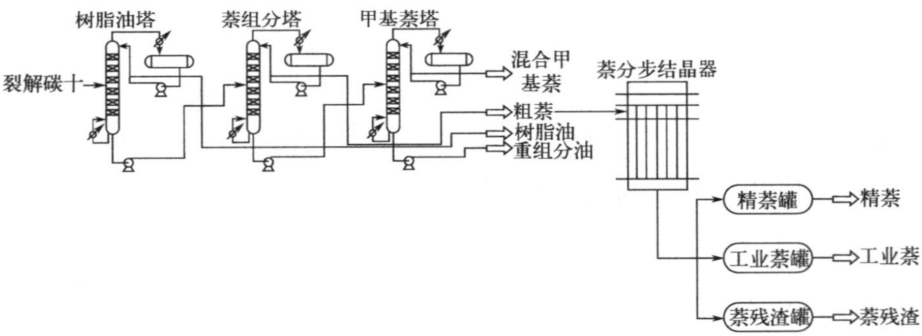


图 3.3 萘与甲基萘的精馏以及分步结晶工艺流程

（2）烷基化法制备石油萘

乙烯焦油主要成分是单环芳烃、多环芳烃、重芳烃馏分油，将乙烯焦油裂解分离并脱烷基化是制备石油萘的主要途径。美国 Ashland 石油炼制公司和 UOP 公司开发了临氢脱烷基法制备石油萘技术，重整油、催化重质油与氢气加热后通过装有脱烷基催化剂（氧化铬/氧化铝）的反应器，然后进入气液分离器，分离后的物料经白土处理后，蒸馏得到石油萘。美国 Union 石油公司也开发了催化临氢脱烷基法制备石油萘技术，工艺流程包含分馏、反应、结晶三个过程，原料通过预蒸馏，在塔顶分离出一部分浓缩萘，塔中间抽出烷基萘馏分后进入加氢系统，塔底分离部分可作为燃料油的残油，该技术可实现石油萘接近100%的转化率[54]。脱烷基化反应制备石油萘加工方法见图3.4。

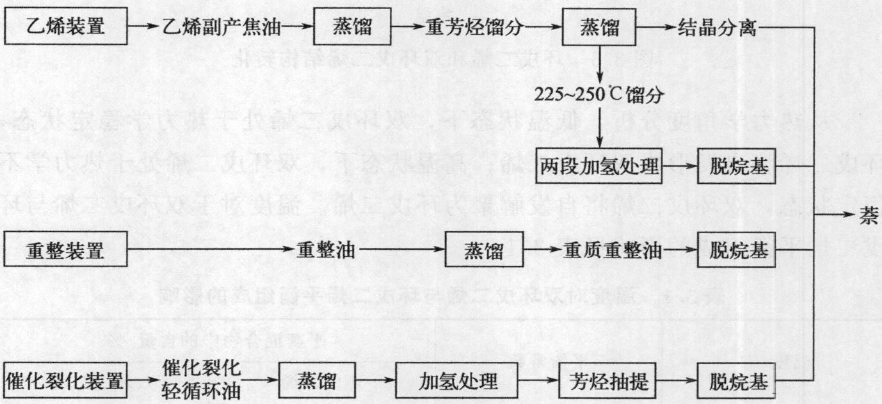


图3.4　脱烷基化反应制备石油萘加工方法

### 3.1.3　双环戊二烯、甲基环戊二烯二聚体分离工艺

双环戊二烯、甲基环戊二烯二聚体来源于裂解碳九馏分，为了实现资源最大化利用，国内各大科研机构对碳九馏分分离技术进行研究，碳九馏分分离制备双环戊二烯、甲基环戊二烯二聚体技术取得较大进展。山东齐隆化工股份有限公司具备10万吨/年的裂解碳九分离、1.57万吨/年双环戊二烯以及0.15万吨/年甲基环戊二烯生产技术；天津鲁华化工有限公司开发了裂解碳九深加工技术，每年可对7万吨碳九原料进行深加工，年产双环戊二烯0.72万吨；恒河材料科技股份有限公司开发了10万吨/年碳九综合利用技术，每年可生产双环戊二烯0.8万吨、甲基环戊二烯0.12万吨。此外，广东新华粤石化集团股份有限公司双环戊二烯产能约2.6万吨/年，南京扬子精细化工有限责任公司双环戊二烯产能约1.8万吨/年，抚顺齐隆化工股份有限公司投产2万吨/年双环戊二烯项目。

#### 3.1.3.1　双环戊二烯分离

（1）双环戊二烯分离原理

双环戊二烯与环戊二烯在一定条件下可相互转化。常温下环戊二烯容易自聚形成双环戊二烯；当温度超过120℃时，双环戊二烯将重新解聚为环戊二烯。环戊二烯（CPD）与双环戊二烯（DCPD）结构转化如图 3.5 所示。

$$\text{DCPD} \underset{\text{室温}}{\overset{120℃\text{以上}}{\rightleftharpoons}} \text{CPD}$$

图 3.5　环戊二烯和双环戊二烯结构转化

从热力学角度分析，低温状态下，双环戊二烯处于热力学稳定状态，环戊二烯将自发形成双环戊二烯；高温状态下，双环戊二烯处于热力学不稳定状态，双环戊二烯将自发解聚为环戊二烯。温度对于双环戊二烯与环戊二烯平衡组成的影响见表 3.1。

**表 3.1　温度对双环戊二烯与环戊二烯平衡组成的影响**

| 温度/℃ | 平衡常数 | 平衡混合物中的含量/% | |
|---|---|---|---|
| | | 环戊二烯 | 双环戊二烯 |
| 90 | 0.13 | 3.5 | 96.5 |
| 110 | 0.23 | 4.9 | 95.1 |
| 125 | 0.02 | 7.5 | 92.5 |
| 140 | 277 | 77.2 | 22.8 |
| 160 | 591 | 87.1 | 12.9 |
| 170 | 742 | 89.1 | 10.9 |
| 180 | 1177 | 92.5 | 7.5 |

（2）双环戊二烯分离工艺

双环戊二烯相邻组分间沸点接近，采用常规的精馏分离方法无法得到高纯度双环戊二烯。可先通过双环戊二烯解聚工艺得到环戊二烯，利用环戊二烯与碳九馏分的沸点差将环戊二烯从碳九馏分中分离出来，然后再经过二聚反应生成双环戊二烯。20 世纪 80 年代以前，我国双环戊二烯几乎全部来源于煤焦化副产轻苯馏分。80 年代以后以碳五装置副产轻苯馏分为主，但碳五装置分离得到的环戊二烯含量约为 85%，纯度相对较低。随着裂解碳九精细化分离技术的发展，双环戊二烯原料纯度越来越高，从而实现高纯度双环戊二烯生产。恒河材料科技股份有限公司和广东新华粤石化集团股份公司先后开发出纯度高于 99.5%的双环戊二烯，弥补了国内空白。

### 3.1.3.2　甲基环戊二烯二聚体分离

甲基环戊二烯存在三种同分异构体，结构如图 3.6 所示。常温下三种异构体化学状态并不稳定，不同的异构体之间容易相互转化，直到达到平衡状态为止，通常三种异构体的比例为：5-甲基环戊二烯：1-甲基环戊二烯：2-甲基环戊二烯＝3：45：52。甲基环戊二烯常温下主要是以二聚体的形式存在，经过加热可将二聚体解聚成单体，二者呈可逆反应。甲基环戊二烯加热温度的高低对可逆反应有较大的影响，当加热温度高于130℃时，甲基环戊二烯二聚体的分解速度大于甲基环戊二烯单体的聚合速度，总体上处于解聚状态；当加热温度低于130℃时，则甲基环戊二烯单体形成二聚体的速度大于甲基环戊二烯二聚体的分解速度，总体上处于二聚体浓度不断增加的状态。专利CN110563533A[55] 公开了一种从裂解碳九馏分中制备甲基环戊二烯二聚体的方法，将裂解碳九馏分加入精馏塔中，侧线采出物料和惰性溶剂经预加热器进入反应器中进行裂解，裂解后的物料经冷凝器急冷进入精馏塔中进行精馏，由塔顶得到气相甲基环戊二烯；将塔顶物料输入精馏塔中，侧线采出液相甲基环戊二烯，得到的侧线采出物料进入二聚反应釜中进行二聚反应，得到高纯度甲基环戊二烯二聚体。

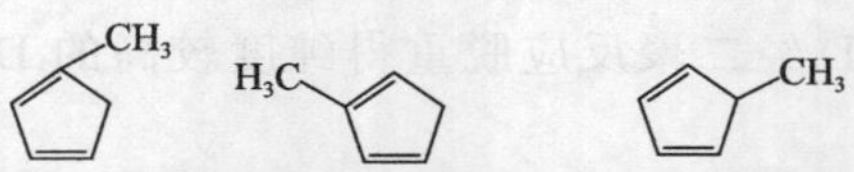


图3.6　甲基环戊二烯异构体结构

典型的甲基环戊二烯（MCPD）分离方法为二聚减压分离法。此方法先对甲基环戊二烯混合物加热（加热温度通常为20～130℃），经过一定时间的二聚反应后，使混合物中的MCPD尽可能转变为二聚体，然后将二聚反应后的混合物在减压条件下精馏，从而分离出双环戊二烯与甲基环戊二烯二聚体。该方法不足之处在于二聚反应过程中无法对共聚物进行有效的利用，消耗了一部分环戊二烯和甲基环戊二烯，减少了产品产量。二聚减压分离法工艺流程如图3.7所示。

从裂解碳九馏分中提取DCPD和MCPD工艺流程如下：经预处理的裂解碳九馏分溶解在溶剂中并转移至反应器，维持反应温度280～300℃，反应结束后冷却物料，将物料转移至环戊二烯（CPD）塔进行分离，控制进料温在80～90℃，塔釜温度90～100℃，塔内压30～40kPa，收集塔顶物料CPD，其纯度可达99.0%以上。塔底物料进入树脂单元进行溶剂分离，溶剂回收后可循环使用。将CPD转移至二聚单元，维持反应温度

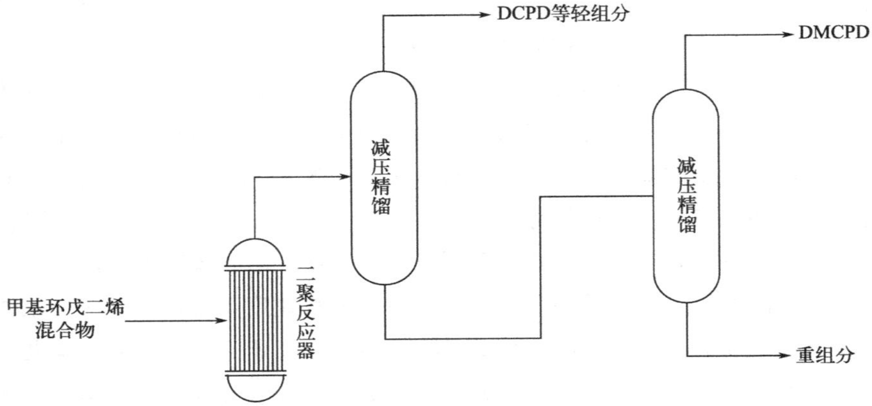


图 3.7 MCPD 二聚减压分离工艺流程

70～130℃，反应压力 300～600kPa，实现 CPD 二聚反应，由于聚合过程部分 CPD 容易发生多聚反应，因此 DCPD 纯度最多只能达到 97%。将 DCPD 粗产品进行脱轻、脱重处理，最终可得到纯度为 99.5%的 DCPD。侧线采出的 MCPD 经二聚反应脱重得纯度较高的 DMCPD。工艺流程如图 3.8 所示。

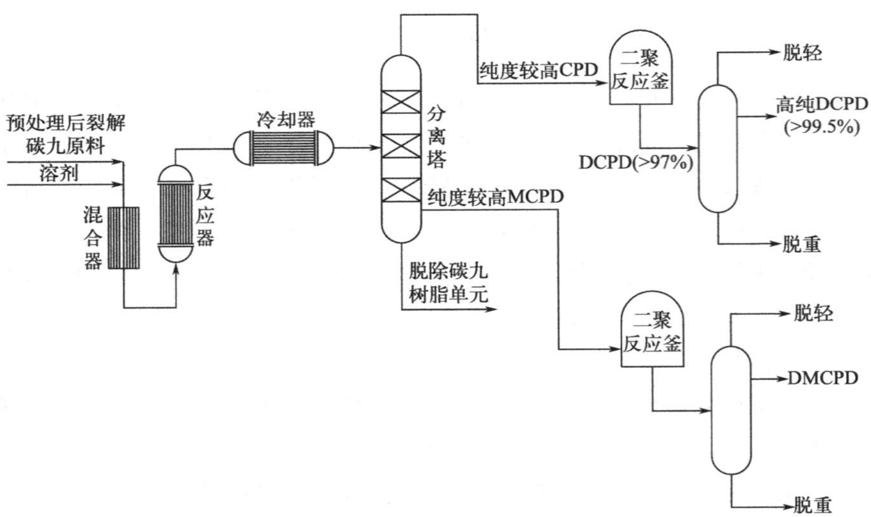


图 3.8 裂解碳九生产 DCPD 和 DMCPD 主要工艺流程

## 3.2 重整碳九碳十馏分分离

### 3.2.1 均三甲苯分离工艺

均三甲苯与邻甲乙苯的沸点相近，用普通精馏方法难以进行分离，工业通过萃取精馏法、烷基化精馏法、异构化精馏法等特殊方法进行分离。萃取精馏法是指利用均三甲苯与其他组分在萃取剂中的溶解度不同，将均三甲苯从混合物中分离的方法；烷基化精馏法是指先将邻甲乙苯、间甲乙苯、对甲乙苯转化为高沸点芳烃，再通过精馏法从混合物中分离均三甲苯的方法；异构化精馏法是指将混合物中的偏三甲苯通过异构化反应变为均三甲苯，然后通过精馏法将均三甲苯从混合物中分离的方法。美国埃索（Esso）公司将邻苯二甲酸二甲酯作为萃取剂，利用萃取精馏法从碳九馏分中获得高纯度均三甲苯，并实现工业化生产[56]；南京炼油厂有限责任公司采用异构化精馏法，将部分偏三甲苯异构化为均三甲苯，通过精馏工艺得到高纯度均三甲苯产品，获得了较好的经济效益[57]。

#### 3.2.1.1 萃取精馏法

均三甲苯最常见的生产工艺为萃取精馏法，该方法是利用均三甲苯和相邻组分在萃取剂中溶解度的差异，先增加沸点差，然后将均三甲苯从混合物中分离出来。该工艺可从重整碳九馏分中分离出均三甲苯，但流程较为复杂，为了得到高纯度和高收率均三甲苯，必须在高剂油比条件下生产，设备投入成本、运行成本相对较高。美国埃索公司将邻苯二甲酸二甲酯作为萃取剂，采用萃取精馏技术从碳九馏分中分离出高纯度均三甲苯，并进行工业化生产[58]。

#### 3.2.1.2 异构化精馏法

均三甲苯异构化精馏法根据相态差异可分为气相异构法和液相异构法两类。该工艺常见的催化剂有钼系催化剂、镍系催化剂、铂系催化剂等，采用该工艺生产的均三甲苯纯度可达到 95％以上。异构化精馏法生产均三甲苯工艺流程如图 3.9 所示，在塔 1 的塔顶将轻组分分离出来，送往塔 2 进行分离，在塔 2 的塔釜将重组分分离后进行萃取精馏得到均三甲苯，轻组分通过塔 4 分离出间、对甲乙苯；塔 1 塔釜重组分送往塔 3 进行分离，将轻组分进行异构化反应得到均三甲苯，异构化得到的重组分经塔 5

分离、结晶得到调和柴油。该工艺缺点在于生产成本高，并且很难获得纯度高于98%的均三甲苯产品。

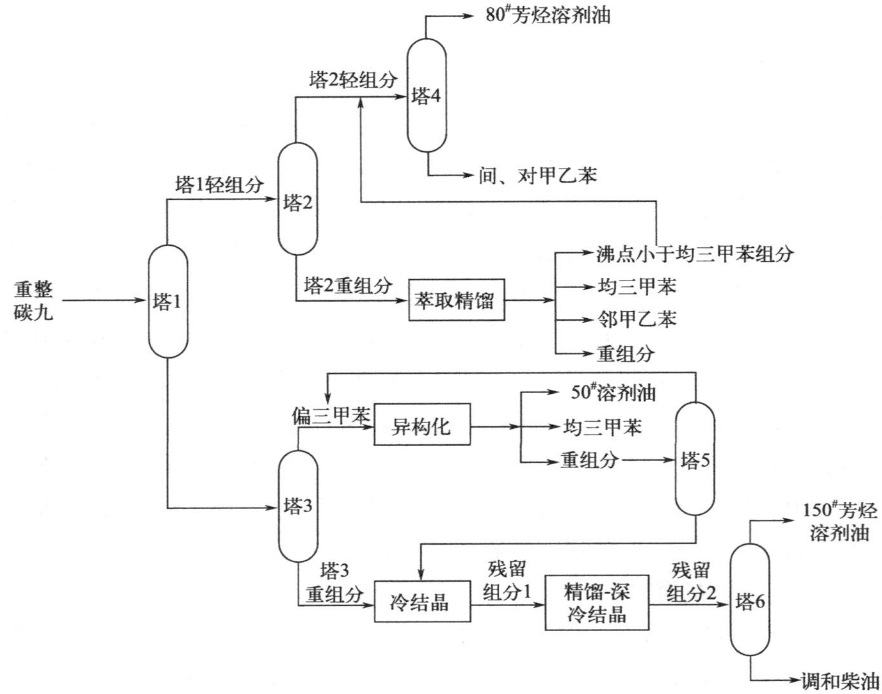


图 3.9　均三甲苯异构化精馏工艺流程[59]

#### 3.2.1.3　烷基化精馏法

烷基化精馏法以重整碳九为原料，先通过烷基化反应，然后将产品精馏分离得到均三甲苯。目前主要有两种生产工艺：①以重整碳九为原料，用反应促进剂使甲乙苯相互反应形成高沸物，然后精馏分离得到高纯度均三甲苯，该工艺生产成本高、环境污染大，在国内应用较少；②以重整碳九为原料，采用催化工艺使部分原料烷基化，然后精馏分离得到高纯度均三甲苯，该工艺反应条件温和、污染小、生产成本低、产品质量较高，在国内应用较为广泛。烷基化精馏法制备均三甲苯工艺流程如图3.10所示。

### 3.2.2　偏三甲苯分离工艺

偏三甲苯是一种常见的化工原料，通常来源于重整碳九，主要用于生

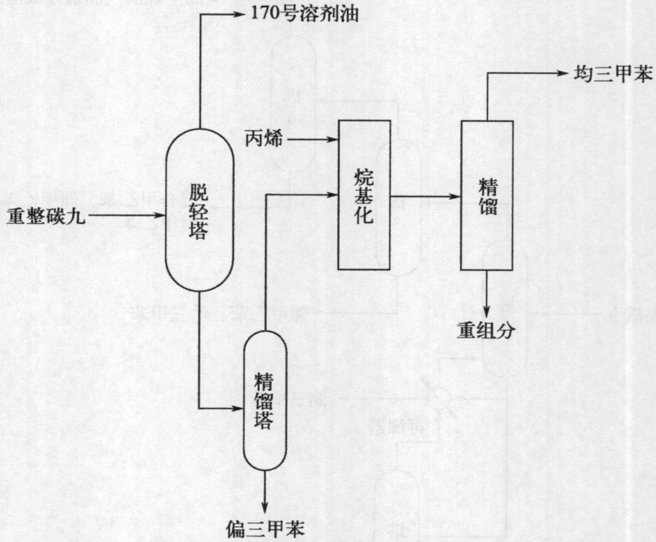


图 3.10　烷基化精馏法制备均三甲苯工艺流程

产偏苯三酸酐，也可以通过异构化反应和烷基化反应生产均三甲苯和均四甲苯。重整碳九中偏三甲苯含量最高，因此是偏三甲苯最重要的来源，我国重整碳九主要用于提取偏三甲苯。偏三甲苯沸点与甲乙苯沸点相近，因此工业上常用压差热耦合双塔变压精馏方式分离提取偏三甲苯，该方法可将偏三甲苯纯度提升至 98%以上[60]。

压差热耦合双塔变压精馏分离偏三甲苯工艺流程见图 3.11，在塔 1 的塔顶将沸点低于偏三甲苯的轻组分分离，在塔 2 的塔底将沸点高于偏三甲苯的重组分分离。由于偏三甲苯和重整碳九中的轻组分沸点相近，因此塔 1 通常采用减压蒸馏来降低蒸馏温度。为了实现能源回收利用，通常在塔 2 塔底采用 3.5MPa 蒸汽作为热源，而塔 1 采用塔 2 塔顶的物料作为再沸热源，这样可以充分回收塔 2 塔顶大量气相物料的热量，同时减少气相冷凝时冷却介质用量，节能降耗效果显著。塔 3 和塔 4 主要分离轻组分得到混合甲乙苯、间甲乙苯、对甲乙苯。偏三甲苯生产过程中可根据市场随时调整生产方式，也可根据原料来源选择不同加工方式，生产工艺较为灵活。

中国石油兰州石化公司重整装置副产的重整碳九可生产高纯度偏三甲苯（纯度＞99%），同时副产重整碳九溶剂油及柴油调和组分，该工艺流程如图 3.12 所示。首先将预热后的重整碳九原料送往脱轻塔精馏，由塔

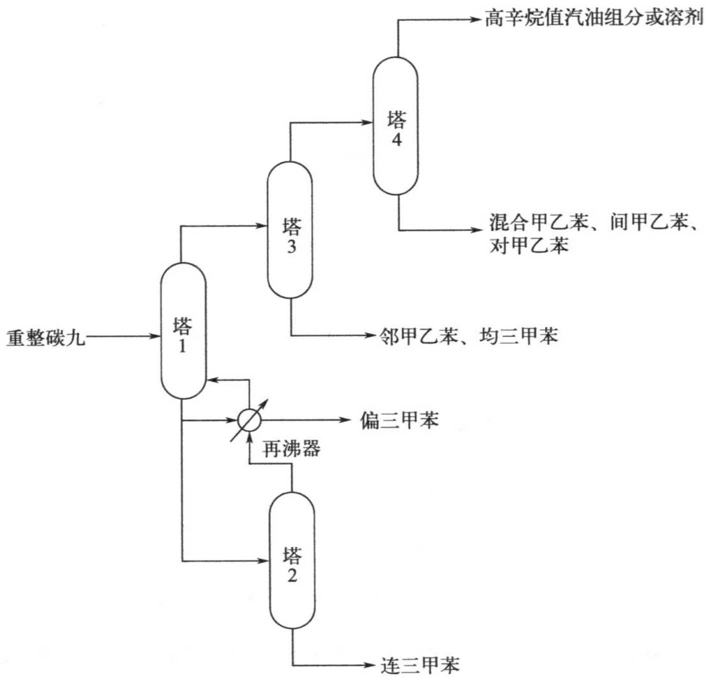


图 3.11 重整碳九分离偏三甲苯工艺流程

顶得到轻汽油组分，塔底得到偏三甲苯重组分；然后将偏三甲苯重组分送往偏三甲苯塔进行精馏分离，在塔顶得到高纯度偏三甲苯，塔底得到重组分，重组分经过脱重塔精馏分离可进一步得到重汽油组分和柴油组分。为了得到高纯度偏三甲苯产品（纯度>99%），需要对脱轻塔和偏三甲苯塔进行精确设计。工程设计中，脱轻塔需要理论塔板 120 块，偏三甲苯塔需要理论塔板 90 块，并且两组分离塔都采用填料塔结构，填料下部通过支撑栅做支撑，上部铺设填料压栅和液体收集器。此种填料的主要优点有传质效率高、通量大、分离效果好。几个关键分离塔的操作参数如表 3.2 所示。

**表 3.2 偏三甲苯分离塔的操作参数**

| 精馏塔 | 压力(绝)/Pa | | 温度/℃ | | 回流温度/℃ | 回流比 |
|---|---|---|---|---|---|---|
| | 塔顶 | 塔底 | 塔顶 | 塔底 | | |
| 脱轻塔 | 39.2 | 49 | 125 | 152 | 70 | 11.4 |
| 偏三甲苯塔 | 215.8 | 225.6 | 202 | 225 | 170 | 14.1 |
| 脱重塔 | 117.7 | 122.6 | 194 | 220 | 120 | 3.2 |

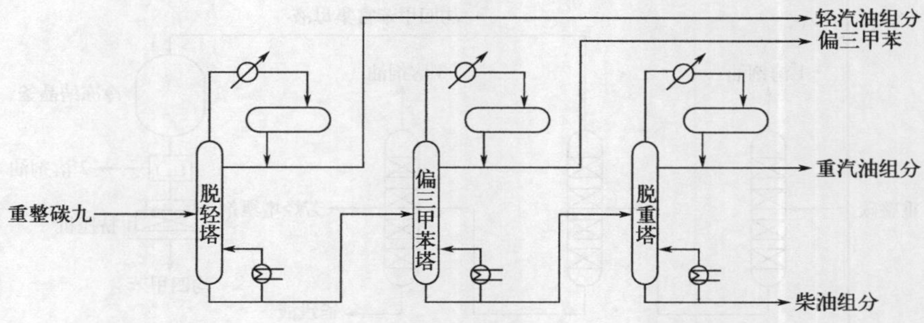


图 3.12　连续重整装置副产偏三甲苯工艺流程

### 3.2.3　均四甲苯分离工艺

均四甲苯的生产路线分两类：

① 化学合成法：包括异构化法、烷基化法、歧化反应法等。化学合成法不但工艺复杂，成本也较高。

② 结晶分离法：以石油和煤加工过程中的副产物碳十为原料进行分离提纯，比如重整碳十经过精馏方法获得高浓度四甲苯馏分，然后冷冻结晶，得到纯度 90%左右的均四甲苯粗品，再把粗品熔化，通过分步结晶可制取精均四甲苯[61]。

结晶分离法主要以碳十馏分为原料，利用高效规整填料的精馏塔，在适当的压力、回流比及温度下，切取 190～200℃馏分，得到均四甲苯富集母液；然后在催化剂作用下对其进行异构化反应，将反应物转移至冷冻结晶釜中，加入适量晶种，在－30～－20℃条件下进行分步结晶处理，得到纯度高达 99%的均四甲苯。结晶分离法制备均四甲苯工艺流程如图 3.13 所示。

早在 20 世纪 80 年代，中国石油化工股份有限公司金陵分公司就通过冷冻结晶法成功制备出高纯度均四甲苯；中国石油化工股份有限公司天津分公司也于 1989 年开发了冷冻结晶工艺，得到了纯度大于 99%的均四甲苯；黑龙江省科学院石油化学研究院在低温下从富集均四甲苯馏分中分离出粗均四甲苯，并利用乙醇法精制得到纯度大于 99%的均四甲苯。美国 Mobil 公司首先从合成汽油馏分中分离出富集均四甲苯馏分，再利用冷冻结晶和离心分离得到纯度大于 97%的均四甲苯；日本触媒化学工业株式

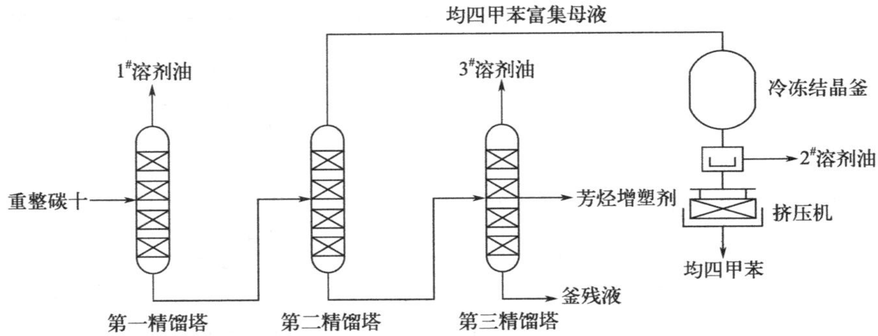


图 3.13　结晶分离法制备均四甲苯工艺流程

会社从合成汽油中分离出富集均四甲苯馏分，通过加入均四甲苯晶种并进行冷冻分离，得到纯度大于 99%的均四甲苯。

## 3.2.4　甲乙苯分离工艺

甲乙苯是一种重要的有机化工原料，主要来源于重整碳九。甲乙苯有三种同分异构体，由于各异构体之间沸点相近，难以用常规精馏分离法得到高纯度异构体。重整碳九分离制取甲乙苯工艺路线见图 3.14。将重整碳九原料依次经过 4 组精馏塔进行分离，塔 2 顶部可得高纯度间甲乙苯和对甲乙苯混合物，如以塔 2 顶部产品为原料，采用精密分馏的方法，可进一步得到高纯度的间甲乙苯、对甲乙苯产品；塔 3 顶部可得高纯度均三甲苯；塔 4 顶部可得高纯度邻甲乙苯和偏三甲苯混合物，如以塔 4 顶部产品为原料，采用精密分馏的方法，可进一步得到高纯度的邻甲乙苯产品[62]。

南京炼油厂有限责任公司利用间歇蒸馏工艺得到高纯度间甲乙苯和对甲乙苯；日本三菱石油公司将重整碳九原料中的均三甲苯与甲醛进行缩聚，再蒸馏分离间甲乙苯、对甲乙苯；美国埃索公司利用萃取工艺分离甲乙苯同分异构体，首先将原料在精馏塔进行预分离，由塔顶得到甲乙苯与均三甲苯混合物，以此作为原料送入第一萃取塔进行萃取处理，萃取剂选用邻苯二甲酸二乙酯，由第一萃取塔塔顶得到间甲乙苯和对甲乙苯，塔底得到邻甲乙苯混合物，将塔底产物送入第二萃取塔进行分离，在塔底获得高浓度邻甲乙苯组分。

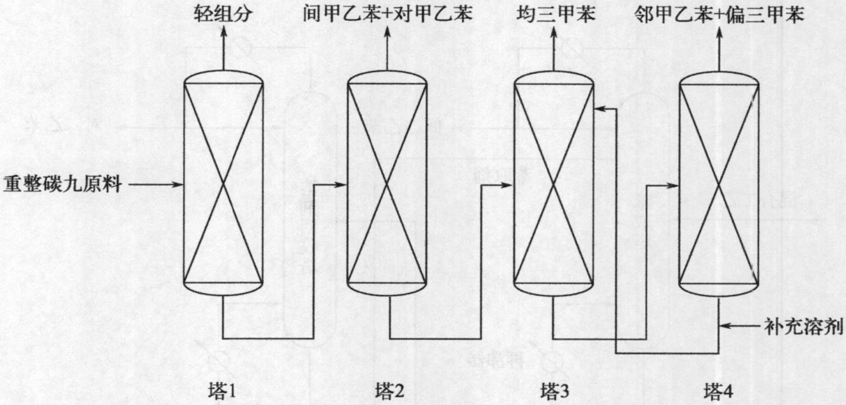


图 3.14　重整碳九分离制取甲乙苯工艺路线

## 3.2.5　二乙苯分离工艺

我国二乙苯主要来源于苯乙烯副产物多乙苯馏分，通过分离精制可得高纯二乙苯。二乙苯原料丰富，价格低廉，其中邻二乙苯占 5.9%，间二乙苯占 59.0%，对二乙苯占 27.8%。如果能将二乙苯中不同组分分离，不仅能拓宽二乙苯用途，还能实现产品增值。

### 3.2.5.1　萃取精馏法

萃取精馏法分离二乙苯常采用邻苯二甲酸二甲酯、邻苯二甲酸二丁酯以及丙二醇碳酸酯作为萃取剂，在常压条件下采用间歇精馏方式，对 178～182℃馏分进行萃取分离。萃取剂由塔顶进入，混合二乙苯由塔中进入，溶剂比为 10～20∶1，回流比大约为 20。通过萃取精馏可得纯度 95%以上间二乙苯和纯度 90%以上对二乙苯。萃取精馏法分离混合二乙苯工艺流程见图 3.15。

### 3.2.5.2　结晶分离法

结晶分离法工艺流程如下：利用冷冻蒸馏法从二乙苯同分异构体中分离出高纯度对二乙苯，即混合液体在冷冻蒸馏操作过程中被汽化和冷凝，得到气液混合物，循环该操作，使液相不断转化为固态晶体，最终获得高纯度对二乙苯晶体。结晶分离法具有操作流程简单、无污染、无腐蚀、生产成本低等优点，是目前应用较为广泛的混合二乙苯分离技术。

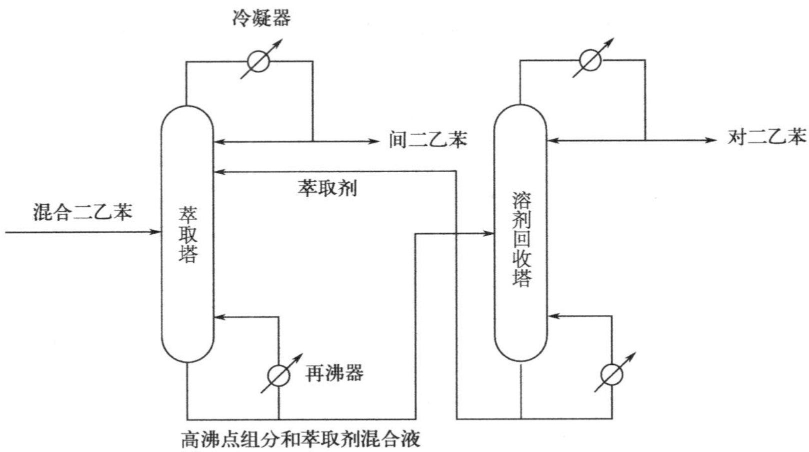


图 3.15 萃取精馏法分离混合二乙苯工艺流程

#### 3.2.5.3 络合法

络合法生产工艺流程如下：常温常压条件下，以三氟甲磺酸作为络合剂分离间二乙苯，再通过结晶分离工艺得到高纯度对二乙苯。该工艺设备资金需求小、反应条件温和、生产成本低，但是生产过程中使用的络合剂具有一定腐蚀性，并且会产生大量废水，工业化应用受到一定限制。

#### 3.2.5.4 吸附分离法

吸附分离法通常以对二甲苯或对二甲苯混合物作为解吸剂，对二乙苯混合物进行吸附分离。该方法最早由美国 UOP 公司研发并进行工业化生产，可得到高纯度对二乙苯（纯度＞95%）。李伯骥等人[63] 选用 Y 型分子筛作为吸附剂，用对二甲苯作为解吸剂，通过单管脉冲装置对二乙苯混合物进行吸附分离研究，结果表明，吸附工艺对二乙苯分离效果有显著影响，在最佳工艺条件下可获得纯度大于 95%的二乙苯，但收率只有 40%。肖国民等人[64] 利用 ZSM-5 以及 KY 分子筛对二乙苯的吸附分离进行研究，结果表明，ZSM-5 分子筛通过高温水蒸气处理后，对二乙苯的吸附效果有显著提升，最佳工艺条件下可获得单程收率 60%，纯度 95%以上的二乙苯。

#### 3.2.5.5 吸附分离-异构化法

吸附分离-异构化法是将二乙苯先进行异构化，然后再进行吸附分离的方法。王辉国等人[65] 对吸附分离-异构化法生产对二乙苯工艺进行了系统研究，确定了最佳反应温度、反应压力、空速以及氢烷比等。研究表明，异构化过程中，催化剂活性为27.28%，收率为97.16%；吸附分离过程中，得到收率为94.4%、纯度为99%的对二乙苯。

# 第4章

# 碳九碳十馏分深加工技术与产品

碳九碳十馏分中含有大量制备精细化学品的优质原料，随着全球石油资源日益枯竭，资源有效利用是石化企业面临的重要任务。随着石油炼制精细化分离以及功能化合成技术的不断发展，对碳九碳十馏分的深加工利用也将不断深入。

## 4.1 高附加值化工原料

### 4.1.1 乙烯基甲苯

乙烯基甲苯（又名烯丙基苯），分子式为 $C_9H_{10}$，有 2-乙烯基甲苯、3-乙烯基甲苯、4-乙烯基甲苯三种同分异构体，常温下为一种无色透明液体。乙烯基甲苯具有无毒，优异的热稳定性、耐光老化性、电绝缘性、流动性等特点，应用领域较为广泛。

乙烯基甲苯是一种性能优异的表面改性剂，能显著减少或消除塑料加工过程中的剪切应力，提高产品的表面光泽；乙烯基甲苯可用于制备各种工程塑料、橡胶、聚氨酯弹性体、胶黏剂等改性剂；乙烯基甲苯可用于制备塑料壁板、塑料管材、纤维材料等；乙烯基甲苯还是重要的香料聚合单体，可用于合成开司米酮、麝香等高档香料；乙烯基甲苯还可用于制备表面活性剂、防霉剂、除菌剂等各种试剂。

工业上乙烯基甲苯通常通过甲乙苯催化脱氢法制得，工艺流程如图 4.1 所示。首先利用天然气对管网中的蒸汽进行加热形成过热蒸汽；然后将过热蒸汽通入含有甲乙苯的脱氢反应器，使甲乙苯在高温下发生脱氢反应生成乙烯基甲苯；接着将产物送往油水分离器进行分离，乙烯基甲苯、甲乙苯以及反应副产物送往精馏塔进行精馏分离。将 1# 精馏塔塔顶形成的甲乙苯混合物送往 3# 精馏塔进行进一步分离，塔顶得到甲乙苯，塔釜得到高沸点芳烃溶剂油；将 1# 精馏塔塔釜形成的乙烯基甲苯混合物送往 2# 精馏塔进行进一步分离，塔顶得到乙烯基甲苯，塔釜得到高沸点芳烃溶剂油。

### 4.1.2 二乙烯基苯

二乙烯基苯（DVB），分子式为 $C_{10}H_{10}$，由两个乙烯基团与苯环结合

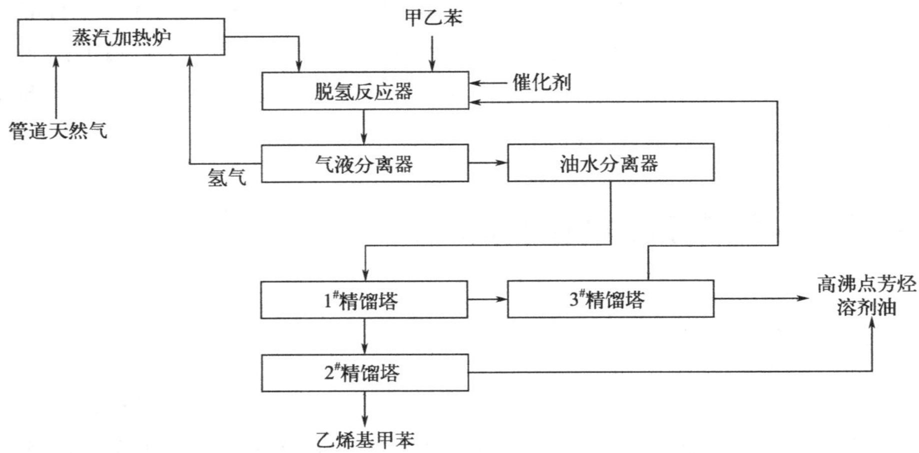


图 4.1　甲乙苯催化脱氢法制备乙烯基甲苯工艺流程

而成，有邻、间、对三种同分异构体，常温下为浅黄色液体，不溶于水，易溶于甲醇、乙醚等有机溶剂。二乙烯基苯常温下活性较高，易发生自聚反应。表 4.1 为二乙烯基苯基本物性，由物性表可知，二乙烯基苯三种同分异构体沸点相近，常温下难以分离。由于邻二乙烯基苯易转化为萘，因此二乙烯基苯一般由间、对同分异构体混合物组成。

**表 4.1　二乙烯基苯基本物性**

| 物性 | 邻二乙烯基苯 | 间二乙烯基苯 | 对二乙烯基苯 |
|---|---|---|---|
| 密度/(g/cm$^3$) | 0.921 | 0.921 | 0.921 |
| 沸点/℃ | 207.3 | 211.3 | 212.1 |
| 闪点/℃ | 71.9 | 74.6 | 75.1 |
| 蒸气压(25℃)/mmHg | 0.119(0.159hPa) | 0.579(0.772hPa) | 0.509(0.679hPa) |

二乙烯基苯是一种重要的化工原料，广泛用于离子交换树脂、离子交换膜、ABS 树脂、聚苯乙烯树脂、不饱和聚酯树脂、合成橡胶、木材加工、碳加工等领域。

① 二乙烯基苯可用于制备离子交换树脂、聚苯乙烯树脂化学交联剂，通过二乙烯基苯改性的离子交换树脂空间结构较为规整，孔隙率较为均匀，能有效提高树脂耐酸碱性、抗氧化性、稳定性等综合性能。二乙烯基苯中对位异构体含量越高，所得树脂性能越好。

② 二乙烯基苯是制备磺酸树脂的原料，在豆油精炼行业有较多应用。

③ 二乙烯基苯可用于制备聚苯乙烯-二乙烯基苯微球，该类型微球有丰富的多孔结构，在材料表征、电子电气、生物医学等领域有广泛的应用。

工业上一般由二乙苯脱氢制得二乙烯基苯。二乙苯在一定条件下经Fe基催化剂催化脱氢生成二乙烯基苯，反应主产物为间二乙烯基苯、对二乙烯基苯，副产物为苯、甲苯、乙苯、对二甲苯、苯乙烯、甲乙苯、α-甲基苯乙烯、对甲基苯乙烯、未反应完全的混合二乙苯、间乙基乙烯苯、对乙基乙烯苯以及少量的萘[66]。二乙苯催化脱氢制二乙烯基苯共有两个阶段，反应方程式见图 4.2 和图 4.3。

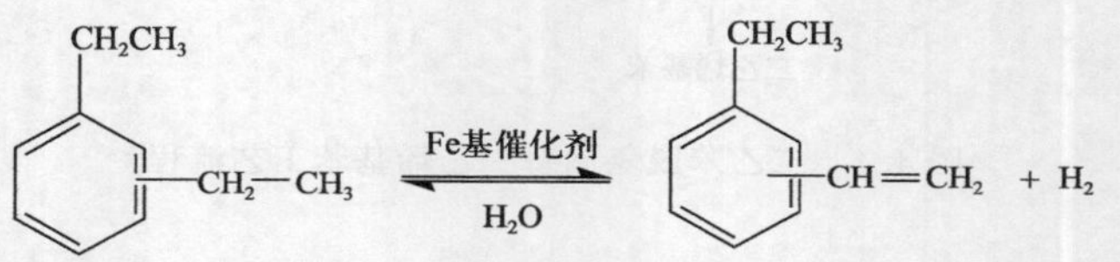


图 4.2　二乙苯脱氢生成乙基乙烯苯

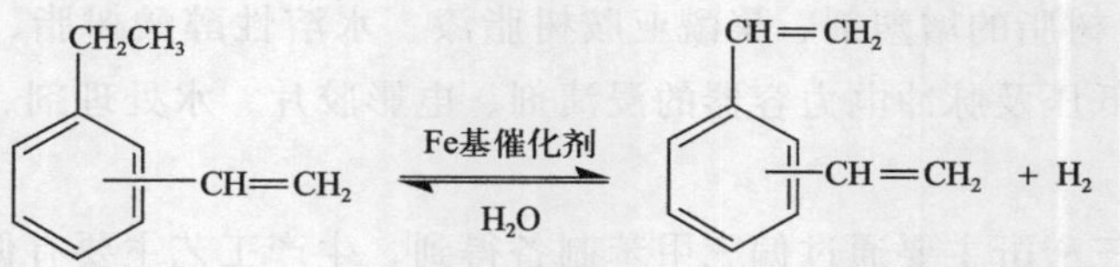


图 4.3　乙基乙烯苯脱氢生成二乙烯基苯

二乙烯基苯生产工艺流程如图 4.4 所示。首先利用天然气对管网中的蒸汽加热形成过热蒸汽；然后将过热蒸汽通入含有混合二乙苯的脱氢反应器中进行脱氢反应；接着将产物送往油水分离器中进行分离得到混二乙烯基苯、混二乙苯以及副产物，随后转移至 1# 精馏塔进行精馏。将 1# 精馏塔塔顶形成的二乙苯混合物送往 3# 精馏塔进一步分离，塔顶得到混二乙苯，塔釜得到高沸点芳烃溶剂油；将 1# 精馏塔塔釜形成的二乙烯基苯混合物送往 2# 精馏塔进一步分离，塔顶得到高纯度二乙烯基苯，塔釜得到高沸点芳烃溶剂油。

### 4.1.3　偏苯三酸酐

偏苯三酸酐简称偏酐，分子式为 $C_9H_4O_5$，为微黄色针状固体，熔点

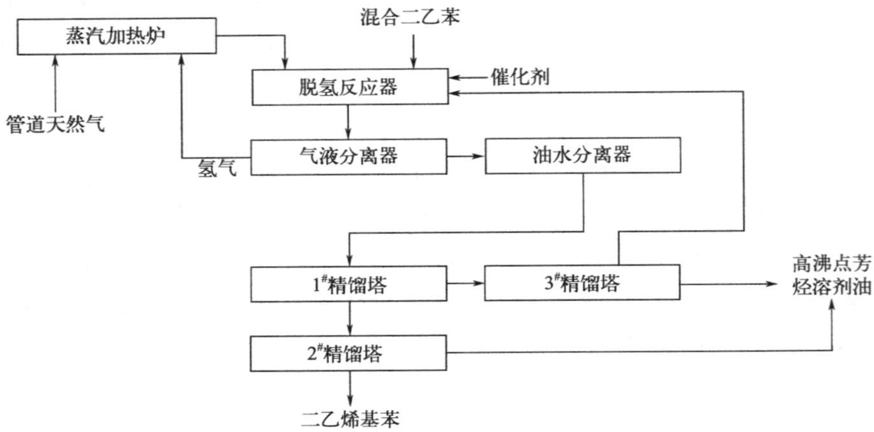


图 4.4　二乙苯脱氢制备二乙烯基苯工艺流程

161～163℃，沸点 240～245℃（0.18MPa），易溶于水、乙醇、丙酮，在甲苯、四氯化碳、石油醚等有机溶剂中溶解度较低。偏苯三酸酐主要用于生产 PVC 树脂的增塑剂、聚酰亚胺树脂漆、水溶性醇酸树脂、环氧树脂固化剂、低压及脉冲电力容器的浸渍剂、电影胶片、水处理剂、表面活性剂等[67]。

偏苯三酸酐主要通过偏三甲苯制备得到，生产工艺主要有偏三甲苯硝酸氧化法、偏三甲苯气相空气氧化法以及偏三甲苯液相空气氧化法。

（1）偏三甲苯硝酸氧化法

在 2.0～3.0MPa，190～200℃条件下，以稀硝酸作为氧化剂氧化偏三甲苯，得到偏苯三甲酸，对偏苯三甲酸加热脱水得到偏苯三酸酐。该工艺流程简单、收率高，但生产过程中引入强酸，对设备腐蚀较为严重，并且伴有大量废水，目前已停止生产。

（2）偏三甲苯气相空气氧化法

该工艺以钒、钛、磷等作为催化剂，最早是由日本触媒化学工业株式会社开发，具有流程简单、生产成本低等优点，但受限于催化剂选择性差，目前尚未工业化。

（3）偏三甲苯液相空气氧化法

该工艺最早由美国 Amoco 公司开发并实现工业化。该工艺将偏三甲苯溶解在醋酸中，采用钴、锰作为催化剂，空气作为氧化剂，在一定条件下将偏三甲苯催化氧化为偏苯三甲酸，然后通过加热脱水得到偏苯三酸酐。生产过程主要包括氧化反应、溶剂浓缩和脱水成酐三部分，工艺流程见图 4.5。该工艺具有原料供应充足、操作费用低、对设备腐蚀性小、“三废”易处理等优点，是目前主要的生产方法。

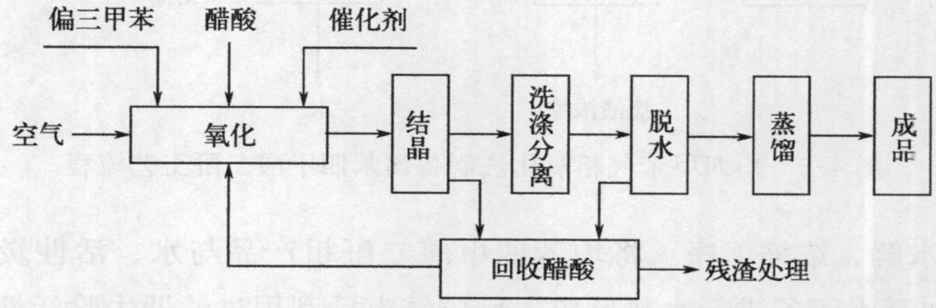


图 4.5　偏三甲苯液相空气氧化法制备偏苯三酸酐工艺流程

### 4.1.4　均苯四甲酸二酐

均苯四甲酸二酐简称均酐，分子式为 $C_{10}H_2O_6$，常温下为白色粉末，熔点为 284～286℃，沸点为 380～400℃，密度为 1.680g/cm$^3$，易溶于二甲基亚砜、二甲基甲酰胺、丙酮等有机溶剂。均苯四甲酸二酐分子中具有 4 个对称的羧基，能制备许多具有优异耐热性、电绝缘性和耐化学品性的产品，在涂料工业上具有广泛应用。

均苯四甲酸二酐主要来源于均四甲苯，生产工艺主要有均四甲苯液相氧化法和均四甲苯气相氧化法。

① 均四甲苯液相氧化法。该工艺首先将原料液相氧化为酸，然后脱水制备得到均酐。生产过程中通常以硝酸或重铬酸等为催化剂或者以乙酸为溶剂，钴、锰、溴等为催化剂进行液相氧化。

② 均四甲苯气相氧化法。该工艺普遍采用均四甲苯为原料，以锐钛型二氧化钛或者 $V_2O_5/TiO_2/P_2O_5$ 三元组分作为催化剂，通过空气氧化一步制得均苯四甲酸二酐。

目前国内多数企业采用均四甲苯气相氧化法制备均苯四甲酸二酐，工艺流程如图 4.6 所示。工艺步骤如下：

① 氧化工序：氧化工序是气相氧化法最关键的步骤，将均四甲苯汽化后与热空气混合，通入带有催化剂的固定床反应器中生成粗均苯四甲酸二酐，经冷却分离后获得均苯四甲酸二酐粗产品。

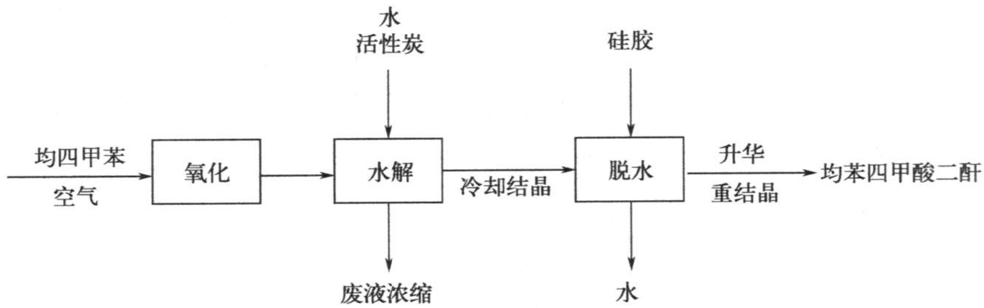


图 4.6 均四甲苯气相氧化法制备均苯四甲酸二酐工艺流程

② 水解、浓缩工序：将均苯四甲酸二酐粗产品与水、活性炭按一定比例添加至水解釜进行水热反应，反应结束后利用过滤器去除活性炭以及其他杂质，随后通过离心分离工艺对均苯四甲酸二酐进行提纯，得到粗均苯四甲酸二酐。

③ 脱水、升华工序：将粗均苯四甲酸二酐送往脱水器，在高温以及真空条件下去除粗产品中的水分和低沸点杂质，将少量硅胶涂覆于均苯四甲酸二酐粗产品表面，送往升华釜进行升华重结晶，得到高纯均苯四甲酸二酐。

## 4.1.5 受阻酚抗氧剂

抗氧剂是一类高效、不变色、对于聚合物氧化有显著抑制作用的化学物质，主要原料为裂解碳九馏分中的双环戊二烯，在塑料、橡胶、石油化工以及食品行业中有广泛的应用。按化学组分不同可将抗氧剂分为酚类抗氧剂、磷类抗氧剂、硫类抗氧剂、胺类抗氧剂及其他抗氧剂[68]。其中受阻酚抗氧剂具有优异的稳定性以及耐热耐析出性，是目前聚合物改性中应用较为广泛的助剂。

国内对受阻酚抗氧剂的研究有较多报道。胡艳芳等人[69] 研究了催化工艺对受阻酚抗氧剂性能的影响，结果表明，聚合反应中催化剂最佳用量为 0.5%～1.0%，双环戊二烯最佳滴加温度为 70～90℃，通过改善催化条件可以得到耐热性较好的受阻酚抗氧剂，反应方程式见图 4.7。孟庆保[70] 将对甲酚与双环戊二烯进行缩聚反应，再与异丁烯进行烷基化反应得到受阻酚抗氧剂，由于引入了异丁烯，该工艺必须在高压条件下生产，存在一定安全隐患。杨彦威[71] 将对甲基苯酚溶解于环己烷溶剂中，在固体超强酸以及回流条件下反应2～3小时，反应产物去除活性炭以及溶剂，得到的受阻酚抗氧剂具有稳定性优异、抗老化性能好等优点。

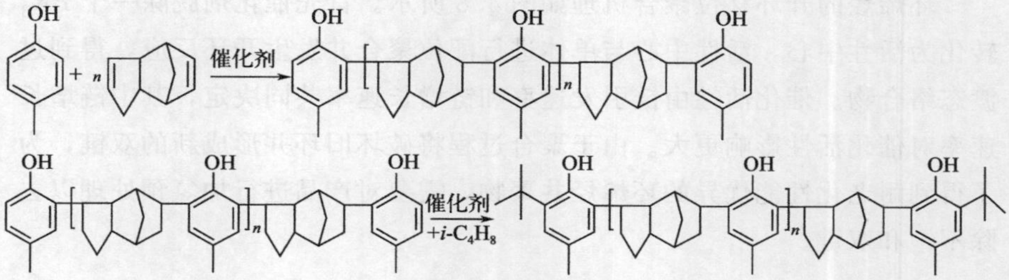


图4.7 受阻酚抗氧剂反应方程式

国外对受阻酚抗氧剂的制备工艺以及催化剂研究也有较多报道。Yamashita等人[72]研究了合成工艺对受阻酚抗氧剂性能的影响，结果表明，将叔胺氧化物与抗氧剂复配得到的改性受阻酚抗氧剂具有优异的性能，将其添加至热塑性聚合物中可显著提高产品的耐热、耐氧化性能。专利EP91300407.3[73]研究了反应单体对受阻酚抗氧剂性能的影响，将苯酚、甲基苯酚分别与环戊二烯二聚体进行反应，然后利用烷基化反应接枝叔丁基官能团，得到了性能优异的改性受阻酚抗氧剂，产品可有效抑制热塑性塑料在加工过程中游离自由基的产生，进而提高塑料产品的耐热、耐氧化性能。

### 4.1.6 环烯烃共聚物

环烯烃共聚物，简称COC，是由环烯烃与α-烯烃聚合而成的非晶态高分子聚合物，原料依赖于裂解碳九馏分中的环烯烃单体。COC树脂具有极高的透明度，低双折射率，优良的耐热性、耐化学品性、加工性以及尺寸稳定性，是一种极有前途的光学材料，目前在各种光学镜头、汽车车灯、液晶显示（LCD）光学薄膜、隐形眼镜等领域有广泛应用。此外COC树脂具有极低的介电常数，可用于电子电气部件。同时，COC树脂还具有较好的隔湿性以及低吸水率，可作为药物、食品包装材料。

#### 4.1.6.1 环烯烃共聚物聚合机理

环烯烃共聚物可通过开环移位聚合（ROMP）以及加成聚合（mCOC）制备得到，目前仅有少数几家公司掌握环烯烃共聚物工业化生产技术。其中日本瑞翁公司和日本合成橡胶公司都采用ROMP生产工艺，

Ticona 和三井化学采用 mCOC 生产工艺。

（1）开环移位聚合机理

环烯烃的开环移位聚合机理如图 4.8 所示。首先催化剂脱除一个 $PR_3$ 转化为活性中心，活性中心与单体进行配位聚合并发生开环反应，得到过渡态络合物。催化活性由链引发速率和链增长速率共同决定，其中链增长速率对催化活性影响更大。由于聚合过程将破坏旧环并形成新的双键，为了得到耐老化性能优异的环烯烃共聚物，需要对产品进行加氢预处理以去除不饱和双键。

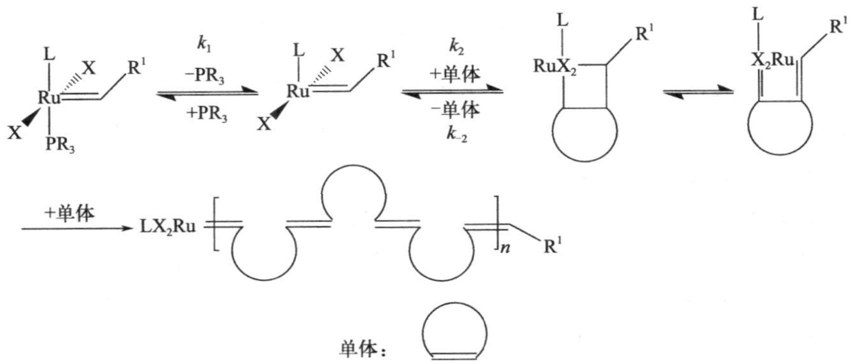


图 4.8　开环移位聚合机理[74]

（2）加成聚合机理

加成聚合机理如图 4.9 所示。首先，茂金属上的两个 Cl 原子被助催化剂甲基铝氧簇（MAO）上的甲基替代，助催化剂再夺走一个甲基形成活性中心；随后活性中心与单体进行配位，得到过渡金属络合物；最后金属络合物上的碳碳双键断裂，分别与烷基以及金属结合，烷基金属键也随之断裂形成空位，等待新单体配位。

### 4.1.6.2　环烯烃共聚物制备方法

（1）开环移位聚合工艺流程

开环移位聚合工艺以甲苯、环己烷为溶剂，通过溶液聚合得到环烯烃共聚物。图 4.10 为开环移位聚合工艺流程。图 4.10 中反应釜为三段反应釜，1A、1B、1C 三段区间的反应温度分别为 70～90℃、80～110℃和 100～130℃，物料从 1A 区域进，1C 区域出，总停留时间约为 10 分钟，反应过程单体转化率约为 95%。出口物料从反应器顶部送往 2 号和 3 号

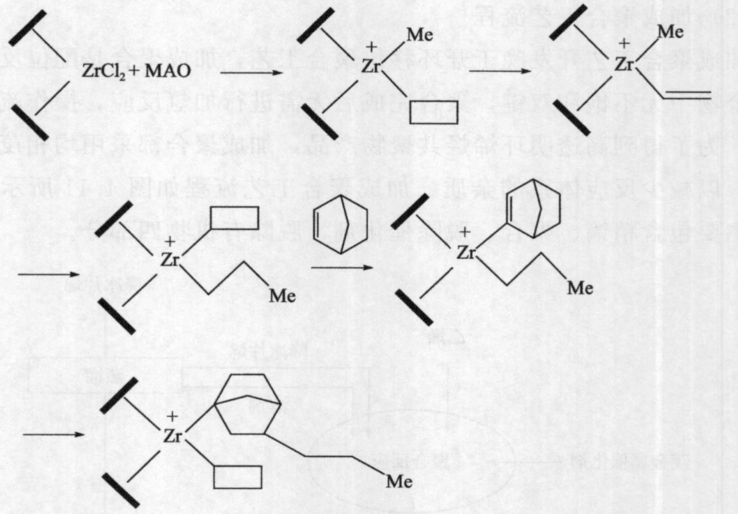

图 4.9　加成聚合机理[75]

加氢反应器进行加氢反应，2 号加氢反应器的反应温度和反应压力分别为80℃和 4MPa，3 号加氢反应器的反应温度和反应压力分别为 130℃和4MPa，加氢反应催化剂均为镍系加氢催化剂，加氢后的产物经过多级过滤后进入脱挥单元去除溶剂，得到高纯度环烯烃共聚物产品。

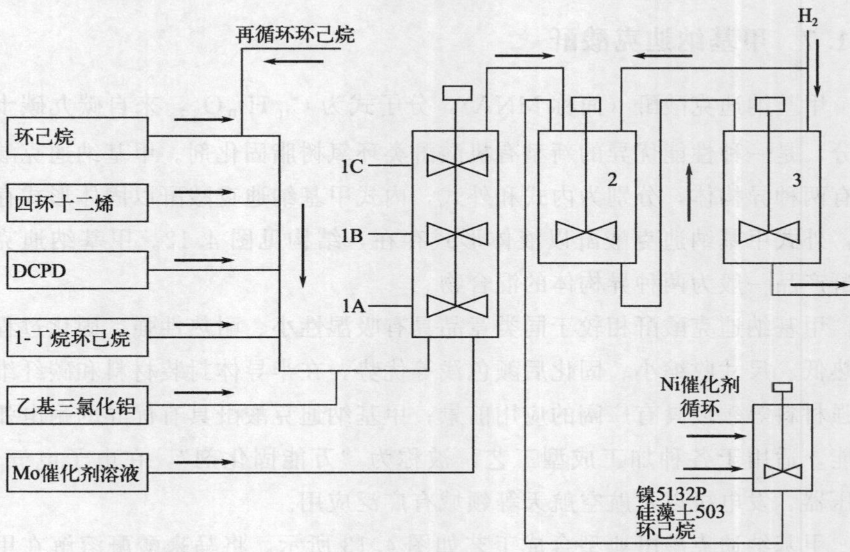


图 4.10　开环移位聚合工艺流程[76]

（2）加成聚合工艺流程

加成聚合工艺开发晚于开环移位聚合工艺，加成聚合是配位反应，因此聚合物中无不饱和双键，聚合完成后无需进行加氢反应，操作流程较为简单。为了得到高透明环烯烃共聚物产品，加成聚合都采用均相茂金属催化剂，以减少反应体系的杂质。加成聚合工艺流程如图 4.11 所示，生产过程主要包含精馏、聚合、脱除催化剂、脱除有机物四部分。

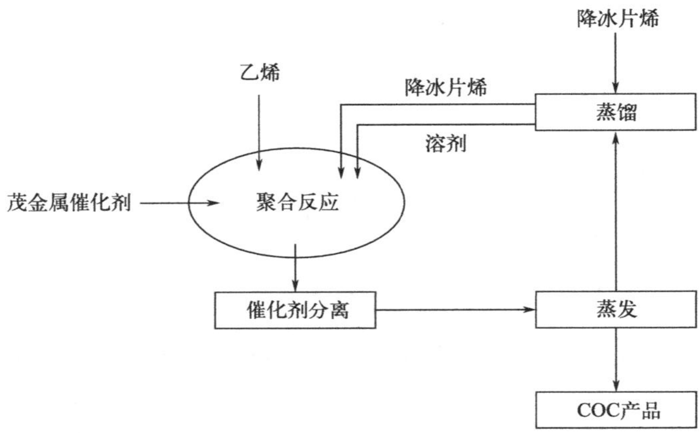


图 4.11　加成聚合工艺流程[77]

### 4.1.7　甲基纳迪克酸酐

甲基纳迪克酸酐（简称 MNA），分子式为 $C_{10}H_{10}O_3$，来自碳九碳十馏分，是一种性能优异的新型有机酸酐类环氧树脂固化剂。甲基纳迪克酸酐有两种异构体，分别为内式和外式，内式甲基纳迪克酸酐以固体形式存在，外式甲基纳迪克酸酐以液体形式存在，结构见图 4.12。甲基纳迪克酸酐产品一般为两种异构体的混合物。

甲基纳迪克酸酐相较于同类竞品具有吸湿性小、耐热性强、固化过程放热低、尺寸收缩小、固化后颜色浅等优势，在半导体封装材料和碳纤维增强材料等领域具有广阔的应用前景；甲基纳迪克酸酐具有优异的耐电弧性能，适用于各种加工成型工艺，被称为“万能固化剂”，在电子电气、变压器、发电机以及航空航天等领域有广泛应用。

甲基纳迪克酸酐典型合成工艺如图 4.13 所示，将马来酸酐溶解在甲苯溶剂中，边通氮气边搅拌，使马来酸酐充分溶解；然后加入甲基环戊二

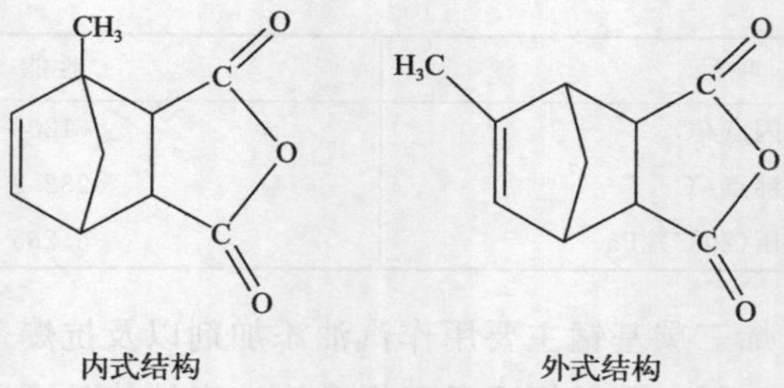


图 4.12　甲基纳迪克酸酐结构式

烯，获得甲基纳迪克酸酐混合液；随后通过旋转蒸发除去溶剂和未反应单体，获得淡黄色 MNA 产物[78]。

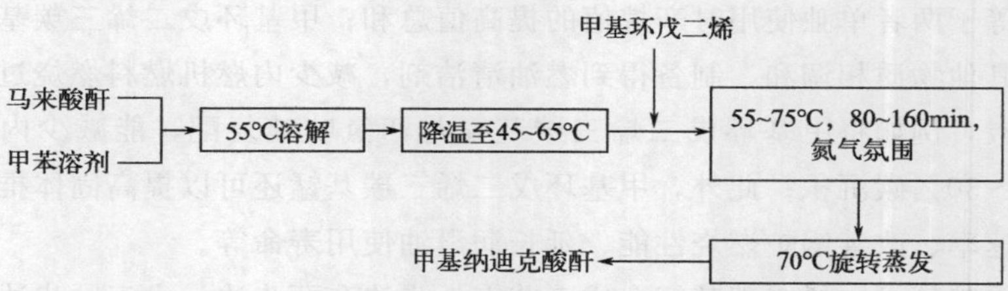


图 4.13　甲基纳迪克酸酐典型合成工艺流程

## 4.1.8　甲基环戊二烯三羰基锰

甲基环戊二烯三羰基锰（MMT），分子式为 $C_9H_7MnO_3$，结构式如图 4.14 所示，是一种橙黄色液体，易溶于汽油等有机溶剂，难溶于水，蒸汽压极低，见光易分解。

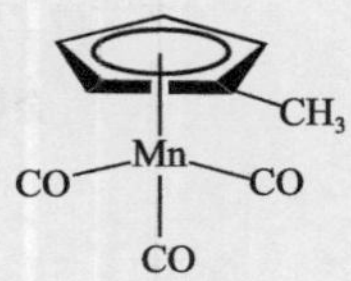

图 4.14　甲基环戊二烯三羰基锰结构式

甲基环戊二烯三羰基锰属于有毒物质，为 B 类危险品，物理性能见表 4.2。

**表 4.2　工业级 MMT 物理性能**

| 项目 | 性能 |
|---|---|
| 颜色 | 深橙色 |
| 相态 | 液态 |
| Mn 含量/% | 24.7 |
| 密度(20℃)/(g/cm³) | 201.3 |
| 黏度(20℃)/mPa·s | 5.0 |

续表

| 项目 | 性能 |
| --- | --- |
| 闪点/℃ | 120 |
| 沸点/℃ | 232.8 |
| 蒸气压(20℃)/Pa | 6.265 |

甲基环戊二烯三羰基锰主要用作汽油添加剂以及抗爆剂，在汽油中添加少量甲基环戊二烯三羰基锰可显著提升汽油辛烷值且不影响汽油挥发性和芳烃含量。若将甲基环戊二烯三羰基锰与其他抗爆剂复配使用，不仅可以发挥其他抗爆剂的长处，并且可以使甲基环戊二烯三羰基锰的作用得到进一步完善，例如将甲基环戊二烯三羰基锰与醚类复配时，其辛烷值的提高值等于两者单独使用时辛烷值的提高值总和；甲基环戊二烯三羰基锰也可与其他物质相调和，制备得到燃油清洁剂，减少内燃机燃料燃烧过程中的积炭，例如将甲基环戊二烯三羰基锰与四氢呋喃复配，能减少内燃机10%～30%碳沉积；此外，甲基环戊二烯三羰基锰还可以提高固体推进器燃烧速率、改善锅炉燃烧性能、延长润滑油使用寿命等。

甲基环戊二烯三羰基锰合成工艺有一步法和两步法，由于一步法收率较低，因此工业化生产以两步法为主，具体工艺流程如图 4.15 所示。

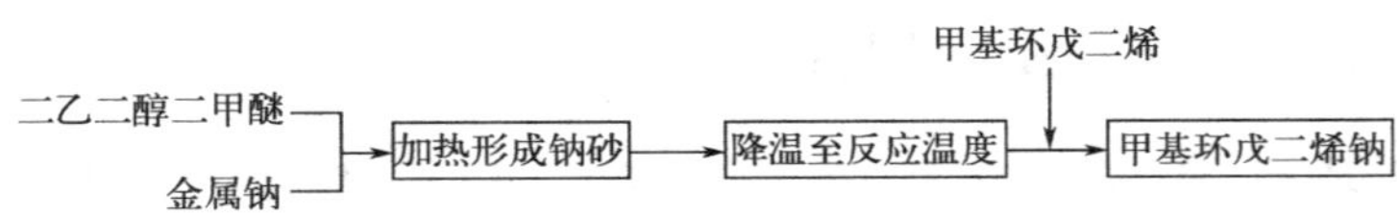


(a) 步骤①

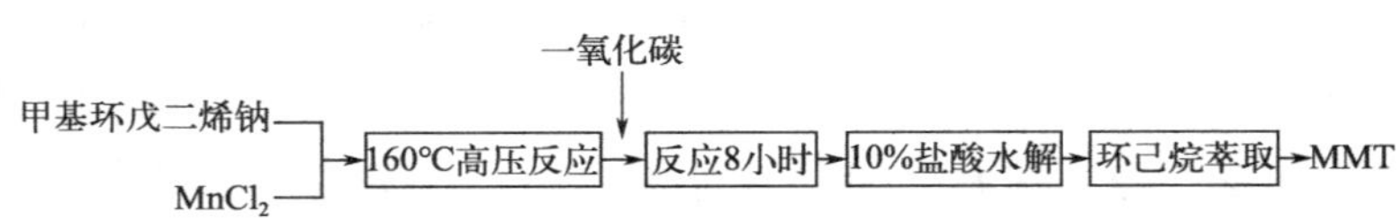


(b) 步骤②

图 4.15　甲基环戊二烯三羰基锰合成工艺流程

① 合成甲基环戊二烯钠。将二乙二醇二甲醚和金属钠加热至熔点以上，形成钠砂混合物，待温度降低至反应温度后，滴加甲基环戊二烯，当钠颗粒反应完全后，结束反应，将产物冷却至室温。

② 合成甲基环戊二烯三羰基锰。将步骤①所得产物以及氯化锰加入高压反应釜中，在一定温度下通入一氧化碳气体，反应结束后降温排气，

将产物用10%盐酸水解并用环己烷萃取，去除溶剂得到甲基环戊二烯三羰基锰[79]。

# 4.2 碳九石油树脂

碳九石油树脂原料主要来源于裂解碳九馏分，对碳九馏分进行减压蒸馏，通过活性组分含量调控便可得到性能各异的碳九石油树脂。

## 4.2.1 碳九石油树脂结构

碳九石油树脂外观为浅黄色至棕褐色，由较为复杂的芳烃聚合物组成，分子量500～5000不等，软化点在80～140℃之间，密度为0.970～1.000g/cm$^3$。碳九石油树脂主链主要由苯乙烯及其衍生物、双环戊二烯、茚及其衍生物等构成，聚合物带有弱极性[80-81]。碳九石油树脂的一般结构通式如图4.16所示。

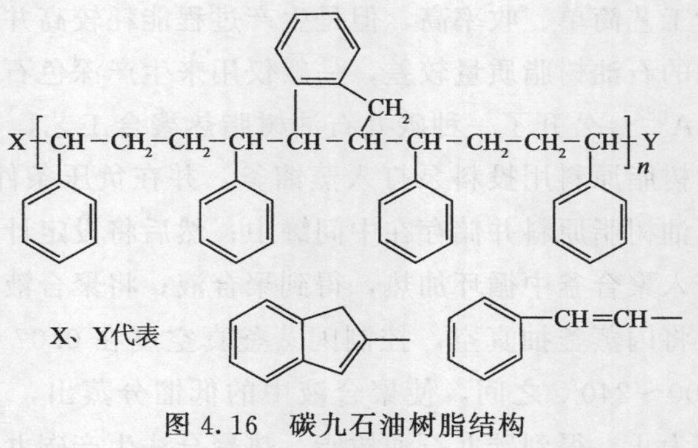


图4.16 碳九石油树脂结构

碳九石油树脂是由烯烃聚合得到的非极性树脂，具有较低的不饱和度，并且与有机溶剂之间具有良好的相容性，耐水、耐酸碱、耐候，可以增加其他树脂的黏结性与可塑性，在现代化工生产中具有重要应用。

## 4.2.2 碳九石油树脂的生产工艺

碳九石油树脂的生产工艺主要分为热聚合和催化聚合（冷聚）。不同的合成工艺得到的石油树脂性能截然不同，热聚合适用于双环含量较高的碳九馏分或碳九分离得到的重组分，通过热聚合可制备热聚石油树脂和古马隆树脂；催化聚合适用于双环含量较低的碳九馏分如树脂油、解聚脱环碳九，通过催化聚合可得到浅色石油树脂和碳五/碳九共聚石油树脂。热聚合和催化聚合工艺及性能对比见表 4.3。

表 4.3　不同石油树脂生产工艺及性能对比

| 项目 | 热聚合工艺 | 催化聚合工艺 |
|---|---|---|
| 催化剂 | 无 | $AlCl_3$、$BF_3$ 等 |
| 反应温度/℃ | 220～260 | 5～30 |
| 反应压力/MPa | 0.3～0.5 | 0～0.1 |
| 反应时间/h | 10～30 | 2～6 |
| 废水处理 | 无 | 有 |
| 树脂色度 | 9～18 | 2～5 |
| 软化点/℃ | 90～130 | 90～140 |

#### 4.2.2.1　热聚合法生产碳九石油树脂

热聚合法生产碳九石油树脂是基于 Diels-Alder 反应，反应温度 200～260℃，反应压力 0.5MPa，反应过程不需要催化剂。热聚合法生产碳九石油树脂工艺简单、收率高，但是生产过程能耗较高并且产物容易结焦，因此得到的石油树脂质量较差，一般仅用来生产深色石油树脂。专利 CN114539475A[82] 公开了一种碳九石油树脂热聚合工艺，先将储罐中的裂解碳九石油树脂原料用投料泵打入蒸馏釜，并在负压条件下平稳加热，得到精碳九石油树脂原料并储存在中间罐中；然后将设定计量的精碳九石油树脂原料打入聚合釜中循环加热，得到聚合液；将聚合液转入闪蒸釜并缓慢加热，再将闪蒸釜抽真空，控制闪蒸釜真空度在 0.07～0.09MPa 之间，温度在 200～240℃之间，使聚合液中的低馏分蒸出，直至聚合液中的低馏分流完为止，得到碳九石油树脂。热聚合法生产碳九石油树脂原料预处理以及热聚合工艺如下所述。

（1）原料预处理

碳九馏分中大约含有 40%沸点介于 140～220℃之间的馏分，可通过三塔精馏工艺进行分离。首先将原料中沸点低于 140℃的轻组分脱除，该轻组分可作为合成溶剂油；然后分离沸点在 140～220℃的组分，该组分可通过催化聚合工艺生产浅色碳九石油树脂；最后分离沸点在 220℃及以上的馏分，该组分可通过热聚合工艺生产深色碳九石油树脂。

（2）热聚合工艺

碳九石油树脂热聚合工艺就是在较高的温度和压力下，通过热聚合得到碳九石油树脂的过程。典型工艺流程如下：首先将沸点在220℃及以上的馏分和一定比例溶剂转移至热聚合反应釜中，用氮气置换反应釜内的空气，边搅拌边加热，促进原料反应，控制反应釜温度＜270℃，反应压力＜0.25MPa；当温度接近260℃时，向反应釜中添加一定量改性剂，保持恒温5小时；反应结束，停止搅拌，加入1%（质量分数）抗氧剂1010，再通过减压蒸馏和汽提，将溶剂和低聚物去除，得到深色石油树脂。为了提高反应转化率，反应釜一般采用四釜串联。热聚合工艺流程见图4.17。

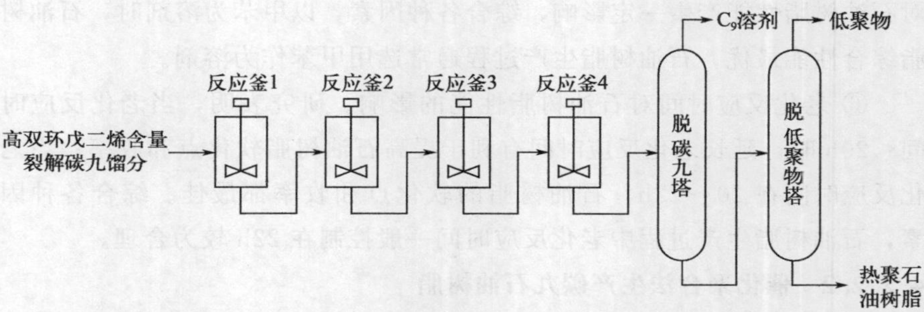


图4.17 热聚合法生产碳九石油树脂工艺流程

工艺条件如操作压力、反应温度、改性剂添加量以及反应时间等对热聚合石油树脂性能有重要影响。

① 操作压力对石油树脂性能的影响。研究表明，石油树脂软化点随着操作压力的升高而升高，这是因为提高操作压力有利于反应平衡正向移动。当反应压力提高到一定程度，例如高于0.3MPa时，继续升压对总反应影响变弱。

② 热聚合反应温度对石油树脂性能的影响。研究表明，反应温度对石油树脂性能影响较为显著。当反应温度＜200℃时，随着反应温度的升高，石油树脂的收率也随之提高，最高收率可达到30%；当反应温度在200～260℃之间，石油树脂最高收率可达65%，此时石油树脂具有最佳色度和软化点。热聚石油树脂生产过程中一般控制反应温度在260℃左右。

③ 改性剂含量对石油树脂性能的影响。研究表明，烷基链分子极性较小，油溶性较好，因此提高烷基链的比例可增加石油树脂正庚烷值，在热聚合阶段通过添加一定比例的改性剂，可制备满足使用要求的石油树

脂。此外，通过调节改性剂还可以定量控制热聚合反应程度，从而调节石油树脂性能。从综合性能以及生产成本考虑，生产中一般混配1%左右的改性剂。

④ 反应时间对石油树脂性能的影响。研究表明，反应时间对石油树脂软化点有显著影响。当反应时间<5h，随着反应时间延长，石油树脂软化点显著提高；当反应时间为5h，石油树脂软化点达到最大值；当反应时间>5h后，延长反应时间对石油树脂软化点无显著影响。

⑤ 溶剂种类对石油树脂性能的影响。研究表明，选用不同的溶剂会对石油树脂性能产生一定影响，综合各种因素，以甲苯为溶剂时，石油树脂综合性能最优，石油树脂生产过程通常选用甲苯作为溶剂。

⑥ 老化反应时间对石油树脂性能的影响。研究表明，当老化反应时间<20h时，延长老化反应时间有利于提高石油树脂软化点和收率；当老化反应时间在20～22h，石油树脂的软化点和收率都最佳。综合各种因素，石油树脂生产过程中老化反应时间一般控制在22h较为合理。

#### 4.2.2.2 催化聚合法生产碳九石油树脂

目前碳九石油树脂最为普遍的聚合方法为阳离子催化聚合法，该方法利用碳九馏分中活性组分在催化剂作用下形成碳正离子活性中心，从而引发链式聚合反应。由于阳离子聚合过程离子对解离程度会显著影响碳正离子活性中心，因此选用不同反应介质和溶剂将对聚合速率以及产品性能产生较大影响。阳离子聚合过程包含链引发、链增长、链转移和链终止四个阶段，每个阶段都会对碳九石油树脂性能产生显著影响。催化聚合可用于生产多类型、多牌号的石油树脂。阳离子催化聚合法生产碳九石油树脂工艺流程如图4.18所示。

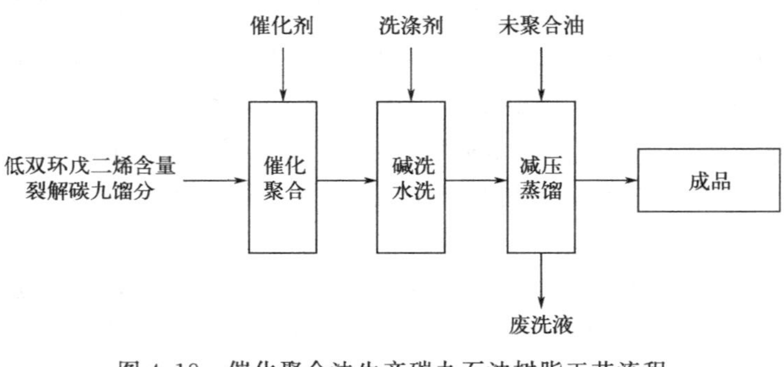


图4.18 催化聚合法生产碳九石油树脂工艺流程

（1）反应机理

碳九石油树脂聚合机理普遍认为是碳正离子聚合过程，主要分为 4 个阶段：链引发、链增长、链转移和链终止。①链引发反应：首先通过化合物或卤化物形成碳正离子；②链增长反应：由链引发产生的碳正离子转化为聚合链，不断与其他单体反应，使得总链得以增长；③链转移反应：链增长过程中反应单体上的活性组分通过质子运动发生转移；④链终止反应：当链转移反应到一定程度时，产生惰性碳离子，使反应得以终止。

Tajima 等[83] 以三氟化硼以及三氯化铝作为催化剂，采用催化聚合方法生产碳九石油树脂，具有反应温度低、反应速率快、能耗低、收率高等优点，在涂料、胶黏剂、油墨等领域有一定应用。该反应机理如图 4.19 所示。我国早在 20 世纪 60 年代就开始研究碳九馏分组成、生产工艺对碳九馏分综合利用的影响，近年来通过在碳九馏分中添加改性剂如碳五组分、马来酸酐等，研究改性剂添加比例以及工艺条件优化对碳九石油树脂性能的影响。

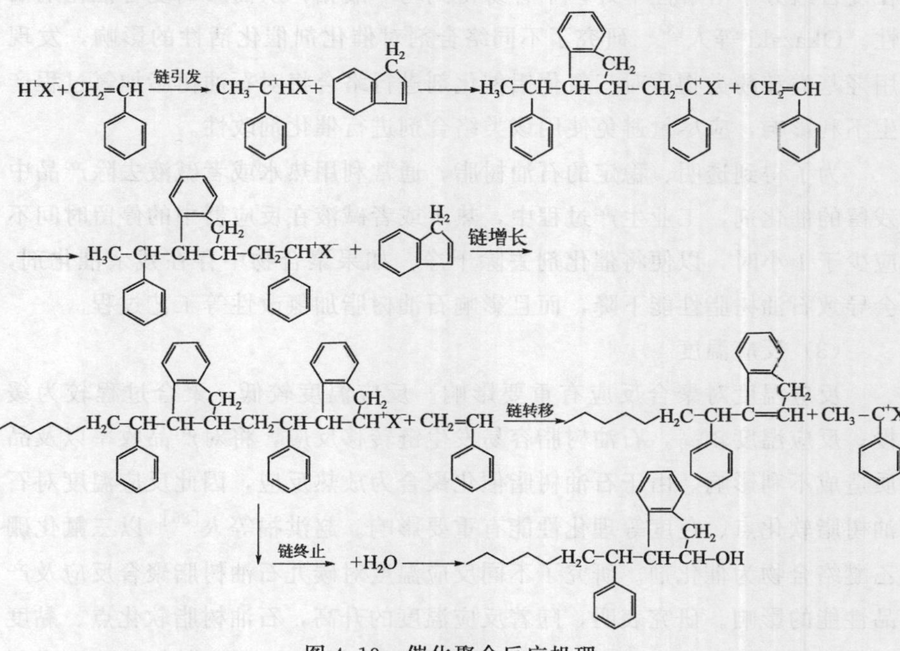

图 4.19　催化聚合反应机理

（2）催化剂

石油树脂催化聚合反应工艺中主要采用强质子酸催化剂和 Lewis 酸催

化剂，强质子酸催化剂有硫酸、磷酸、高氯酸等，Lewis 酸催化剂有三氟化硼、三氯化铝、四氯化碳等，其中又以三氟化硼和三氯化铝催化剂应用最广。三氯化铝催化剂来源广泛、价格低，制备的碳九石油树脂具有较高的软化点和收率；该催化剂不足之处在于催化聚合过程难以控制，所得石油树脂颜色较深，催化剂吸潮产生的副产盐酸对设备有严重的腐蚀性，反应结束催化剂脱除困难。三氟化硼-乙醚混合物催化剂常温下为液态，对于储存环境要求不高，在生产过程中使用方便，容易实现连续化生产，生产过程中容易从聚合物中脱除，得到的碳九石油树脂颜色度浅；该催化剂不足之处在于价格昂贵，转化率不如三氯化铝催化剂。

为了克服三氯化铝催化剂使用过程中存在的问题，通常将三氯化铝催化剂与酚、醛、醚及烷基铝化合物进行复配，以提升催化剂综合性能。研究表明，复配三氯化铝催化剂具有更高的催化活性，易于从反应体系中分离，得到的石油树脂颜色较浅。但复配催化剂也存在一些不足，三氯化铝在复合组分中溶解性不好，不容易得到均一液相，从而影响复合催化剂活性。Okazaki 等人[84] 研究了不同络合剂对催化剂催化活性的影响，发现用羟基类和酚类物质对三氯化铝催化剂进行络合将对石油树脂加氢过程产生不利影响，应尽量避免使用该类络合剂进行催化剂改性。

为了得到透明、稳定的石油树脂，通常利用热水或者碱液去除产品中残留的催化剂，工业生产过程中，热水或者碱液在反应器中的停留时间不应少于 1 小时，以便将催化剂去除干净。如果聚合物中存在残余催化剂，会导致石油树脂性能下降，而且影响石油树脂加氢改性等工艺过程。

（3）反应温度

反应温度对聚合反应有重要影响。反应温度较低，聚合过程较为缓慢；反应温度较高，石油树脂容易发生链转移反应，将对产品收率以及品质造成不利影响。由于石油树脂催化聚合为放热反应，因此反应温度对石油树脂软化点、色度等理化性能有重要影响。赵洪福等人[85] 以三氟化硼乙醚络合物为催化剂。研究了不同反应温度对碳九石油树脂聚合反应及产品性能的影响。研究表明，随着反应温度的升高，石油树脂软化点、黏度下降，收率增加，当反应温度升至 30℃时，树脂产品软化点和黏度降至最低；继续升高反应温度，树脂产品软化点和黏度又逐步升高，而树脂收率变化不明显。反应温度对聚合反应的影响见表 4.4。

表 4.4　反应温度对聚合反应的影响

| 温度/℃ | 200℃黏度/mPa·s | 软化点/℃ | 收率/% |
|---|---|---|---|
| 10 | 415.5 | 132 | 28.83 |
| 20 | 337.8 | 128 | 38.21 |
| 30 | 170.1 | 110 | 40.05 |
| 40 | 266.0 | 118 | 38.30 |
| 50 | 400.2 | 125 | 39.80 |

（4）反应时间

反应时间对石油树脂收率和性能也有显著影响，随着反应时间延长，反应物浓度逐渐降低，反应收率逐步减少，热氧化以及降解程度有所增加，从而导致石油树脂颜色加深。

（5）活性组分浓度

随着活性组分浓度提高，反应液黏度逐渐增大，反应过程逐渐加快，反应温度将急剧上升，容易导致搅拌器或循环泵过载自停保护。因此控制合适的活性组分浓度对于确保聚合反应顺利进行至关重要，工业生产中活性组分浓度一般控制在35%左右。

### 4.2.3　碳九石油树脂改性

碳九石油树脂为低分子量、高软化点的非极性聚合物，与无机物不相容，为了扩大碳九石油树脂的应用领域，通常需要对碳九石油树脂进行功能化改性。例如，将马来酸酐等极性基团接枝在石油树脂表面，提高石油树脂与基体的相容性。目前，对石油树脂改性主要集中在以下几方面。

（1）引入极性基团

在石油树脂聚合过程中引入一些极性基团，如顺酐、马来酸酐、丙烯酰胺等，可提高石油树脂与无机物的相容性。这些极性基团可使碳九石油树脂的结构与性能发生改变，得到的产物可应用于油田助剂、化工生产、水质稳定剂等领域。李春生等人[86] 利用加成反应原理，将马来酸酐接枝于碳九石油树脂表面，再通过与异辛醇进行酯化反应得到改性碳九石油树脂，研究表明改性碳九石油树脂可有效提高 PVC 的抗冲击强度。闫卫东等人[87] 将长链不饱和脂肪酸与裂解碳九馏分进行接枝共聚，得到非极性碳九石油树脂，可用于印刷油墨等领域。王士财等人[88] 将顺丁烯二酸酐接枝于芳烃石油树脂表面，再利用异辛醇进行酯化处理得到可用作 PE/

PVC 增容剂的改性石油树脂。褚夫强等人[89] 研究了马来酸酐改性石油树脂机理，指出反应过程为马来酸酐的双键与石油树脂的 $\alpha$-亚甲基聚合生成二元酸酐，从而显著提升马来酸酐与石油树脂的表面结合力。黎文部等人[90] 利用常压转相乳化法将马来酸酐接枝于石油树脂表面，得到了改性石油树脂乳液。

（2）加氢改性

碳九石油树脂分子链中具有较多双键，使其热稳定性较差、颜色较深，通过加氢处理其不饱和双键饱和，并脱除其中的卤素，可显著降低石油树脂色度，得到具有优异黏结性、耐候性、稳定性的加氢石油树脂。石油树脂加氢改性目前有三种工艺：固定床加氢工艺、浆态床加氢工艺以及喷淋塔加氢工艺，加氢温度通常在 220～300℃，加氢压力通常在 4～9MPa 之间，催化剂大多采用金属镍或金属钯。

加氢后的碳九石油树脂可广泛用于涂料、油漆、高档油墨、热熔胶和卫生用品，售价是未加氢碳九石油树脂的 2～3 倍，经济附加值有明显提高。石油树脂催化加氢改性是目前获得高品质石油树脂的最重要手段。

最早进行碳九石油树脂加氢改性研究的国家为美国和日本，目前这些国家石油树脂加氢技术较为先进，工业化水平较高。我国对于碳九石油树脂加氢改性研究起步较晚，高品质碳九加氢石油树脂严重依赖进口，特别是高端油墨用加氢石油树脂目前仍处于空白。

我国是石油树脂生产大国，石油树脂品种多但质量不稳定，应用受到一定限制，所以石油树脂没有得到充分利用。随着我国石油工业的快速发展，浅色、稳定性优异的碳九加氢石油树脂市场需求量与日俱增，加快石油树脂加氢改性研究以及工业化应用极为重要。马江权等人[91] 利用固定床加氢工艺对碳五/碳九共聚石油树脂进行加氢改性，以金属镍作为催化剂，在反应温度 230～260℃，反应压力 2.0～4.0MPa，空速 $0.5h^{-1}$，氢油体积比 600∶1 条件下，制备了色度低于 1、软化点为 98℃的加氢石油树脂。专利 CN102718925A[92] 公开了一种碳五/碳九加氢石油树脂的制备方法：将间戊二烯馏分、粗异戊烯馏分与碳九馏分混合后先在 180～230℃预聚合，再用气体三氟化硼催化剂催化聚合得到碳五/碳九石油树脂液；经电解脱盐脱水、活性 $Al_2O_3$ 固体床层加氢前预处理后，以对甲基乙基环己烷为溶剂，经 $Pd/ZnS/Al_2O_3$ 催化剂催化加氢，再经减压精馏脱除溶剂和低聚物，获得碳五/碳九加氢石油树脂。该树脂色浅、软化点适中、与多数极性树脂相容性优良，在胶黏剂领域有广泛用途。

(3) 碳五/碳九共聚石油树脂

碳五/碳九共聚石油树脂是将碳五馏分以及碳九馏分按一定比例聚合而成的石油树脂。聚合过程中引入的碳五馏分不但可以提高脂肪链的线性度，进而降低石油树脂色度，并且可以提高石油树脂软化点。碳五/碳九共聚石油树脂结合了碳五石油树脂色浅、软化点低以及碳九石油树脂色深、软化点高的特点，得到色度、软化点可调控的石油树脂产品，并且具有较好的黏性，可提高胶黏剂与树脂混合物的黏结强度，具有较好的应用前景。碳五/碳九共聚石油树脂化学结构式见图 4.20。

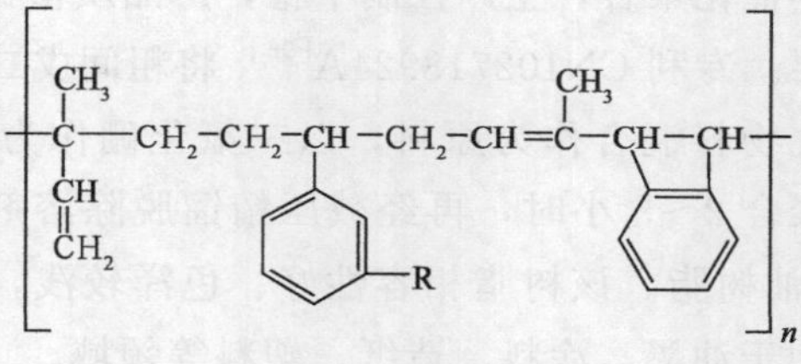

图 4.20　碳五/碳九共聚石油树脂化学结构式

目前碳五/碳九共聚石油树脂的原料主要来源于裂解碳九馏分，裂解碳九馏分主要成分为 $C_5\sim C_9$。其中 $C_5\sim C_7$ 馏分含有可聚组分如异戊烯、环戊烯等单烯烃以及异戊二烯、环戊二烯等双烯烃；$C_8\sim C_9$ 馏分含有可聚组分如苯乙烯、甲基苯乙烯、双环戊二烯等。

碳五/碳九共聚石油树脂一般通过阳离子聚合反应得到。首先将适量溶剂和三氯化铝催化剂加入反应釜中，将反应釜加热至指定温度后往里滴加碳五/碳九混合物，滴加完成后反应 0.5 小时；然后将产物碱洗、水洗若干次，转移至旋转蒸发仪中除去溶剂和未反应组分，即可得到碳五/碳九共聚石油树脂。该工艺流程如图 4.21 所示。

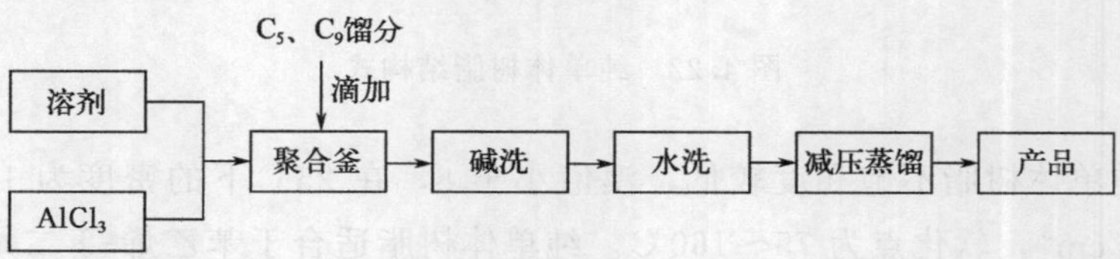


图 4.21　碳五/碳九共聚石油树脂生产工艺

张正国等人[93] 以碳五馏分和碳九馏分为原料，三氯化铝为催化剂，利用阳离子聚合法制备碳五/碳九共聚石油树脂，结果表明，碳五馏分和碳九馏分添加比例对石油树脂性能有显著影响，当碳五/碳九体积比为 1∶3 时，碳五/碳九共聚石油树脂综合性能最好，可用作橡胶加工助剂以及油墨助剂。高栋华等人[94] 利用高温热聚合法制备的碳五/碳九共聚石油树脂可用作橡胶改性剂，当碳五/碳九质量比为 35∶65，反应温度 250℃，反应时间 4.5 小时，得到的共聚石油树脂综合性能最佳。专利 CN210683648U[95] 公开了一种碳五/碳九共聚石油树脂连续聚合系统，该发明采用的储液系统、连续催化聚合系统和后处理系统可以实现碳五/碳九石油树脂连续催化聚合，生产控制平稳，产品质量稳定，适应工业化及大规模生产需要。专利 CN102718924A[96] 将粗间戊二烯、粗环戊二烯与加氢处理的碳九物料混合作为原料，以三氟化硼作为催化剂，在 30～65℃反应条件下聚合 2～5 小时，再经减压精馏脱除溶剂和低聚物，得到碳五/碳九共聚石油树脂。该树脂相容性好、色泽较浅，热稳定性有显著改进，可广泛应用于油墨、涂料、造纸、塑料等领域。

## 4.3 纯单体树脂

纯单体树脂是由高度纯化 $\alpha$-甲基苯乙烯、苯乙烯等原料聚合而成的，具有与加氢树脂一样低的色度，与碳九石油树脂具有相似的溶解性和相容性。纯单体树脂结构式如图 4.22 所示。

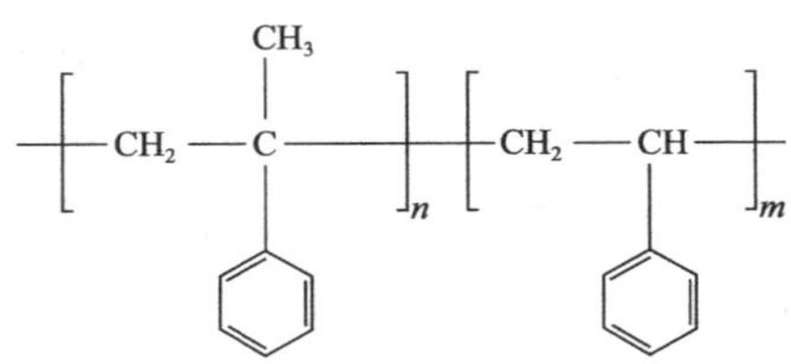

图 4.22 纯单体树脂结构式

纯单体树脂不饱和度较低，溴值小于 8，在 25℃下的密度为 1.04～1.10g/cm$^3$，软化点为 75～160℃。纯单体树脂适合于苯乙烯-丁二烯共聚热塑性树脂（SBC）增强，能显著改善 SBC 耐高温性能并降低其抗压缩变形能力；液体级纯单体树脂可用作芳烃、丙烯酸和环氧树脂增塑剂；高软化点纯单体树脂可与乙烯-醋酸乙烯酯共聚物（EVA）复配，用作静电印刷调色剂的胶黏剂。以美国伊士曼公司为例，典型纯单体树脂性能见表 4.5。

**表 4.5　典型纯单体树脂性能**

| 典型性能 | Kristalex 3070 | Kristalex 3085 | Kristalex 3100 | Kristalex 5140 | Kristalex F100 | Kristalex F115 |
|---|---|---|---|---|---|---|
| 环球软化点/℃ | 70 | 85 | 100 | 140 | 100 | 117 |
| 黄色指数 | 7 | 4 | 5 | 5 | 1.8① | 2.2① |
| 玻璃化转变温度($T_g$)/℃ | 32 | 39 | 51 | 90 | 53 | 60 |
| 混合甲基环己烷苯胺(MMA)浊点/℃ | 1 | 2 | 6 | 10 | — | — |
| 二丙酮醇(DA)浊点/℃ | <−40 | <−40 | <−40 | <−40 | — | — |
| 改性二丙酮醇(EMDA)浊点/℃ | 4 | — | — | — | 55 | 88 |
| 无味矿物油(OMS)浊点/℃ | — | 35 | 65 | >180 | 69 | 107 |
| 质均分子量($M_z$) | 1320 | 1900 | 2500 | 9800 | 2100 | 3200 |
| 重均分子量($M_w$) | 900 | 1200 | 1500 | 4900 | 1300 | 1900 |
| 数均分子量($M_n$) | 600 | 660 | 900 | 1750 | 920 | 1000 |
| Pd($M_w/M_m$) | 1.5 | 1.8 | 1.7 | 2.8 | 1.6 | 1.9 |

注：黄色指数测试方法参考标准 GB/T 22295；浊点测试方法参考标准 GB/T 6986。

① 溶剂为甲苯，参考 Hunterlab 色标产品规格。

纯单体树脂典型制备工艺如下：将α-甲基苯乙烯与苯乙烯按一定比例混合均匀，用甲苯溶剂进行溶解；开启搅拌器，边搅拌边滴加一定量的三氟化硼催化剂和催化缓释剂，维持反应温度恒定；反应结束后开始加热回流操作，形成浅黄色透明液体；进行减压蒸馏操作，回收未反应的单体和溶剂，将产品冷却到室温，得到纯单体树脂。其工艺流程如图 4.23 所示。

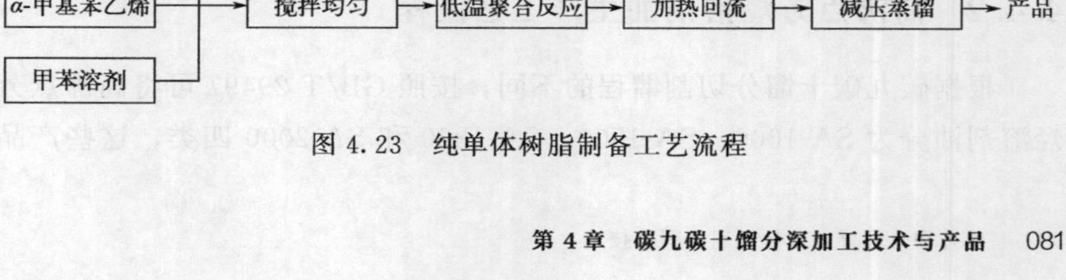


图 4.23　纯单体树脂制备工艺流程

## 4.4 芳烃溶剂油

芳烃溶剂油是由一系列重芳烃同分异构体组成的混合物，主要来自碳九碳十馏分。将重整碳九碳十馏分分离以及将裂解碳九馏分脱除双环戊二烯、甲基环戊二烯后加氢精馏可得芳烃溶剂油。芳烃溶剂油是世界五大类石油产品之一，具有较高的沸点，常温条件下挥发速度较慢，具有重要的工业应用价值。

### 4.4.1 溶剂油生产及市场状况

随着化工、印染、油墨、制药、染料、橡胶等领域的快速发展，全球溶剂油每年需求量在 2000 万吨以上。我国溶剂油主要来自三大油集团，分布于华东、华北、华南等地，溶剂油原料主要由汽油、煤油以及重整抽余油经减压分离得到。我国高沸点芳烃溶剂油种类偏少，硫含量以及芳烃含量偏高，气味偏大，生产技术与国外相比还有较大差距。目前国产高沸点芳烃溶剂油主要应用于有机溶剂、气雾剂、清洗脱脂剂等领域，具有良好的市场以及较好的经济效益。开发低黏度、低硫含量、无毒无味的新型环保型芳烃溶剂油是未来发展方向。

碳九馏分含有大量烷基苯类组分，具有沸点高、化学性质稳定、对树脂和橡胶类溶解性强等优点，是高沸点芳烃溶剂油的主要组分，目前市售溶剂油中碳九及碳九以上高沸点芳烃溶剂油占有机溶剂约 14.8%，市需求量达 $8\times10^5$ 吨/年。国外利用碳九及碳九以上馏分生产高沸点芳烃溶剂油的知名企业有日本丸善石油公司、三菱石油公司等，产品主要应用于涂料、油墨、农药等领域[97-98]。我国溶剂油消费市场主要集中在华东、华南区域。广东地区涂料、电子电气和家具行业较为发达，华东地区制鞋、精密制造、精细化工等行业较为发达，华北地区油漆、制药、农药等行业较为发达，这些地区每年消耗全国 55%～60%的溶剂油，是全国最主要的溶剂油消费市场。

### 4.4.2 高沸点芳烃溶剂油生产工艺流程

根据碳九碳十馏分切割馏程的不同，按照 GB/T 29497 可将高沸点芳烃溶剂油分为 SA-1000、SA-1500、SA-1800 和 SA-2000 四类，这些产品中芳烃含量都大于95%。各产品性能指标见表4.6。

**表4.6 高沸点芳烃溶剂油性能指标**

| 项目 | 试验方法 | 性能指标 | | | |
|---|---|---|---|---|---|
| | | SA-1000 | SA-1500 | SA-1800 | SA-2000 |
| 外观 | 目测 | 透明液体,无悬浮物和可见物 | | | |
| 芳烃含量/% | GB/T 11132 | >95 | >95 | >95 | >95 |
| 闪点(闭口)/℃ | GB/T 261 | >38 | >61 | >80 | >90 |
| 密度(20℃)/(g/cm³) | GB/T 1884 | 0.861～0.878 | 0.877～0.907 | 0.930～0.970 | 0.950～0.990 |
| 色度(铂-钴色号) | GB/T 3143 | <10 | <10 | <60 | <100 |
| 铜片腐蚀(100℃ 0.5h) | GB/T 11138 | 通过 | 通过 | 通过 | 通过 |
| 混合苯胺点/℃ | GB/T 262 | <18 | <18 | <18 | <18 |

### 4.4.2.1 高沸点芳烃溶剂油三塔生产工艺

三塔工艺适用于重整碳九碳十馏分分离，其工艺流程见图4.24。塔1为切轻塔，主要用于切除轻组分；塔2为切重塔，主要用于切除重组分；塔3为精制塔，主要用于对不同沸点的组分进行分离。由于溶剂油中芳烃含量较高，因此直接对不同馏分进行分离即可得高沸点芳烃溶剂油。精制塔塔顶可采出溶剂油SA-1000，塔底可采出溶剂油SA-1500。

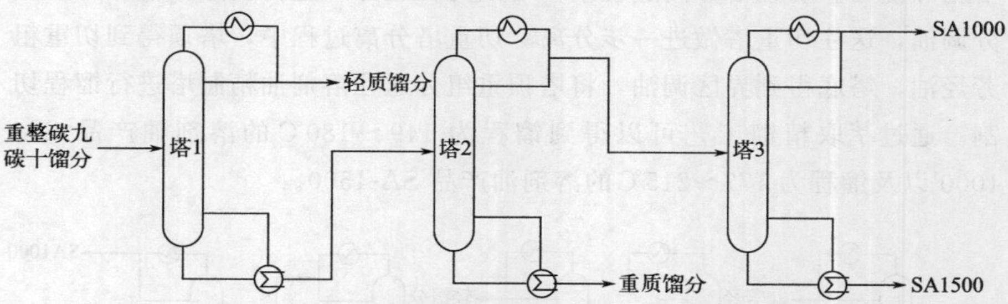


图4.24 高沸点芳烃溶剂油三塔生产工艺流程

高沸点芳烃溶剂油三塔生产工艺参数见表4.7。

**表4.7 高沸点芳烃溶剂油三塔生产工艺参数**

| 项目 | | 脱重塔1 | 脱轻塔2 | 溶剂油精制塔3 |
|---|---|---|---|---|
| 压力/kPa | 塔顶 | 6 | 40 | 40 |
| | 塔底 | 7 | 50 | 50 |

续表

| 项目 | | 脱重塔 1 | 脱轻塔 2 | 溶剂油精制塔 3 |
|---|---|---|---|---|
| 温度/℃ | 塔顶 | 105.0 | 113.7 | 134.0 |
| | 塔底 | 162.0 | 136.5 | 152.5 |
| 回流比 | | 4.0 | 17.5 | 2.0 |

#### 4.4.2.2 高沸点芳烃溶剂油萃取精馏工艺

萃取精馏工艺适用于裂解碳九馏分加氢得到的重芳烃分离。由于加氢后原料中芳烃含量较低，对其直接分离提纯无法满足高品质芳烃溶剂油生产要求，因此在分离前需要先对原料中的芳烃含量进行提浓，然后再进行分离操作，该过程通常由萃取精馏工艺完成。由于加氢重汽油组分含量较高，以环丁砜作为溶剂将使回收塔塔底温度过高，因此萃取精馏对于溶剂的热稳定性要求较高[99]。对溶剂油生产工艺进行优化，增加萃取精馏部分，工艺流程见图 4.25。首先重芳烃从萃取塔中部进料，萃取剂从塔顶自上而下流入。萃取精馏过程在塔顶得到非芳烃组分，部分通过回流操作返回塔顶，其余作为调油去除；塔底得到富含芳烃的混合物，将其送入汽提塔中部进料。汽提塔塔顶主要为低沸点芳烃和粗芳烃油，其中粗芳烃油送往切轻塔做进一步提纯，塔底产物经萃取分离后将剩余萃取剂送回萃取塔循环使用。切轻塔分离过程中，塔顶为轻组分，进行去除，塔底为重组分调油，送往切重塔做进一步分离。切重塔分离过程中，塔顶得到切重粗芳烃油，塔底得到界区调油，将塔顶重组分送往溶剂油精制塔进行馏程切割。通过萃取精馏工艺可以得到馏程为 149～180℃ 的溶剂油产品 SA-1000 以及馏程为 177～215℃的溶剂油产品 SA-1500。

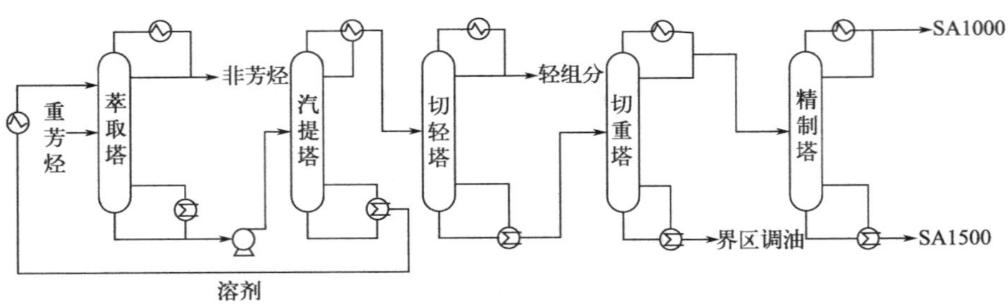


图 4.25 高沸点芳烃溶剂油萃取精馏工艺流程

# 第5章

# 碳九石油树脂加氢改性

由于碳九石油树脂分子结构中存在一定量的不饱和双键，自然条件下容易被氧化或取代，使石油树脂热稳定性、耐老化性变差，颜色变深；此外碳九石油树脂中含有少量的硫、氯以及微量重金属杂质，将加重石油树脂气味，使其应用领域受到严重限制。通过对碳九石油树脂加氢改性，去除其中少量的硫、氯等杂质，可有效提升产品化学稳定性、相容性，降低产品色度，提高其经济附加值，这已经成为裂解碳九馏分高质量发展的重要方向。碳九加氢石油树脂是以碳九馏分为原料经加氢工艺制得的化工原料，其外观为无色或微黄色透明固体，具有芳烃含量高、溶解性能好、辛烷值高以及热值高等特性。碳九加氢石油树脂的溶解性、流平性优于甲苯、二甲苯，可用于汽车烤漆、涂料稀释剂、油漆油墨、油品调和、橡胶填充油、橡胶软化剂、橡胶增塑剂、农药乳化剂、金属清洗溶剂、纸浆上光防潮剂以及绝缘材料等领域。

近年来随着乙烯工业的发展，市场对高性能碳九加氢石油树脂需求量也大幅提升，开展碳九石油树脂催化加氢工艺研究意义重大。图 5.1 为碳九石油树脂加氢结构变化示意图。

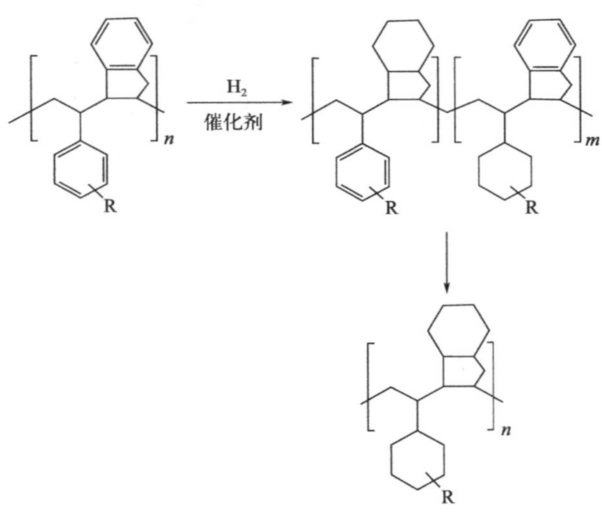


图 5.1　碳九石油树脂加氢结构变化

碳九加氢石油树脂用途非常广泛，在橡胶、涂料、胶黏剂、油墨等领域有重要应用。①橡胶领域。相比于碳九石油树脂，碳九加氢石油树脂与天然橡胶、合成橡胶的相容性显著提升，具有极佳的增黏、软化以及补强效果，可有效提高橡胶抗张强度以及抗撕裂强度。②涂料领域。碳九加氢石油树脂在涂料中有较好的分散性，可有效提升漆膜光洁度、附着力、干燥性以及化学稳定性，是生产高端涂料的重要添加剂。③胶黏剂领域。碳九加氢石油树脂与胶黏剂具有优异的相容性，可有效提升胶黏剂黏结性、热稳定性，可代替萜烯树脂、氢化甘油酯、萜烯-酚醛树脂等用于胶黏剂改性。④油墨领域。碳九加氢石油树脂可以改善高档油墨的流变性和连接料的稳定性，能溶于各种烃类树脂中，提高油墨软化点、耐热性能和化学稳定性，是高档油墨的理想添加剂。⑤造纸领域。碳九加氢石油树脂通过马来酸酐接枝改性后具有优异的水溶性，可有效减少纸张施胶过程中对油墨和水分的吸收，提升纸张平整度。

# 5.1 国内外碳九石油树脂加氢研究进展

目前全球加氢石油树脂生产技术基本被美国、日本等垄断，其中又以美国 Exxon Mobil 公司、日本凡善油化公司以及 Tonex 公司加氢技术较为先进。图 5.2 是碳九石油树脂加氢工艺流程。

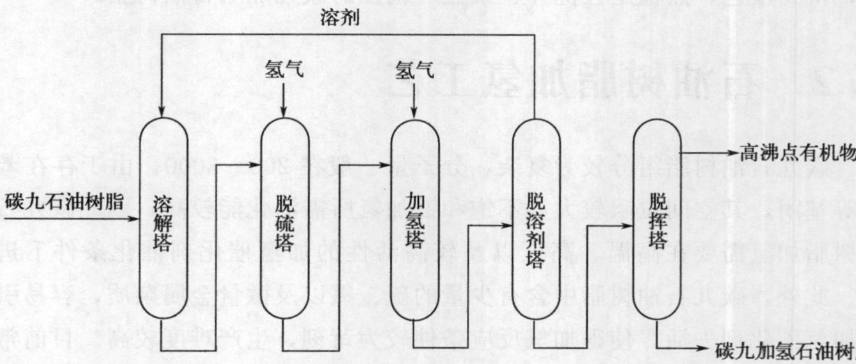


图 5.2 碳九石油树脂加氢工艺流程

我国加氢石油树脂产品开发、研制及工业化起步较晚，2015 年前国内只有南京扬子伊士曼化工有限公司和中国石油兰州石化（公司）有能力生产 $C_5$ 加氢石油树脂，总产能也仅有 3.2 万吨，国内需求主要依赖进口。2015 年后，国内加氢石油树脂行业快速发展，天津鲁华化工有限公司、南京金海晨光化学股份有限公司、濮阳市瑞森石油树脂有限公司、山东凯日化工股份有限公司先后建成 DCPD 加氢石油树脂生产装置；大连理工大学成功开发碳九石油树脂加氢技术，并成功在河北启明化工科技有限公司及新疆天利石化股份有限公司实现工业化应用；恒河材料科技股份有限公司先是在 2015 年建成碳五加氢石油树脂生产装置，后在 2018 年建成国内最大的碳九加氢石油树脂生产装置，总产能达到 8 万吨/年，一举成为继埃克森美孚和伊士曼后的世界第三大加氢石油树脂生产企业。截至 2024 年，我国加氢石油树脂总产能为 57.8 万吨/年，总产量为 42 万吨/年。

近年来，我国碳九石油树脂行业取得快速发展，对碳九石油树脂加氢改性是我国碳九石油树脂深加工领域的重点发展方向。碳九石油树脂加氢研究目前主要集中在工艺改进、催化剂制备和加氢产品改性等方面。工艺过程中，催化剂是关键技术，碳九石油树脂加氢催化剂的发展方向是提高催化剂的活性和稳定性、减少副反应以及适当降低制造成本。专利 CN112794962A[100] 公开了一种柔性碳九加氢石油树脂的制备方法，通过马来酸酐的酸酐基团与长链醇合成柔性单体，柔性单体的双键和碳九石油树脂的不饱和双键进行自由基共聚，生成柔性石油树脂，对其进行加氢改性，得到浅色、热稳定性优异、柔性可调控的碳九加氢石油树脂。

## 5.2 石油树脂加氢工艺

碳九石油树脂组分较为复杂，分子量一般在 200～3000，由于存在苯环等基团，其空间位阻较大，不饱和键加氢所需活化能较高，因此碳九石油树脂加氢需要在高温、高压以及较高活性的加氢催化剂催化条件下进行。此外，碳九石油树脂中含有少量的硫、氯以及微量金属杂质，容易引起加氢催化剂失活，使得加氢反应条件较为苛刻，生产难度较高。目前常见加氢工艺是将碳九石油树脂溶解到适当溶剂中进行预处理，脱除硫、氯等杂质，然后在一定温度和压力条件下加入负载 Pd 系、Ni 系等加氢催化剂进行加氢反应，随后通过减压蒸馏脱除溶剂，即可得到加氢石油树脂产品。石油树脂加氢过程中容易发生降解，少量降解有利于提高石油树脂溶解度，过度降解将降低石油树脂软化点，造成不利影响。

碳九石油树脂加氢工艺随生产规模和产品性能要求不同而有所区别，目前主要有浆态式、固定床、喷淋式 3 种加氢工艺。浆态式加氢工艺可以是连续式，也可以是间歇式，由于该工艺操作难度较高，催化剂损耗较大，目前只适用于小规模生产；固定床加氢工艺分为一段加氢和二段加氢，其中二段加氢压力更高，可有效提升树脂间相容性，但高压设备投资大，并且操作过程有一定危险，工业生产更多采用二段加氢工艺。表 5.1 为三种碳九石油树脂加氢工艺比较。

**表 5.1　浆态式、固定床、喷淋式石油树脂加氢工艺比较**

| 项目 | 浆态式 | 喷淋式 | 固定床 | |
|---|---|---|---|---|
| | | | 一段加氢 | 二段加氢 |
| 加氢设备 | 反应釜 | 喷淋塔 | 滴流床 | |
| 反应条件 | 反应压力 3～25MPa,反应温度 150～300℃,反应时间约 4h | 低压下加氢 | 反应压力 5～15MPa,反应温度 260～320℃,液体体积空速为 0.1～2.0$h^{-1}$ | 反应压力 2～40MPa,反应温度 300～325℃,液体体积空速为 0.2～2.0$h^{-1}$ |
| 工艺优缺点 | 适用于小规模生产,投资少,但操作复杂,催化剂损失较大 | 具有一定的先进性,但设备加工难度大,工业应用存在一定难度 | 采用中等压力的加氢反应器,投资少,操作简单,但加氢深度难以保证 | 设备投资大,但产品质量较好 |

## 5.2.1　浆态式加氢工艺

图 5.3 为浆态式加氢工艺流程，首先将石油树脂与乙基环已烷等溶剂共混均匀，转移至树脂溶解釜中直至石油树脂完全溶解；然后将其转移至带有加氢催化剂的加氢反应釜中，通入一定氢气，设定反应压力 3.0～25MPa，反应温度 260～300℃，反应时间 4～8h。加氢完成后，将产物脱滤去除催化剂，随后闪蒸脱除溶剂，最终得到碳九加氢石油树脂。

浆态式加氢工艺制备得到的碳九加氢石油树脂性能优良，但添加的催化剂需要事先研磨，加氢反应结束后催化剂分离较为困难，几乎无法再次利用，操作难度大，工业成本高，使得浆态式加氢工艺面临淘汰，但产物性能优良的特点使得浆态式加氢工艺在实验室范围内得到广泛采用。浆态式加氢工艺操作关键为在反应釜中加入催化剂与石油树脂的混合液，通入氢气后在高温高压条件下形成固态、液态以及气态的三相催化加氢反应。由于浆态式加氢工艺需要高温高压，设计专用的加氢反应装置难度较大，导致该工艺工业化进度较为缓慢。

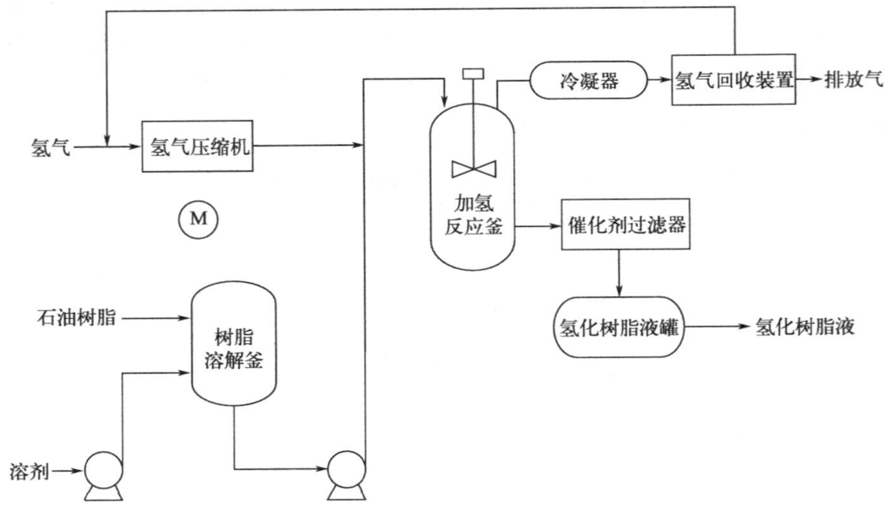


图 5.3　浆态式加氢工艺流程

## 5.2.2　喷淋式加氢工艺

喷淋式加氢工艺是将石油树脂通过喷淋头喷射到催化剂中，使催化作用发挥得更加完全，且避免了碳九石油树脂黏度大带来的流动阻力问题。该工艺将加氢过程与精馏过程相结合，具有流程简单、投资少、能耗低、转化率高等优点，但不足之处在于产量低、催化剂寿命短、产品颜色较深等。早在 20 世纪 80 年代，日本荒川公司就开发了喷淋床加氢工艺并实现工业化生产，但生产过程中存在操作难度高、需要定制化设备、操作过程中催化剂容易外漏等缺点，目前工业化程度低。喷淋式加氢工艺流程如图 5.4 所示。

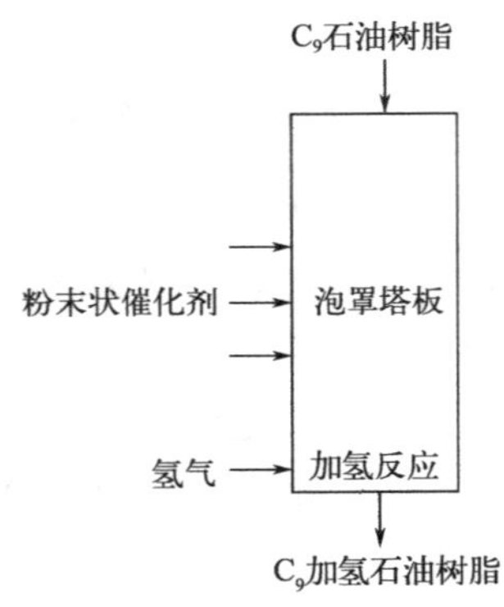


图 5.4　喷淋式加氢工艺流程

## 5.2.3　固定床加氢工艺

固定床加氢工艺是近几年广泛使用的加氢工艺，其优势在于操作相对简单，虽然操作方式多为连续操作，但反应时的温度、压力等条件灵活可控；工业上随着反应釜增大，产品产率也随之提高，甚至部分原料可以多次利用，进一步节省生产成本。主要工艺流程为一段加氢、二段加氢，少部分采用多段加氢。一段加氢是指在一个反应器内，设置好固定的反应温度、压力、气体流速，且反应条件均控制到较低范围，操作难度相对较低，但产品性能不佳。二段加氢是采用两个反应釜，第一个反应釜是先通过氢气置换出树脂内的 S、Cl 等杂质，第二个反应釜是加入催化剂在高温高压条件下进行催化加氢反应，操作条件复杂，但产品性能较好。美国 Easman 公司采用二段加氢工艺，将碳九石油树脂与溶剂在混合器中混匀，保持石油树脂含量在 20%～25%，将反应物与氢气混合进入一段低压加氢反应器，设定反应压力 2.0～3.5MPa，反应温度 260～310℃，空速 0.2～2.0$h^{-1}$，氢油比 100～400：1，反应结束后在 45℃下冷却分离，去除氢气、硫化氢、氯化氢等气体；将产物转移至储罐，与氢气混合后送入二段加氢反应器，设定反应压力 2.0～40MPa，反应温度 300～325℃，空速 0.2～2.0$h^{-1}$，氢油比 100～300：1；将产物冷却后转移至汽提塔，在 240～260℃条件下进行汽提分离，塔顶抽出溶剂油，经过蒸馏塔循环使用，塔底得到加氢石油树脂产品，工艺流程如图 5.5 所示。

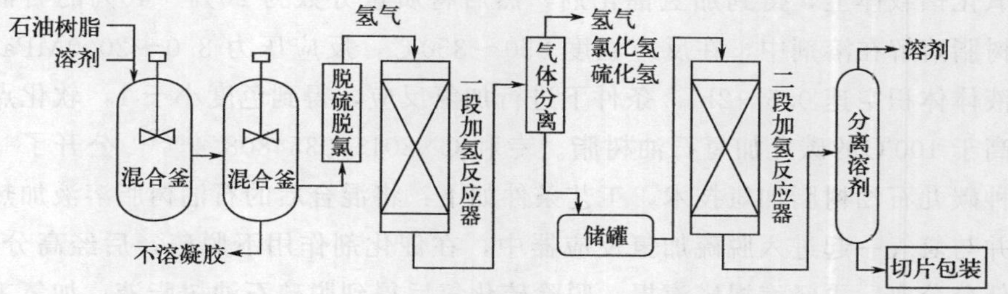


图 5.5　固定床加氢工艺流程

国内外对于固定床加氢工艺及其改进有较多报道。专利 CN102002131A[101] 公开了一种高品质碳九加氢石油树脂的制备方法，工艺条件如下：粗碳九石油树脂采用溶剂溶解后，进行过滤分离，然后在固定床高压加氢装置上进行加氢处理，固定床高压加氢温度为 220～350℃，压力 8.0～20.0MPa，液体空速为 0.8～3$h^{-1}$，氢油体积比为 500～1200：1，催化剂组成为 0.8%～1.2%的 Pd，1%～8%的 ZnO，其余为氧化铝载体，比表面积为 80～150$m^2$/g，孔容为 0.6～1.2mL/g（占总孔容的12%以上），加氢产物循环量要求控制新鲜进料与循环产物混合进料中硫、氮含量均小于10μg/g，将石油树脂加氢处理后再分离得到碳九加氢石油树脂产品。专利CN102391426A[102]公开了一种碳九石油树脂的加氢预处理方法，工艺条件如下：首先采用浸渍法制备加氢预处理剂，将粗碳九石油树脂溶解在溶剂中，石油树脂质量分数为25%～33%，经过过滤分离，然后在固定床高压加氢装置上进行加氢处理，加氢温度为250～350℃，压力为8.0～20.0MPa，液体体积空速为0.5～$2h^{-1}$，氢油体积比为500～1200∶1，经加氢预处理后石油树脂中硫、氯等杂质含量显著降低。专利CN102924659A[103]公开了一种碳九加氢石油树脂的制备方法，工艺条件如下：将质量分数为5%～30%的碳九石油树脂溶解在有机溶剂中，充分溶解后过滤脱除不溶物，再经过一段加氢和二段加氢处理，将产物减压精馏，得到碳九加氢石油树脂，该工艺大幅降低产品中杂质含量，并通过一段加氢脱硫处理有效提高加氢催化剂使用寿命。专利CN101967214A[104]将粗碳九石油树脂溶解在溶剂中，通过固定床高压催化加氢处理工艺，得到颜色浅、软化点高的加氢石油树脂，该工艺溶剂可循环使用，具有较好的经济性。专利CN102002130A[105]采用涂覆法工艺制备碳九加氢石油树脂，工艺条件如下：将贵金属活性组分负载在球形氧化铝载体上，得到加氢催化剂，然后将质量分数为20%～40%的石油树脂溶解在溶剂中，在反应温度250～350℃，反应压力8.0～20.0MPa，液体体积空速0.5～$2h^{-1}$条件下进行加氢反应，得到色度小于1，软化点高于100℃的碳九加氢石油树脂。专利CN201510354808.4[106]公开了一种碳九石油树脂加氢技术，工艺条件如下：将混合后的石油树脂溶液加热并与氢气一起进入脱硫加氢反应器中，在催化剂作用下脱硫，后经高分、低分分离，再经汽提塔汽提，脱除硫化氢后得到脱硫石油树脂液；加氢工艺是将上述脱硫石油树脂液加热并与氢气一起进入加氢反应器中，在加氢催化剂的作用下反应，后经高分、低分分离，得到加氢石油树脂液，再将加氢石油树脂液蒸馏即可得到$C_9$加氢石油树脂成品。脱硫催化剂是以钴和钼为活性成分，加氢催化剂是以镍、钨和铜为活性成分。专利CN114516926A[107]公布了一种利用固定床加氢工艺制备$C_9$加氢石油树脂的方法，工艺条件如下：将乙烯裂解碳九精馏切割得到馏程为110～200℃的馏分A和$C_5$双烯烃混合得到的混合料B，在120～200℃条件下反应3～6h，得到聚合液；将聚合液脱除溶剂和低聚物后，得到石油树脂液；石油树脂液稀释后于固定床加氢反应器中与 $H_2$ 反应，得到 $C_9$ 加氢石油树脂。专利 CN109759056B[108] 公开了一种 $C_5/C_9$ 共聚石油树脂加氢催化剂制备方法，工艺条件如下：将拟薄水铝石、氧化铝和硅藻土作为原粉，进行成胶、捏合、成型和干燥、焙烧粉碎后得到氧化铝载体颗粒，在高温条件下进行水热处理，将处理后的氧化铝载体颗粒浸渍在碱金属或碱土金属水溶液中，经干燥后负载贵金属活性组分，经 380～450℃焙烧得到负载双组分贵金属催化剂，采用固定床加氢工艺，得到浅色和无色的加氢石油树脂。房江华等人[109] 在固定床前半段放入 Zr-Mo-Y/硅胶共沉淀催化剂，在固定床后半段放入 Ni-Nd-Gd/硅胶共沉淀催化剂，将预处理后的碳九石油树脂在上述固定床中进行催化加氢，两种不同催化剂能够在同一条件下保持催化活性，具有互补的作用，实现了较好的催化加氢效果。

# 5.3 石油树脂加氢催化剂

石油树脂加氢催化剂主要有贵金属催化剂和非贵金属催化剂。贵金属催化剂大多为负载型催化剂，主要活性组分有铂、钯、铑等；非贵金属催化剂大多为复合型催化剂，目前应用较为广泛的有镍系、钨系以及硫化物系。根据加氢工艺不同，催化剂形态又分为粉末状或者颗粒状，浆态式加氢过程大多采用粉末状催化剂，固定床加氢过程大多采用颗粒状催化剂。

选择合适的加氢催化剂对提升石油树脂性能十分重要，加氢催化剂不仅需要有较高的加氢活性，还需要有较好的稳定性和耐毒性。国外对石油树脂加氢催化剂研究较早，技术相对成熟，催化剂品种相对较多；我国对石油树脂加氢催化剂研究较晚，目前部分产品已进入工业化生产阶段。

## 5.3.1 贵金属催化剂

贵金属催化剂可有效提高化学反应速率，但自身并不参与化学反应，目前常用的贵金属催化剂有铂系、钯系等。铂和钯的 d 电子轨道处于未饱和状态，有利于形成活性中心，在石油树脂催化加氢过程中具有较高的催化活性，同时铂金属和钯金属具有突出的耐高温、耐腐蚀等优点，是石油树脂催化加氢最关键的催化剂之一。但由于贵金属催化剂的高活性，其对杂质尤其是硫、氯以及重金属敏感度极高，容易中毒失活，比如 Pt 等贵

金属催化剂对 $S^{2-}$ 敏感度极高，$10^{-6}$ 级别都可能使催化剂完全失活，因此需要对贵金属催化剂进行改性。

对贵金属催化剂改性的方法通常有三种：①对贵金属进行复配，提升催化剂耐毒性能力，例如将 Pd 金属与碱金属或其他金属复合以降低毒物对催化剂活性组分的破坏；②对催化剂载体结构进行优化，例如调整载体孔径，提高载体力学强度，使活性组分与载体更好地适配，从而维持催化剂较高的催化活性；③控制催化剂粒径尺寸，提高活性组分与反应物的比表面积，例如当贵金属颗粒尺寸小于 20nm 时，催化剂具有较高的催化活性，但催化剂尺寸过小将导致金属颗粒获得较高表面自由能，从而在催化剂制备过程中发生团聚，降低催化剂催化活性，因此，需要对催化剂活性组分加以固定，使其不易团聚，从而提高催化剂催化活性。浙江工业大学鲁佳[110] 通过共浸渍法将铂和钯金属同时负载在 $\gamma$-$Al_2O_3$ 上，有效提高了催化剂抗毒性与使用寿命，且研究发现双金属组分相对于 Pd 单组分失活慢，在 3Pa 压力、260℃、空速 $3h^{-1}$、氢油比 300 的条件下对 15％的碳九石油树脂催化加氢 40h 后仍能得到颜色透明的加氢石油树脂。Yu 等人[111] 将少量钌添加至催化剂钯上，提高了催化剂抗毒性。司晓郡[112] 等人在不同的载体上同时负载铂、铑金属来获得高活性的催化剂。

贵金属催化剂主要有均相催化剂与多相催化剂两种类别。均相催化剂活性组分为可溶性盐及其络合物，如氯化铂、氯化钯等；多相催化剂通常为负载型催化剂，例如 $Pt/Al_2O_3$、$Pd/Al_2O_3$ 等。多相催化剂载体有多种形状，如球状、柱状及蜂窝状等。多相催化剂在工业化生产中使用较为普遍，占所有贵金属催化剂 80％～90％。

贵金属催化剂在碳九石油树脂加氢领域有独特优势：①贵金属本身加氢性能优异、加氢产品稳定性好；②贵金属催化剂与碳九石油树脂契合度较好，得益于碳九石油树脂所含杂质极少，使其相对不容易失去活性。但是贵金属催化剂制备成本高昂，因此可掺杂一定比例其他活性金属作为助剂，以此减少贵金属催化剂使用成本。

#### 5.3.1.1 铂（Pt）系催化剂

由于 Pt 原子属次外层 4d 轨道具有较多的电子空穴，电子跃迁能垒较低，故 Pt 具有较高的催化加氢活性，是较为常见的石油树脂加氢催化剂。但是 Pt 金属价格昂贵，因此 Pt 系加氢催化剂一般为负载型，负载量为 1％～5％，由浸渍法制备得到。

负载型 Pt 催化剂优点在于加氢条件温和、加氢程度以及产品收率较高，缺点为使用成本高、对杂质十分敏感、抗中毒能力弱、催化剂寿命较短。因此使用该类催化剂时对原料预处理要求较高，限制了其使用范围。目前通常引入第二金属构成双金属组分，降低 Pt 与毒性物质的结合，从而提高催化剂使用寿命；或者调控载体表面活性组分分散以及载体表面微孔结构，使催化剂与载体较为契合，从而降低对 Pt 系催化剂的不利影响。

#### 5.3.1.2 钯（Pd）系催化剂

Pd 系催化剂通常用于液相催化加氢反应，是常见的碳九石油树脂加氢催化剂。Pd 系催化剂加氢主要机理为：首先 Pd 活性中心捕捉氢气分子并在其表面解离成具有较高化学活性的原子，与此同时，Pd 活性中心捕捉反应组分并激活反应物化学键；然后反应组分与氢原子在 Pd 金属表面发生加成反应；最后产物从 Pd 金属表面脱附。

负载型 Pd 系催化剂优点在于加氢所需活化能较低、反应条件温和、产品收率较高，缺点为催化剂对杂质较为敏感，尤其是原料中含有的硫、氯等杂质容易使催化剂中毒失活。碳九石油树脂加氢工艺中催化剂 Pd 活性组分含量一般为 0.5%～2.5%，反应压力为 5～20MPa，反应温度为 523～573K。近年来由于碳九石油树脂馏分中杂质含量降低许多，因此贵金属 Pd 系催化剂颇显优势。

Pd 系催化剂在精细化工、高分子合成以及新材料制备中有广泛应用，其中在烯烃加氢、炔烃加氢、硝基和亚硝基加氢、亚胺类加氢等方向多为专用催化剂，该类催化剂中 Pd 含量各有差异，载体为活性炭或者氧化铝。

### 5.3.2 非贵金属催化剂

非贵金属催化剂主要包括镍系催化剂与硫化物系催化剂，非贵金属催化剂生产成本较低，并且催化活性较高，因此得到广泛的应用。在众多非贵金属催化剂中，Ni 系催化剂性能尤为突出，是近年来非贵金属催化剂领域的研究热点。

#### 5.3.2.1 镍（Ni）系催化剂

早期碳九石油树脂加氢使用的都是 Ni 系催化剂，Ni 系催化剂载体大多为硅藻土、氧化铝等，负载量为 20%～60%，反应温度在 220～350℃之间。Ni 系催化剂存在加氢深度不足、催化剂寿命较短、容易失活等问题，目前认为 Ni 系催化剂失活的主要原因是非贵金属离子中毒以及活性组分烧结，研究人员通过调节活性 Ni 负载比例、负载方式、载体种类、助剂等方式来提高 Ni 系催化剂抗中毒能力以及抗烧结能力。傅佳伟等人[113] 对 Ni 系催化剂活性组分进行修饰，并通过退火工艺制备了 Ni/C-400 催化剂，该催化剂具有较大的比表面积以及规则孔径，有利于反应大分子克服扩散阻力进入孔道，提高催化剂加氢活性和使用稳定性。

国外研究表明，将 Ni 负载于硅藻土上制备得到加氢催化剂，在催化温度 240～300℃，反应压力 4～10MPa 条件下，可得到高收率、高软化点碳九加氢石油树脂，但产品颜色较深并且颜色发黄，附加值不高。专利 CN102453217B[114] 对 Ni 系催化剂进行改性，在反应压力 2～12MPa，物料停留时间 4～10h 条件下得到色度小于 1 的碳九加氢石油树脂，该产品溴值较低，加氢程度较高。专利 CN112604692A[115] 采用共沉淀法制备了包含 Ni 活性组分的前驱体，然后通过阴离子交换的方式将 Mo 掺杂其中，实现活性金属高度分散，有效提升了催化剂的抗中毒能力。

#### 5.3.2.2 硫化物系催化剂

硫化物系催化剂是以硫化物为主体的催化剂，活性中心通常为 $MoS_2$、$WS_2$ 等，搭配 CoS、NiS 等辅助催化剂。这种结构使得硫化物系催化剂在工业使用中具有与贵金属催化剂截然不同的效果。学者们对硫化物系催化剂结构持有争议，目前普遍接受的观点为“Co-Mo-S”活性相模型，该模型认为硫化物系催化剂主要由尺寸为 3～6nm、高度为 2～3 层的 $WS_2$ 或 $MoS_2$ 层状晶片堆叠于催化剂载体表面形成，助剂均匀分散于 $WS_2$ 或 $MoS_2$ 层状晶片末端，形成 Co-Mo-S 三相结构。硫化物系催化剂对于碳九馏分中的 O、S、Cl 等杂质抗中毒能力较强，有望应用于芳烃深度脱硫等领域。

负载型硫化物系催化剂主要有 NiMoS 或 NiWS 系，突出优点为具备较强的抗硫中毒能力。该类催化剂研究重点为助剂以及载体的孔径结构，研究表明，因碳九石油树脂的分子量比较大，当加氢催化剂载体的孔径小于 20Å 时几乎不具备加氢活性，所以载体的孔径应含有大孔或多孔结构。催化剂中的助剂主要用于调节载体表面酸碱度，降低石油树脂加氢过程中的降解程度，提高加氢石油树脂收率和软化点。此外，助剂还可以与催化剂活性组分进行复配，提高催化剂加氢活性与选择性。通常负载型 NiMoS 或 NiWS 系催化剂反应压力为 2～20MPa，反应温度为 493～603K，加氢后的碳九石油树脂软化点为323～423K，溴值小于1.5gBr/100g。

专利CN97112026.9[116]中将石油树脂与NiWS系催化剂在反应温度393～623K，反应压力2～15MPa下进行加氢反应，得到了溴值为1～3gBr/100g，软化点为363～373K的碳九加氢石油树脂。俞陆军[117]采用了两段式加氢反应，将NiWS以及Pd、Ru分别负载在γ-$Al_2O_3$表面作为一段和二段加氢催化剂，用其催化碳九石油树脂进行加氢反应，得到浅色碳九加氢石油树脂，催化剂可以长时间循环利用并保持其粒径及形态不变，具有较好的使用稳定性。

### 5.3.3 Ni系、Pd系与硫化物系催化剂性能比较

目前石油树脂加氢催化剂主要分为Ni系、Pd系和硫化物系三大类。负载型Ni系催化剂以Ni/$Al_2O_3$和Ni/$SiO_2$加氢催化剂应用较为广泛，该类催化剂价格低、加氢活性高，但是耐毒性一般，使用寿命较短，国内主要用于中小型石油树脂加氢生产装置。负载型Pd系催化剂比负载型Ni系催化剂活性高，产品性能好，加氢过程中发生降解的副反应较少，收率高，Pd催化剂相对低廉的价格以及优异的催化活性和热稳定性引起人们广泛关注。相比于Ni系催化剂和Pd系催化剂，NiWS系催化剂具有耐毒性好、再生能力强等优点，但加氢催化活性不如上述两种催化剂。三种催化剂各有优势，工业化生产过程中往往将不同类别的催化剂搭配使用，各取所长，实现石油树脂低成本高效催化加氢。表5.2为不同系列催化剂性能比较。

**表5.2 Ni系、Pd系以及硫化物系催化剂性能比较**

| 项目 | Ni系催化剂 | Pd系催化剂 | 硫化物系催化剂 |
|---|---|---|---|
| 树脂降解程度 | 比较容易 | 小 | 严重 |
| 反应温度/℃ | 250～260 | 280～320 | 250～330 |
| 载体 | 氧化铝和硅藻土 | 氧化铝和硅藻土 | 氧化铝和硅藻土 |
| 压力/MPa | 2～40 | 2～40 | 15～20 |
| 加氢程度/% | 90～95 | 90～95 | 80 |
| 工业化应用 | 少 | 多(国外) | 少 |
| 中毒情况 | 抗毒性一般 | 抗毒性较差 | 抗毒性强 |

### 5.3.4 加氢催化剂制备方法

加氢催化剂制备方法通常有共沉淀法、浸渍法、原位晶化法、离子交

换法等。由于碳九石油树脂组分复杂，内部包含复杂芳环、脂环、双键、三键及含氮、含氧杂环等，催化加氢难度较大，需要很高的加氢活性。贵金属催化剂成本较高并且极易中毒失活，因此具有较高负载量的 Ni 系催化剂更适于工业上碳九石油树脂加氢。

荣泽明等[118] 使用共沉淀法将 Ni 负载在 MgO 载体上，研究了工艺条件对催化剂催化活性的影响，在 25～100℃的条件下搅拌 0.5～24h，得到 Ni 含量 60%的加氢催化剂，用该催化剂催化碳九石油树脂可得低色度加氢石油树脂产品。何志山[119] 使用浸渍法将 Ni 负载在经高温焙烧、酸改性的流化催化裂化（FCC）载体上，负载量为 5%，经该催化剂催化加氢后加氢石油树脂溴值由 6.36gBr/100g 降低到 1.45gBr/100g，色度也有明显降低。范若愚[120] 以 ZIF-8 为模板，采用离子交换法将 Ni 掺杂在分子筛上，经超声分散后用甲醇洗涤，真空干燥，高温煅烧，得到高催化活性的 Ni 系催化剂。王月莹[121] 制备了一种 NiWS 复合金属催化剂，该催化剂中 Ni 占 2%～10%，W 占 10%～25%，经该催化剂催化加氢可以得到溴值接近 0，软化点为 70～150℃的加氢脱硫碳九石油树脂。

## 5.3.5 催化剂影响因素

### 5.3.5.1 载体

加氢催化剂载体是负载型催化剂的重要组成部分，载体最主要的作用是把活性组分均匀分布在载体表面并保持活性组分相对稳定。催化剂活性组分在载体中的分散度直接影响催化剂催化活性，有效活性组分分散越均匀，越有利于催化加氢。例如 $Pd/Al_2O_3$ 催化体系，需要将纳米级 Pd 颗粒分散在载体表面，从而获得较大的比表面积，同时也提高了贵金属的有效利用率。但催化剂比表面积并非越大越好，当负载催化剂的表面积增大到一定程度，极小金属颗粒将分布在微孔中，无法发挥催化剂的催化活性，另外一些活性组分因直径较大无法进入微孔，反而降低了催化剂的催化活性，因此，需要根据不同的反应要求选择合适的载体。$Al_2O_3$ 是工业催化剂的常见载体，具有优异的机械性能、再生性能以及低廉的价格，并且 $Al_2O_3$ 与金属氧化物之间存在比较强的相互作用力，可使催化剂均匀分布在载体表面。载体除了能促进活性组分均匀分布，还可以起到稳定活性组分形态，防止活性组分在高温条件下再结晶导致失活的作用。

载体自身物理性质和化学性质，例如载体与活性组分化学结合程度以及载体孔径、比表面积等因素，都将对加氢催化剂的催化活性产生重要影响。以 $Al_2O_3$ 载体为例，可通过如下方式对载体进行改性来提高催化剂加氢活性：①通过调节制备工艺实现载体比表面积、孔径、孔径分布等表面形态的调控；②通过调节载体表面酸性，降低石油树脂碳碳双键断裂所需活化能，改善石油树脂加氢过程脱硫效果；③通过调节载体晶型结构提高载体表面稳定性，$Al_2O_3$ 载体的稳定性与载体的晶型有关，提高载体表面稳定性有助于促进活性组分和助剂在载体表面分散，提高催化剂催化活性。

#### 5.3.5.2 助催化剂

助催化剂自身没有活性，一般与活性中心复配以提高催化剂催化活性、选择性、抗中毒性、耐热性以及化学稳定性，可有效延长催化剂使用寿命。助催化剂可改变催化剂表面的化学性质进而达到改善催化剂的目的。助催化剂大致有以下几种：

（1）非金属助催化剂

常见的非金属助催化剂有磷、氟、硼等，这些非金属助催化剂可调节金属与载体之间的相互作用，提高催化剂活性组分可还原性，以提高催化剂催化活性。磷是最常用的助催化剂，其主要作用机理为磷与载体相互作用，进而调节载体表面的酸性。Usman[122] 和 Van[123] 等人研究了磷在催化剂中的作用机理，结果表明，磷能与 $Al_2O_3$ 载体表面的羟基反应，减弱活性中心与载体的相互作用，并且促进钴钼催化剂中 Co-Mo-S 相从Ⅰ型向Ⅱ型转变。Kwak 等人[124] 研究了磷对 Co-Mo 复配催化剂的作用机理，结果表明，磷助催化剂可有效改善载体表面的酸度，提升催化剂活性组分的催化活性。

（2）稀土金属助催化剂

稀土金属助催化剂对于提升催化剂载体稳定性有显著作用，例如在 $Al_2O_3$ 载体中添加 La 稀土元素可促进载体表面电子流运动，提高载体在加氢反应中的热稳定性。稀土元素可改变载体比表面积、孔径以及表面化学性质，提高催化剂催化选择性，提高加氢催化剂应用性。

（3）碱土金属助催化剂

碱土金属助催化剂可改变载体表面结构，延缓载体烧结速率，使载体在高温下具有较好的结构稳定性；碱土金属助催化剂还可以有效降低载体酸度，减轻催化剂表面积炭，延长催化剂使用寿命。专利 EP19900302086[125] 公开了一种碱土金属助催化剂的制备方法，在 Ni-W 系复配催化剂中添加碱金属或稀土金属可有效提升催化剂抗硫、氯等毒物的能力，该工艺助催化剂主要采用碱金属 K 或稀土金属 La，最佳添加量为 2%左右。

#### 5.3.5.3 制备工艺

制备工艺对加氢催化剂催化活性以及使用稳定性有重要影响，碳九加氢石油树脂催化剂工业开发需要注意以下三个方面：①催化剂使用范围；②催化剂催化活性；③催化剂稳定性。这三个方面可由催化剂制备工艺决定，如通过浸渍法、沉降法得到的催化剂结构、形态、性能均有差别，从而影响催化剂的催化活性。

由于催化剂活性组分价格昂贵，加氢催化剂制备过程需尽可能减少昂贵金属在催化剂体系中的比例，以降低生产成本。另外，催化剂活性组分在载体表面的分布状态对催化剂催化活性有重要影响，为了尽可能提升催化剂催化活性，工业上通常用“蛋壳”型结构作为石油树脂加氢催化剂载体，使催化剂表面活性中心能发挥最大作用。Kural 等人[126] 对催化剂活性中心在载体表面分布进行了研究，结果表明，载体表面活性中心在石油树脂加氢反应中起主要作用。Maatman[127] 首次公布了浸渍法制备“蛋壳”型结构催化剂载体方法，通过调节浸渍液、前驱体种类以及煅烧条件，对载体结构以及催化剂活性组分分布进行调控，得到高效石油树脂加氢催化剂。

### 5.3.6 中毒机理

石油树脂聚合或加氢过程中会产生硫、氯、凝胶等杂质，硫、氯等杂质会引起催化剂中毒失活，凝胶会在催化剂表面积炭导致催化剂快速失活，因此抗中毒性是催化剂工业应用中关键指标。目前碳九石油树脂连续化加氢工艺中，一般都需要对原料进行预处理，如用白土吸附等方式将凝胶脱除，从而延长催化剂使用寿命。

催化剂中毒机理主要为活性中心表面被化学物质覆盖或者反应从而失去活性。对于不同型号的石油树脂，引起催化剂中毒的毒物类型以及含量往往不同，比如有机化合物加氢反应过程中使用的 Pd 催化剂对毒物就十分敏感。Cullis 等人[128] 研究了卤化物等杂质对负载型贵金属催化剂的中毒机理，结果表明，向反应物中添加少量卤化物，催化剂活性显著降低，对比不同贵金属元素，发现 Pd 最易中毒。Simone 等人[129] 分析了石油树脂中的氯杂质对催化剂催化活性以及载体结构的影响，结果表明，氯杂质存在于催化剂表面，并对催化剂活性有显著抑制作用。Hicks 等人[130] 指出氯离子对加氢催化剂活性有显著的抑制作用，催化剂重复使用过程中如果不能彻底去除前驱体带来的氯离子杂质，将会对催化剂活性造成显著影响。过中儒等人[131] 将少量 Pt 金属掺杂至 Pd 金属催化剂中获得双金属催化剂，该催化剂对于硫杂质的耐受性有显著提升，由于 Pt 金属对硫原子的加氢活性比 Pd 金属更高，催化剂表面的硫原子转变为硫化氢气体得以去除，该过程降低了硫杂质对催化剂中毒的影响。

石油树脂加氢过程中会产生少量积炭，积炭将会覆盖在催化剂表面导致催化剂催化活性减弱甚至失活。王宗波等人[132] 研究了在 $Pd/\gamma\text{-}Al_2O_3$ 催化剂上进行异戊二烯的选择性加氢反应，通过浸渍法将 $PdCl_2$ 水溶液制备成蛋壳型催化剂和均匀分布型催化剂，该催化剂可催化裂解碳九进行部分加氢以提高汽油辛烷值。蛋壳型催化剂积炭较少，失活较慢；均匀分布型催化剂积炭多，失活较快，表明催化剂失活的主要原因是二烯烃聚合生成积炭覆盖在催化剂表面。

催化剂在高温条件下，活性组分烧结失活也是催化剂活性降低的重要原因。Pd 金属和氢气在加氢反应过程中可以生成活性相对较低的 βPd-H 相。此外，随着反应条件如反应压力、反应热和反应温度等的变化，Pd 催化剂中的活性中心逐渐烧结团聚，活性中心数量减少，这些变化将进一步降低催化剂的催化活性。

### 5.3.7 催化剂级配技术

催化剂级配技术是指，在生产中根据原料性质、操作条件和产品质量的要求，将具有不同功能的催化剂“联合”使用的技术。催化剂的级配绝不是简单的催化剂联合使用，而是要解决不同催化剂的装填量、装填顺序等一系列复杂的技术问题。催化剂级配技术已经广泛应用在石油树脂的加氢处理工艺中。在加氢工艺中，采用催化剂级配技术就是在加氢反应器不同的催化剂床层装填不同类型的催化剂，使其性能互补，最终目的是延长工业装置的运转周期，最大限度提升产品品质。在级配时应遵循以下原则：

① 颗粒度逐渐降低；

② 床层空隙由大到小；

③ 脱杂质活性逐渐提高。

## 5.4 石油树脂加氢溶剂

碳九石油树脂加氢前需要与合适的溶剂混合，选用合适的溶剂对石油树脂加氢效果有显著影响。溶剂的作用为：①石油树脂溶解在溶剂中可有效降低石油树脂黏度，便于长距离运送；②石油树脂加氢过程将产生较多热量，溶剂可快速带走大量反应热，避免石油树脂因局部过热发生降解或结焦；③溶剂可使催化剂尽快从石油树脂原料中分离，保证反应持续运行。因此，需选择具有较高比热容以及对石油树脂溶解度大的溶剂，工业生产中通常选用饱和烃类溶剂如 D40 溶剂油、环己烷、矿物油等。其中 D40 溶剂油毒性低、蒸发损失小、对石油树脂溶解度较大，并且具有良好的清洁性能，是目前石油树脂加氢用主要溶剂。马江权等人[133] 利用偏三甲苯制备了石油树脂溶剂环烷油，该溶剂在常温下可溶解 20%左右的碳五/碳九共聚石油树脂。朱明慧[134] 以环己烷作为石油树脂溶剂，在室温下可溶解 30%～70%的石油树脂。李云政等[135] 以芳烃溶剂油为石油树脂溶剂，可有效抑制石油树脂在加氢过程中降解，而且能显著降低能耗，提高经济效益。

## 5.5 双环戊二烯树脂催化加氢

由双环戊二烯（DCPD）制得的石油树脂普遍存在色相深、味臭、不饱和烃键含量高及热稳定性、氧化稳定性、黏结力较差等缺陷，且与很多树脂基质相容性不好，作为增黏剂使用效果较差。双环戊二烯分子结构中的不饱和双键具有较高的反应活性，利用加氢手段使不饱和双键饱和化，可提高双环戊二烯石油树脂的热稳定性及相容性。加氢后的双环戊二烯石油树脂不饱和度大大降低，色相浅，无特殊气味，与 SIS、SBS 和 EVA 具有很好的相容性，除用于增黏剂、压敏胶、油墨和橡胶等领域，还可以用于浅色鞋胶黏剂、食品包装用品、一次性纸质尿布和妇女卫生巾等制造用的特种胶黏剂。

## 5.5.1 双环戊二烯树脂加氢工艺研究进展

双环戊二烯树脂加氢工艺主要有两种：固定床加氢工艺、回路加氢工艺。其中回路反应器和回路加氢工艺流程如图 5.6 和图 5.7 所示。

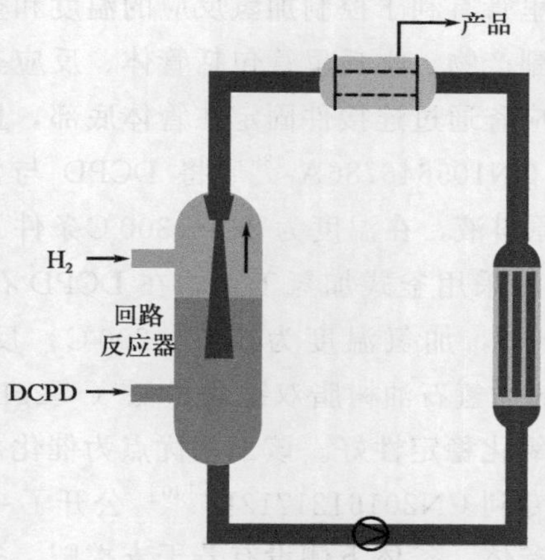


图 5.6 回路反应器示意图

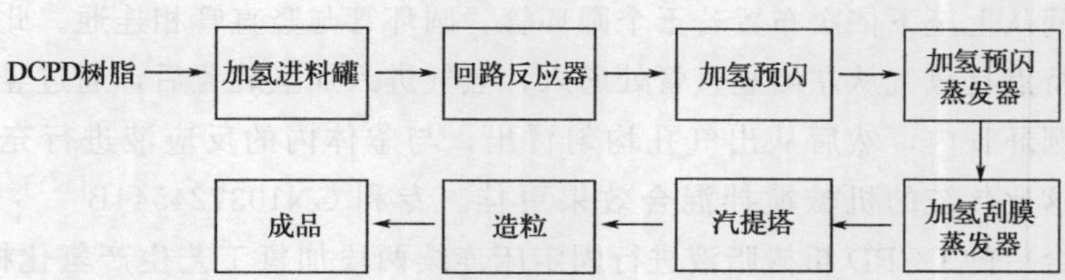


图 5.7 DCPD 树脂回路加氢工艺流程

专利 CN1189494C[136] 公开了一种 DCPD 加氢石油树脂的制备方法，在带有搅拌的高压釜中将 DCPD 热聚树脂溶解于正己烷、正庚烷等溶剂中，在催化剂的存在下进行加氢反应，反应温度为 220～320℃，反应氢压为 6.0～12.0MPa，反应时间为 2～6h。催化剂活性组分为 Pd 和 Pt，$w$(Pd)＝0.1%～1.0%，$w$(Pt)＝0.05%～0.5%，催化剂载体为 γ-$Al_2O_3$。专利 CN105601815B[137] 公开了一种 DCPD 加氢石油树脂的制备方法，将 80%～85%的 DCPD 和甲苯或正己烷溶剂按质量比 1∶0.8～1.2 进行混合得到原料液，在温度为 190～210℃，压力为 0.5～2.5MPa 条件下反应 4～6h，得到粗树脂液；粗树脂液进行一级加氢和二级加氢，在一级加氢和二级加氢之间设有一级汽提，利用低聚树脂沸点、软化温度均低于高聚树脂的特点，分离出一级加氢产物中的一级低聚树脂，防止低聚树脂进入二级加氢消耗掉大量的氢气与催化剂，达到节约成本，提高氢化效率的目的。专利 CN20640158B[138] 公开了一种用于 DCPD 树脂加氢反应中的文丘里管，该文丘里管有利于控制加氢反应的温度和空速，可以提高加氢反应的效率，减少副产物。文丘里管包括管体、反应釜和反应室，管体包括管壳和内管，反应釜通过连接件固定在管体底部，且反应釜侧壁上连接有进料口。专利 CN105646786A[139] 将 DCPD 与溶剂按质量比 1∶1～4 进行混合得到原料液，在温度为 240～300℃条件下通过热聚合制备 DCPD 石油树脂；然后采用釜式加氢工艺，在 DCPD 石油树脂与催化剂的质量比为 100∶1～5，加氢温度为 100～200℃，反应压力为 2～5MPa 条件下，制备出的加氢石油树脂双键含量低（≤2gBr/100g）、色度低（<2）、热稳定性和氧化稳定性好。该工艺优点为催化剂价格便宜、易于分离、可循环使用。专利 CN2016121712U[140] 公开了一种 DCPD 加氢反应釜制备方法，包括釜体，釜体下侧设有若干支撑腿，釜体内放置加氢装置，加氢装置包括两根竖直管，左侧竖直管延伸至釜体外部，两根竖直管之间从上至下依次布置若干个圆环管，圆环管与竖直管相连通。此反应釜的特点是氢气从左侧竖直管处通入，氢气进入加氢装置后，通过竖直管进入圆环管内，然后从出气孔均匀冒出，与釜体内的反应液进行充分混合，这比传统的机械搅拌混合效果更佳。专利 CN103724544B[141] 直接用聚合后的 DCPD 粗树脂液进行固定床连续两段加氢工艺生产氢化树脂，其中设定一段加氢反应压力 2.0～3.5MPa、反应温度 260～300℃、空速 0.2～2.0$h^{-1}$、氢油比 100～400∶1，设定二段加氢反应压力 2.0～4.0MPa、反应温度 260～300℃、空速 0.2～2.0$h^{-1}$、氢油比 100～400∶1，加氢后的石油树脂综合性能得到显著提升。专利 CN103360547B[142] 公开了一种 DCPD 加氢石油树脂生产系统及方法，系统包括顺次连接的热聚合反应器、换热器、加氢反应器、闪蒸管、汽提塔和造粒成型机。该发明通过使用自主研发的工艺流程、反应设备、反应物料等，将各机构操作有机地结合在一起，从而实现平稳运行，有效控制了加氢石油树脂的分子量及分子量分布，同时控制了产品性能指标稳定一致。专利 CN203355704U[143] 公开了一种 DCPD 石油树脂固定床加氢反应器，通过自主研发反应设备，可有效降低石油树脂色度和溴值，实现 DCPD 石

油树脂高效加氢以及产品性能指标的稳定；通过对分布器结构优化，确保反应器内不产生沟流、壁流现象。专利 CN102516461B[144] 先将 DCPD 石油树脂以溶剂溶解，然后进入吸附塔中通过吸附剂进行除杂；除杂后的原料液进入固定床进行高压加氢反应，反应条件为压力 8.0～14.0MPa、温度 200～280℃、空速 0.3～1.0$h^{-1}$、氢油比 500～1000：1；采用闪蒸汽提除去加氢树脂液中未反应的单体及树脂液中的溶剂，得到成品 DCPD 加氢石油树脂。新疆天利石化股份有限公司与大连理工大学开发了三段加氢固定床工艺，其中一段加氢工艺以 Pd 作为催化剂，实现了低温条件下对石油树脂双键的去除；二段加氢工艺引入深度加氢催化剂，实现了 DCPD 树脂中大部分双键的去除；三段加氢工艺采用镍系催化剂，通过对载体多孔结构的优化，实现高效加氢催化活性，同时可大幅降低石油树脂断链等副反应，提高氢化石油树脂收率。

## 5.5.2 反应条件对双环戊二烯树脂加氢过程的影响

### 5.5.2.1 温度的影响

由于 DCPD 在 170℃时易分解，因此 DCPD 加氢过程对温度有一定限制。温度过高，降解较严重；温度过低，反应速率太慢。不同种类的加氢催化剂具有不同的最佳工作温度，如采用 Pd/C 催化剂，在 $W/F=$ 1：2.4（$W$ 为催化剂质量，$F$ 为反应物进料速度），氢压为 0.1MPa 时，催化加氢温度仅为 25℃；采用 Ni-Cr 催化剂，在 $W/F=1$：0.6，氢压为 2.0MPa 时，催化加氢温度高于 120℃。加氢催化剂活性越高，催化温度范围越宽，DCPD 加氢过程中，催化剂最佳工作温度为 120～150℃之间。

### 5.5.2.2 氢压的影响

根据化学平衡理论，提高压力有利于体积缩小的反应正向进行，因此高压有利于 DCPD 树脂加氢过程正向进行。例如以 Ni-Cr 作为石油树脂加氢催化剂，当氢压为 2.0MPa，反应温度为 140℃，$W/F=1$：0.6 时，DCPD 收率为 97.9%；保持其余条件不变，将氢压变为 1.0MPa 时，DCPD 收率减少为 96.9%。

### 5.5.2.3 催化剂的影响

表 5.3 列出了不同催化剂对 DCPD 树脂加氢效果的影响。可以看出，Raney-Ni 催化剂对 DCPD 树脂具有较好的催化加氢效果，因其制备方法简单易行，价格低廉，是目前最重要的工业化的 DCPD 树脂加氢催化剂。

Raney-Ni 催化剂化学性质极为活泼，必须隔绝空气保存。此外，Raney-Ni 催化剂对石油树脂中的杂质极为敏感，少量杂质将致使催化剂失活，并且难以再生利用。

**表 5.3　DCPD 树脂加氢催化剂及其催化性能比较**

| 催化剂 | 比表面积/($m^2$/g) | 反应温度/℃ | 催化剂/原料 | 产物收率/% |
|---|---|---|---|---|
| $Pd/Al_2O_3$ | — | 150 | 1∶10 | 27.0 |
| $Pd/SiO_2$ | — | 150 | 1∶10 | 37.9 |
| Pd/C | 6.6 | 150 | 1∶12 | 97 |
| Ru/C | 75.0 | 150 | — | 91.2 |
| Rh/C | 30.0 | 150 | 1∶10 | 94.9 |
| $Rh/SiO_2$ | — | 150 | 1∶10 | 3.1 |
| Os/C | 12.8 | 150 | — | 90.5 |
| In/C | 11.0 | 150 | — | 23.6 |
| Pt/C | 9.0 | 150 | — | 45.6 |
| $Ru/SiO_2$ | — | 150 | 1∶10 | 91.0 |
| Raney-Ni | 115.0 | 150 | — | 91.3 |
| Raney-Cu | 14.6 | 150 | — | 0.8 |
| Raney-Co | 13.4 | 150 | — | 45.7 |
| Raney-Fe | 8.0 | 150 | — | 微量 |
| Ni-Cr | — | 150 | 1∶0.6 | 97.9 |

# 第6章 碳九碳十馏分产品检测

碳九碳十馏分产品在进入市场之前，需要进行质量检测，确保产品符合相关的标准。

# 6.1 石油树脂产品检测

石油树脂检测标准为《石油树脂》(GB/T 24138—2022)，检测内容主要包括：软化点、加德纳色度/黄色指数、酸值、灰分、溴值、正庚烷容纳度、热稳定性、熔融黏度、蜡雾点等[145-150]。

## 6.1.1 软化点

软化点(softening point)主要指的是无定形聚合物开始变软时的温度，可作为判断石油树脂熔化难易程度、耐热性以及露置时间的参数。软化点不仅与石油树脂分子结构有关，还与其分子量大小有关。软化点越高，石油树脂耐热性越好。软化点测定方法有很多，测定方法不同，其结果往往不一致，较常用的有维卡(Vicat)法和环球法等。对于石油树脂软化点一般用环球法测试。

### 6.1.1.1 测试方法原理

软化点测试原理为将一金属环涂覆上试样，指定钢球放置于金属环上，对金属环进行升温，钢球在自身重力作用下逐渐穿过试样，当触及底层支撑板时的温度即为软化点。

### 6.1.1.2 仪器和设备

(1) 软化点测定装置

软化点测定装置由钢球定位环、环架金属板、支撑板、烧杯、温度计、测试钢球、环架以及试样环构成。图 6.1 为软化点测定装置。

(2) 环架金属板

环架金属板由两片相同的金属圆环构成，试样充满金属圆环形成一层薄片。图 6.2 为环架金属板。

(3) 钢球定位环

钢球定位环规格与尺寸如图 6.3 所示。

(4) 试样环

试样环为由黄铜制成的肩环或锥环，仲裁试验要用锥环。图 6.4 为试样环规格与尺寸。

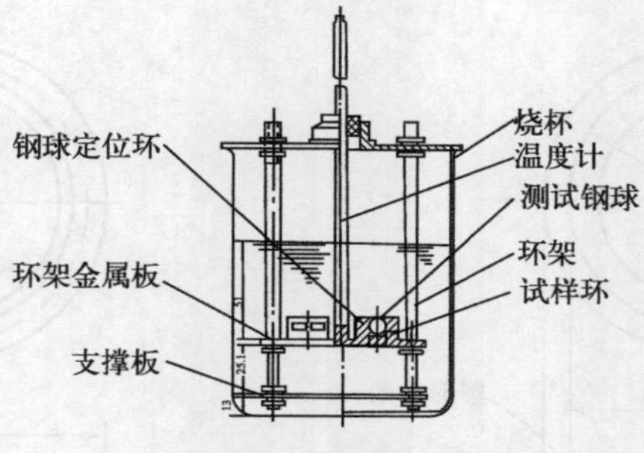


图 6.1　软化点测定装置

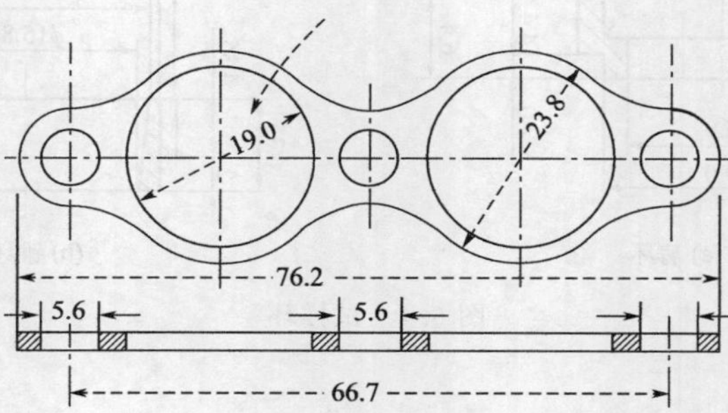


图 6.2　环架金属板

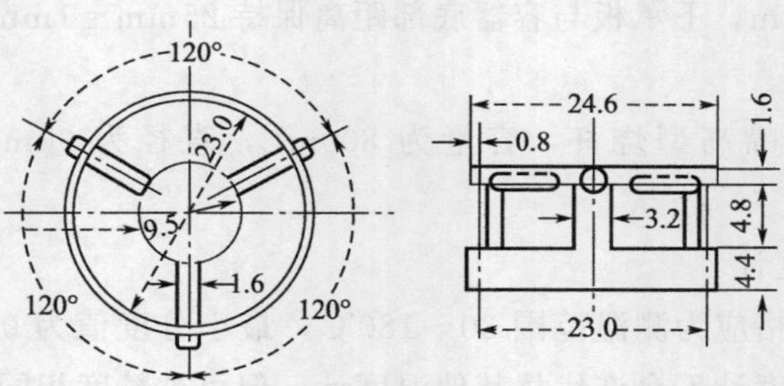


图 6.3　钢球定位环

（5）支撑板

支撑板为扁平光滑的黄铜板或瓷砖，尺寸约为 50mm×75mm。

（6）测试钢球

测试钢球为两个直径为 9.5mm 的钢球，每个质量为 3.5g±0.05g。

（7）浴槽

浴槽为可以加热的剥离容器，其内径不小于 85mm，离加热底部的深度不小于 120mm。

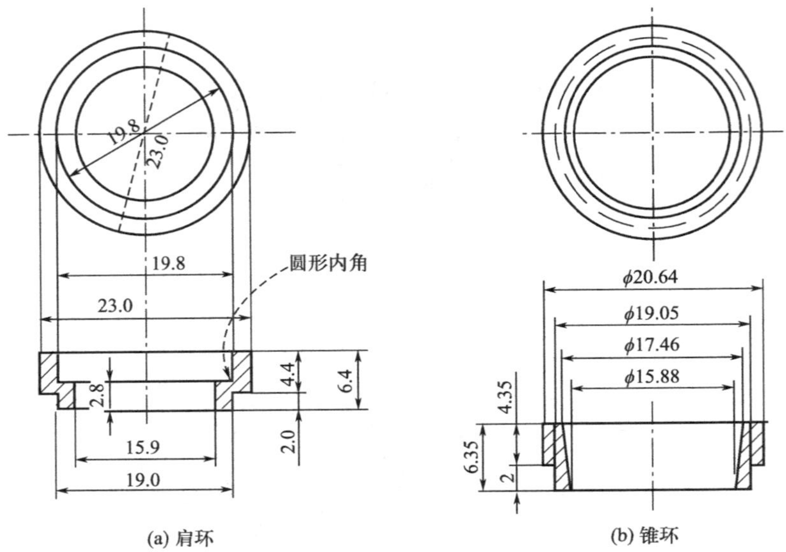


图 6.4　试样环

（8） 环架

环架由环架金属板和钢球定位环组成，钢球定位环下方与下承板距离为 25mm±1mm，下承板与容器底部距离保持 25mm±1mm。

（9） 烧杯

烧杯为无嘴高型烧杯，容量为 800mL，直径为 90mm，高度不小于 140mm。

（10） 温度计

温度计规格应为测温范围 30～180℃，最小分度值为 0.5℃的全浸式温度计。该温度计不允许代替其他温度计，但可被精度相同、数据显示最小温度和误差要求相同的其他测温设备代替。

#### 6.1.1.3　试剂和材料

石油树脂、甘油。

#### 6.1.1.4　测试步骤

① 将石油树脂样品磨成绿豆大小（不要粉末）。

② 把磨好的样品放进小烧杯，在电热炉（石棉网）上进行加热。

③ 将加热至黏流状态下的样品倒进铁环压平冷却 10min。

④ 把带有试样环的环架金属板放置于软化点测定装置中，加入预先

加热的甘油（温度比预估软化点低 10℃），使之浸没试样环，液面应高出试样环 50mm。

⑤ 把钢球定位环放置于试样环上方，用夹钳把与甘油温度相等的测试钢球放入钢球定位环上，以（5±1）℃/min 的速度均匀升温，直至测试钢球穿过试样环。

⑥ 当被试样样品包围的测试钢球触及环架金属板下方的支撑板时，记录温度计所显示的温度，即为软化点温度。

#### 6.1.1.5 数据处理

软化点测试应多次测量后取平均值，两次测量温度的允许差为 0.5℃。

#### 6.1.1.6 应用

高软化点碳九石油树脂、DCPD 树脂可用作油漆添加剂，提高漆膜附着力、硬度、耐酸性、耐碱性；低软化点碳五/碳九共聚树脂及 DCPD 树脂可作为橡胶添加剂，起到增黏、补强、软化橡胶的作用。

### 6.1.2 加德纳色度/黄色指数

加德纳色度/黄色指数是鉴定石油树脂产品质量的重要指标，也是石油树脂产品质量检测的重要依据。根据标准滤光片可将加德纳色度分为 18 个等级，国际通用的色度为 2～16 的偶数等级。

#### 6.1.2.1 测试方法原理

加德纳色度/黄色指数是基于颜色相减混合匹配原理。当单色光通过厚度相同，而浓度很小的溶液时，光被溶液吸收的程度称为吸光度，与溶液的浓度以及厚度成正比。根据朗伯-比尔定律，当一束单色光穿过某一液体，液体将吸收部分光能，如果液体浓度不变，厚度愈大，光线强度的减弱也愈明显。加德纳色度仪原理是基于朗伯-比尔定律，利用光学系统将入射光折射为 90°穿过待测溶液，并把光线切割为两部分，一部分视场检测样品色度，另一部分视场检测参比色度。

#### 6.1.2.2 仪器和设备

加德纳色度仪、10mm 比色池、碘量瓶。

#### 6.1.2.3 试剂和材料

待测样品、甲苯（分析纯）。

#### 6.1.2.4 测试步骤

① 仪器设定：打开加德纳色度仪，利用黑卡和白色标准板对色度仪进行颜色校正。

② 称取 15g±0.05g 的待测样品，放入 100mL 碘量瓶中，加入相同质量的甲苯溶剂。

③ 将含有样品的碘量瓶放置于振荡器中不断摇晃直至样品完全溶解。

④ 打开色度仪，将甲苯滴加于比色池中作为参比样进行测试，结束后移除甲苯。

⑤ 将碘量瓶中的样品滴入比色池中，关闭透光室进行测试。

⑥ 完成样品测试，用甲苯淋洗比色池，关闭色度仪。

#### 6.1.2.5 数据处理

记录与待测样品最接近的色号，如需更精确表示，可以在色号之间做加减记号，如色号在 5 和 6 之间，可以表示为 5、5＋、6－和 6 几档。

#### 6.1.2.6 应用

根据加德纳色度可将石油树脂区分为浅色石油树脂与深色石油树脂，其中浅色石油树脂应用于油性清漆，深色石油树脂应用于黑色橡胶。

### 6.1.3 酸值

酸值是对石油树脂中游离脂肪酸含量的计量值，通常由中和 1g 石油树脂中游离脂肪酸所需氢氧化钾质量计算得到。具体测试方法为：将溶解后的待测样品用标准氢氧化钾溶液滴定，并通过酚酞指示剂进行颜色标定。

#### 6.1.3.1 测试方法原理

酸值测定采用中和法测定原理。首先用 78℃ 乙醇溶液对样品中的酸性物质进行提取，然后用氢氧化钾标准溶液中和乙醇提取液中的酸性物质，通过酚酞指示剂进行标定，反应原理如下：$RCOOH + KOH \longrightarrow RCOOK + H_2O$。

#### 6.1.3.2 仪器和设备

250mL 锥形烧瓶；300mm 左右回流冷凝管；精度为 0.02mL，容量为 2mL 的微量滴定管；加热炉。

#### 6.1.3.3 试剂和材料

① 二级纯氢氧化钾，配制成 0.05mol/L 氢氧化钾乙醇标准溶液。

② 分析纯乙醇，浓度 95%。

③ 碱性蓝 6B。

④ 甲酚红。

### 6.1.3.4 测试步骤

① 准确称取待测样品 8～10g，放入 250mL 锥形烧瓶中。

② 准确称取 95%乙醇溶液 50mL，放入锥形瓶中加热直至沸腾，持续 5 分钟去除乙醇中的二氧化碳，加入 0.5mL 碱性蓝 6B，然后用 0.05mol/L 氢氧化钾标准溶液进行中和滴定，直至溶液由蓝色转变为红色，记录氢氧化钾滴定量。

③ 如果在滴定终点未观察到颜色转变，可以在滴定过程中溶液颜色明显发生变化作为滴定终点，记录氢氧化钾滴定量。

### 6.1.3.5 数据处理

将酸值测定数据按下式进行计算：

$$\text{酸值(mgKOH/g)}=\frac{56.1\times cV}{m}$$

式中 $c$——氢氧化钾标准溶液浓度，mol/L；

$V$——样品滴定消耗氢氧化钾标准溶液体积，mL；

$m$——试样质量，g。

### 6.1.3.6 应用

通过酸值测定可以对石油树脂进行分类，低酸值石油树脂具有耐水、耐乙醇和耐化学品等优点，应用领域较为广泛。

## 6.1.4 灰分

灰分是指煅烧物经煅烧后的残留物，煅烧物在高温时发生一系列物理和化学变化，去除有机成分，残留的无机成分就是灰分。石油树脂中的矿物质热分解后的残留物便是灰分，因此可以用它来推算石油树脂中矿物质含量。灰分是评价石油树脂的重要指标，通常石油树脂中的矿物质不利于石油树脂的加工利用，含量越低越好，石油树脂的灰分越高，有效成分的含量就越低。

### 6.1.4.1 测试方法原理

称取一定质量的样品，放入陶瓷坩埚中引燃，使其充分燃烧，然后盖上坩埚盖，将其放入马弗炉中高温煅烧，煅烧温度为 775℃±25℃，冷却称量残留物质量。

#### 6.1.4.2 仪器和设备

50mL 陶瓷坩埚、120mL 陶瓷蒸发皿、加热炉、高温炉、干燥皿。

#### 6.1.4.3 试剂和材料

① 直径 9cm 的定性滤纸。

② 盐酸与水按 1∶4 配制成的稀盐酸溶液。

#### 6.1.4.4 测试步骤

(1) 准备工作

① 在陶瓷坩埚中加入一定量稀盐酸溶液，加热煮沸 5 分钟，弃去稀盐酸溶液，用去离子水反复洗涤。将陶瓷坩埚放入高温炉中在 775℃±25℃下煅烧 15 分钟，冷却后转移至干燥皿中待用。

② 将待测样品摇晃均匀，确保选取样品具有较好代表性。对于黏稠样品可在 50～60℃下预热 10 分钟，然后再取样。

(2) 试验步骤

① 称取一定量的样品，称量精度为 0.1g。样品称取量需保证所得灰分在 20mg～100g 之间，如果试样无法放置于陶瓷坩埚中，可分两次加入。

② 将直径 9cm 的定性滤纸折叠成圆锥状作为引火芯，平稳放置于坩埚内，确保覆盖大部分样品表面。

③ 将安装有引火芯的陶瓷坩埚放置于加热炉上，缓慢加热，直至引火芯点燃为止，将试样充分燃烧炭化为残渣。对于黏稠的样品，可边燃烧边加热，燃烧开始后调整样品，使样品不从坩埚表面溢出。

④ 样品充分燃烧完毕，将带有残渣的陶瓷坩埚转移至高温炉中，在 775℃±25℃条件下持续加热 2 小时，直至样品完全转化为残渣。

⑤ 取出坩埚自然冷却，准确称重至 0.001g，重复上述步骤直至前后两次质量差不超过 0.0005g 为止。

#### 6.1.4.5 数据处理

试样灰分含量按下式计算：

$$X=\frac{G_1}{G}\times 100\%$$

式中 $G_1$——灰分的质量，g；

$G$——试样的质量，g。

#### 6.1.4.6 应用

根据测试结果可将石油树脂分为低灰分碳九石油树脂与高灰分碳九石油树脂。碳九石油树脂具有良好的热稳定性、相容性、增黏性、光稳定性、耐水性和耐酸碱性，可用于油漆、橡胶、彩色沥青、特种胶黏剂、油墨、印刷等行业。

### 6.1.5 溴值

溴值，又称溴价，是衡量石油树脂中不饱和烃含量的一个指标。溴值指的是100g样品所消耗的溴的质量，溴值越高，表明石油树脂中不饱和烃含量越高。在石油树脂生产中，溴值是衡量石油树脂安定性的重要指标。

#### 6.1.5.1 测试方法原理

石油树脂的溴值一般用滴定法测定，在酸性溶液中加入过量的溴化钾-溴酸钾溶液，溴与一定量的不饱和烃发生加成反应，然后加入碘化钾溶液，与过量的溴反应，最后用硫代硫酸钠标准溶液滴定至溶液呈无色。这种方法通常还需要一组空白试验做对照。

#### 6.1.5.2 仪器和设备

① 锥形烧瓶：50mL、100mL、150mL。

② 吸量管：2mL、5mL、10mL。

③ 微量滴定管：2.5mL，分度为0.02mL。

④ 量筒：50mL。

⑤ 碘量瓶：250mL。

⑥ 容量瓶：1L。

#### 6.1.5.3 试剂和材料

① 溴化钾：分析纯。

② 溴酸钾：分析纯。

③ 冰醋酸：分析纯。

④ 硫代硫酸钠：分析纯。

⑤ 盐酸：分析纯，配成质量分数为19%的溶液。

⑥ 硫酸：分析纯，配成质量分数为26%的溶液。

⑦ 甲醇：分析纯。

⑧ 乙醇：分析纯。

⑨ 甲基橙指示剂：配成 1g/L 指示液。

⑩ 氯化汞：分析纯，配成 100g/L 指示液。

⑪ 四氯化碳：分析纯。

⑫ 淀粉：配成 5g/L 指示液。

#### 6.1.5.4 测试步骤

(1) 准备工作

① 滴定溶剂的配制：冰醋酸、硫酸、甲醇、氯化汞乙醇、四氯化碳按 73∶3∶7∶2∶15（体积比）混合，配制成滴定液。

② 溴化钾-溴酸钾标准溶液的配制：称取 25g 溴化钾和 3g 溴酸钾，溶解在 1L 去离子水中，过滤掉溶液中不溶物，将其转移至棕色瓶中静置。

③ 溴化钾-溴酸钾标准溶液的标定：用移液管移取 10mL 上述溶液于碘量瓶中，加入 2g 碘化钾和 5mL 盐酸标准溶液，用玻璃棒搅拌均匀，加入 25mL 水稀释；用 0.1mol/L 硫代硫酸钠标准滴定溶液对上述溶液进行标定，直至溶液呈现浅黄色，加入 1mL 淀粉指示剂，继续滴定硫代硫酸钠标准滴定溶液直至无色，同时做一组空白样。

(2) 测试步骤

量取 50mL 滴定溶剂置于 100mL 锥形瓶中，加入 1 滴甲基橙指示剂，用溴化钾-溴酸钾标准溶液进行滴定，直至红色完全消失，记录溴化钾-溴酸钾用量。

**表 6.1 试样溴值与滴定剂加入量**

| 试样溴值/(gBr/100g) | 0～2 | 3～10 | 11～30 | 31～60 | 61～80 | ＞80 |
|---|---|---|---|---|---|---|
| 滴定溶剂加入量/mL | 10～15 | 16～35 | 36～55 | 56～85 | 80～100 | 110 |

备注：根据试样溴值大小选用不同浓度的溴化钾-溴酸钾标准溶液（见表 6.1）。当溴值大于或等于 0.5gBr/100g 时，选用 $c(1/6KBrO_3)=0.5mol/L$ 溴化钾-溴酸钾标准溶液；当溴值小于 0.5gBr/100g 时，选用 $c(1/6KBrO_3)=0.1mol/L$ 溴化钾-溴酸钾标准溶液。

#### 6.1.5.5 数据处理

试样的溴值按下式进行计算：

$$X=[V_2c(1/6KBrO_3)\times0.0799\times100]/V_3\cdot p$$

式中　$V_2$——滴定过程消耗溴化钾-溴酸钾标准溶液体积，mL；

$c(1/6KBrO_3)$ ——溴化钾-溴酸钾标准溶液实际浓度，mol/L；

$V_3$——待测样体积，mL；

$p$——试样密度，g/mL；

0.0799——与1.0mL溴酸钾-溴化钾标准溶液［$c(1/6KBrO_3)=1.0mol/L$］相当的以克表示的溴的质量。

#### 6.1.5.6 应用

根据溴值测试结果可将石油树脂分为低溴值碳九石油树脂与高溴值碳九石油树脂。低溴值碳九石油树脂色相较浅，具有较好的热稳定性以及光稳定性，在涂料、橡胶、路标漆、油墨、胶黏剂等领域有广泛的应用。

### 6.1.6 正庚烷容纳度

正庚烷容纳度是用来评估石油树脂溶剂中的溶解稳定情况的，具体考察石油树脂按需要制成树脂油之后，在树脂油中的分散状态稳定性。因为所用的树脂油不是一个真溶液，而是一个互溶分散的混溶体，石油树脂均匀分散在植物油及矿物油溶剂之中，在这个混溶体之中任何一部分的变化，将导致其稳定平衡变化。测定石油树脂正庚烷容纳度是评估石油树脂性能的重要依据之一。

#### 6.1.6.1 测试方法原理

石油树脂在低温下难溶于正庚烷，但能溶于植物油及矿物油溶剂中，而植物油或矿物油溶剂同正庚烷却能任意混溶。在树脂油中加入正庚烷则将植物油萃取出来，破坏了树脂油的溶液稳定性，继续加正庚烷萃取植物油及芳烃类矿物油，将使石油树脂由原溶液中析出从而使其变浑浊。利用这个原理，在一定量的树脂油中，加入正庚烷可测得试样的正庚烷容纳度，从而确定石油树脂溶解力及其树脂油的稳定性。

#### 6.1.6.2 仪器和设备

① 电炉。

② 温度计 306℃、100℃各一支。

③ 烧杯 500mL、50mL 各一个。

④ 天平 1/10 一台。

⑤ 注射器 1mL 或滴定管。

⑥ 调墨刀或玻璃棒。

⑦ 称量瓶一个。

#### 6.1.6.3 试剂和材料

胡麻油或苯类、正庚烷。

#### 6.1.6.4 测试步骤

① 在 50mL 烧杯内用天平称取待测石油树脂 10g 及胡麻油 20g，称取后在烧杯中放一支温度计不停搅拌升温，当树脂全部熔化且温度达 250℃时，立即取下烧杯冷却待测。

② 称取上述熔化完全的树脂油（或现成树脂油）2g 于称量瓶中，再将 500mL 烧杯中注入温水作为水浴，调节温度至 25℃。把称量瓶移于水浴中，用玻璃棒搅拌，保持几分钟，使试样温度控制在 25℃左右。

③ 用注射器（或滴定管）向试样中加入正庚烷并持续搅拌，使试样浑浊不透明。继续搅拌，保持一会仍不透明即为终点，记录正庚烷用量，为该树脂正庚烷容纳度。

#### 6.1.6.5 数据处理

以耗用正庚烷的体积（mL）表示（mL/2g 25℃）。

容纳度＜5mL，允许误差 0.1mL。

容纳度＞5mL，允许误差 0.2mL。

#### 6.1.6.6 应用

正庚烷容纳度≥15.0mL 的碳九催化聚合石油树脂可应用于油墨产品。

### 6.1.7 热稳定性

#### 6.1.7.1 测试方法原理

石油树脂与空气接触会发生氧化反应，颜色变深，在加热条件下，氧化反应加速。采用电热恒温箱，使样品在规定条件下受热后，测定色度，所测结果与初始值的差值可作为样品在规定条件下热稳定性的相对比较值。

#### 6.1.7.2 仪器和设备

① 恒温鼓风干燥箱：能将箱内温度控制在（180±2)℃。

② 电子天平：感量 0.01g。

③ 超声波清洗器：工作频率大于 50kHz。

④ 色度仪：能满足加德纳色度试验要求。

⑤ 锡纸：边长为 80mm 的正方形。

⑥ 干燥器：玻璃材质，内盛变色硅胶。

⑦ 柱塞烧杯：25mL。

⑧ 研钵。

#### 6.1.7.3 试剂和材料

甲苯，分析纯。

#### 6.1.7.4 测试步骤

① 称取石油树脂试样 10g，放入研钵内研磨成粉末状。

② 用电子天平准确称量柱塞烧杯的质量，从研钵内准确称取 5g 石油树脂粉末，再向烧杯内滴加 5g 甲苯，然后置于超声波清洗器中常温溶解至固体完全消失，测定该溶液的加德纳色度，该值为石油树脂的初始色度值。

③ 另取 1 个锡纸盒，称取试样 15g，精准至 0.1g。

④ 将盛有试样的锡纸盒放置于已恒温 180℃的干燥箱中，加热 4h 后取出放置冷却。将锡纸盒内的试样全部取出放入研钵内研磨成粉末状。

⑤ 采用步骤②的方法测定受热后石油树脂的加德纳色度，取两次平行试验的算术平均值作为该试样受热后的色度值。

#### 6.1.7.5 数据处理

受热后的色度值 1# 与初始值 0# 的差值为热稳定性结果：

石油树脂热稳定性＝色度值 1# －色度值 0#

#### 6.1.7.6 应用

在胶黏剂中，石油树脂主要起到提供黏结的作用，添加石油树脂的胶黏剂具有优异的黏结稳定性、耐热性以及抗蠕变性，是胶黏剂的理想添加剂。

### 6.1.8 熔融黏度

熔融黏度是评价石油树脂性能的重要指标，例如碳九石油树脂熔融黏度过高，分子结构趋于复杂，加氢难度增大，产品黄色指数偏高；熔融黏度过低，低聚物含量增加，不利于产品软化点调节，因此碳九石油树脂熔融黏度需要在合理的区间范围。石油树脂熔融黏度的测量和控制，对于聚合反应过程中催化剂加入量、反应温度、循环物料量和停留时间控制，树脂加氢过程中的色度控制以及汽提工序中的软化点调控等均具有非常重要的意义。

#### 6.1.8.1 测试方法原理

石油树脂熔融黏度与分子结构密切相关，通常熔融黏度随着石油树脂馏程增加而提高。但同一馏程的馏分，因化学组成不同，黏度大小也不同。通过石油树脂标准黏度计可方便测量石油树脂熔融黏度，进而评估树脂分子量大小与分子量分布。

#### 6.1.8.2 仪器和设备

石油树脂标准黏度计、加热器。

#### 6.1.8.3 试剂和材料

石油树脂液、溶剂。

#### 6.1.8.4 测试步骤

称取一定量的石油树脂样品，在所选转子要求样品量附近可允许有微小偏差，但称量偏差不可过大，尽量不要超过 0.2mL。在样品杯中加入一定量的待测样品，使用石油树脂标准黏度计＋加热器测量 $C_9$ 石油树脂粗树脂液（样品 1#，测试温度 150℃）和成品（样品 2#，测试温度 190℃）的熔融黏度。将转子缓慢浸入样品中，然后在加热器中恒温一定时间，在熔融黏度测试软件中设置相应的测试方法进行熔融黏度测试。

#### 6.1.8.5 数据处理

通过熔融黏度测试软件采集和分析测试数据。

#### 6.1.8.6 应用

石油树脂在热熔胶、压敏胶领域有广泛的应用。选用具有合适熔融黏度的石油树脂产品可以增大热熔胶与基材之间的接触面积，使热熔胶更容易铺展开，有利于提高基材与热熔胶的界面结合强度，工业上石油树脂熔融黏度取 150～250mPa·s 为宜。表 6.2 为不同品级石油树脂熔融黏度。

**表 6.2 不同品级石油树脂熔融黏度**

<table>
<tr><th rowspan="2">牌号</th><th rowspan="2">熔融黏度/mPa·s</th><th colspan="2">挥发分<br>(200℃5h)/%</th><th colspan="2">酸值<br>/(mgKOH/g)</th><th colspan="2">灰分/%</th></tr>
<tr><th>优等</th><th>合格</th><th>优等</th><th>合格</th><th>优等</th><th>合格</th></tr>
<tr><td>H-xx90</td><td>500～900(160℃)</td><td>4.0</td><td>4.5</td><td colspan="2" rowspan="6">0.2</td><td rowspan="6">0.02</td><td rowspan="6">0.08</td></tr>
<tr><td>H-xx100</td><td>150～800(180℃)</td><td>3.5</td><td>4.0</td></tr>
<tr><td>H-xx110</td><td>180～800(180℃)</td><td>3.0</td><td>3.5</td></tr>
<tr><td>H-xx120</td><td>200～1200(200℃)</td><td>2.5</td><td>3.0</td></tr>
<tr><td>H-xx130</td><td>200～1200(200℃)</td><td>2.0</td><td>2.5</td></tr>
<tr><td>H-xx140</td><td>200～1200(200℃)</td><td>1.5</td><td>2.0</td></tr>
</table>

### 6.1.9 蜡雾点

蜡雾点是评价石油树脂分子量、分子量分布以及极性的关键性能指标，在石油树脂改性胶黏剂的黏结性以及剥离强度方面起重要调节作用。蜡雾点较低的石油树脂可提升基体与蜡体系之间的相容性，但热熔胶持黏性较低；蜡雾点较高的石油树脂会降低基体与蜡体系之间的相容性，但热熔胶持黏性较高。因此石油树脂蜡雾点根据应用需求有不同的适用范围。

**6.1.9.1 测试方法原理**

蜡雾点是乙烯-醋酸乙烯酯共聚物（EVA）树脂、微晶蜡 WAX 和石油树脂按一定比例混合加热至清晰透明状，通过不停搅拌观察混合物出现雾状时的温度。通过共聚石油树脂的不同蜡雾点来考察溶剂型压敏胶黏剂的初黏性、持黏性和 180℃剥离强度。

**6.1.9.2 仪器和设备**

① 电子天平：感量 0.01g。

② 电加热套：容积 1000mL。

③ 温度计：0～300℃，分度值 1℃。

④ 试管：直径 25mm×$H$150mm，壁厚 1mm。

⑤ 橡皮胶塞：5#。

**6.1.9.3 试剂和材料**

① EVA 树脂：醋酸乙烯酯含量 27.5%（质量分数），熔融指数 25g/10min。

② 微晶蜡 WAX：熔点 68℃。

**6.1.9.4 测试步骤**

参照表 6.3 所给出的比例质量先称取 EVA 树脂，再将微晶蜡 WAX 和石油树脂混合后放入干燥洁净的试管中，称准至±0.01g。

**表 6.3 EVA 树脂、微晶蜡 WAX 和石油树脂称量质量**

| 类型 | EVA 树脂/g | 微晶蜡 WAX/g | 石油树脂/g |
|---|---|---|---|
| 碳五树脂 | 2 | 4 | 4 |
| 碳九树脂 | 3 | 3 | 3 |
| 碳五碳九共聚树脂 | 3 | 2 | 5 |

将试管固定在铁架台上，调整试管高度至试管底部与电加热套保温层接触。用电加热套对试样进行加热，设定电加热套温度为 180℃。观察试样的状态至 EVA 树脂和微晶蜡 WAX 熔为液体时，开始用温度计轻轻不

断搅拌样品至完全熔融并混合均匀，禁止物料温度超过 200℃（特殊情况下可适当提高）。加热结束后关闭电源，并移去电加热套，过程中瓶口要用橡胶塞堵住，避免顶部温度流失过快。观察试样此时外观，如此时仍为浑浊状态，则结束测定，记录蜡雾点为大于 200℃；如此时试样清澈透明，应保持自然冷却，直到混合样品出现薄雾状，开始均匀搅拌至薄雾状不再消失，记录此时的温度即为石油树脂的蜡雾点。

#### 6.1.9.5 数据处理

每个试样测定 2～3 次，两个平行测定结果之差不超过 2℃，结果以算术平均值表示。

#### 6.1.9.6 应用

石油树脂蜡雾点一般为 70～110℃，具体应根据实际使用需求选择合适的蜡雾点，使石油树脂改性热熔胶具有较好的初黏强度和持黏强度，提升热熔胶与基体之间的界面结合强度，达到预期的黏合效果。

### 6.1.10 分子量及分子量分布

分子量及分子量分布是石油树脂最重要的结构参数，对石油树脂性能有重要影响。对石油树脂分子量及分子量分布进行测定可以深入了解石油树脂力学性能以及流变性能，为石油树脂成型加工提供技术支持。分子量及分子量分布是评价石油树脂产品质量的重要指标。石油树脂分子量及分子量分布一般通过凝胶渗透色谱法（GPC）进行测定，可在色谱柱上快速测定石油树脂数均分子量、重均分子量以及分布指数等。

#### 6.1.10.1 测试方法原理

凝胶渗透色谱测试原理主要基于体积排除理论，该理论认为不同分子体积的聚合物可在色谱柱上实现分离。色谱柱表面和内部具有形状各异的孔洞及通道，当待测液随着淋洗液经过色谱柱时，由于聚合物分子体积存在差异，分子体积大的聚合物只能从孔洞间隙流过，因此最先被淋洗出来，分子体积小的聚合物可往色谱柱表面和内部更小的孔洞扩散，体积越小，滞留时间越长，因此被淋洗出来的时间也越久。根据该原理，大分子的聚合物首先被淋洗液淋洗出，小分子的聚合物之后被淋洗液淋洗出，不同分子量聚合物随着时间的变化先后被淋洗出，得到分子量分布曲线。用已知的色谱图对上述分子量分布曲线进行标定，可确定各组分的分子量。

#### 6.1.10.2 仪器和设备

凝胶渗透色谱仪。

#### 6.1.10.3 试剂和材料

待测样品、四氢呋喃（THF）。

#### 6.1.10.4 测试步骤

① 样品配制：称取一定量的标样、样品，随淋洗液加入样品瓶中，室温静置 24 小时，使用前缓慢水平摇动样品瓶，使样品均匀分布，且瓶壁无气泡。

② 淋洗液准备：将四氢呋喃溶剂和超纯水用 0.45$\mu$m 滤膜过滤后，超声处理，静置作为淋洗液。

③ 设备操作：开启输液泵、自动进样器、检测器和柱温箱，将样品送入凝胶渗透色谱仪进行测试。

#### 6.1.10.5 数据处理

凝胶渗透色谱测试前，需要对聚合物分子量与淋洗体积之间进行校正，不同的校正方法对石油树脂分子量及分子量分布检测结果有较大影响。单分散标样校正法具有操作简单、检测快速、一次给出聚合物校正曲线等优点，但检测结果仅限于苯乙烯类测试数据，无法体现石油树脂真实分子量；窄分布聚合物级分校正法适用范围更广，可有效测定石油树脂不同组分间的分子量及分子量分布。

#### 6.1.10.6 应用

分子量及分子量分布反映了石油树脂各组分结构特点。石油树脂分子量高，软化点也高，但与基体相容性减弱，对于热熔胶的增黏效果较差；石油树脂分子量低，软化点也随之降低，但与基体相容性增强，对于热熔胶的增黏效果较好。根据石油树脂分子结构特点可开发满足不同产品应用需求的牌号，拓宽石油树脂应用领域。

## 6.2 液体产品检测

碳九碳十馏分以及芳烃溶剂油等液体产品的闪点、馏程、芳烃含量等指标按照相关标准测定[151-159]。

### 6.2.1 闪点

闪点是指一定浓度可燃性气体与空气混合后，遇火源能起火的最低温度。石油树脂闪点的高低是其贮存、运输和使用的一个安全指标。石油树脂闪点测试方法为宾斯基-马丁闭口杯法。

### 6.2.1.1 测试方法原理

将待测样品在试验瓶中连续搅拌，并对试验瓶进行加热，搅拌停止后，在规定的时间内在试验瓶开口处点火，使挥发蒸气发生闪火，当火源延伸至待测样品表面时，记录此时最低温度，该温度即为标准大气压下待测样品的闪点。

### 6.2.1.2 仪器和设备

① 宾斯基-马丁闭口闪点试验仪：宾斯基-马丁闭口闪点试验仪结构如图 6.5 所示。

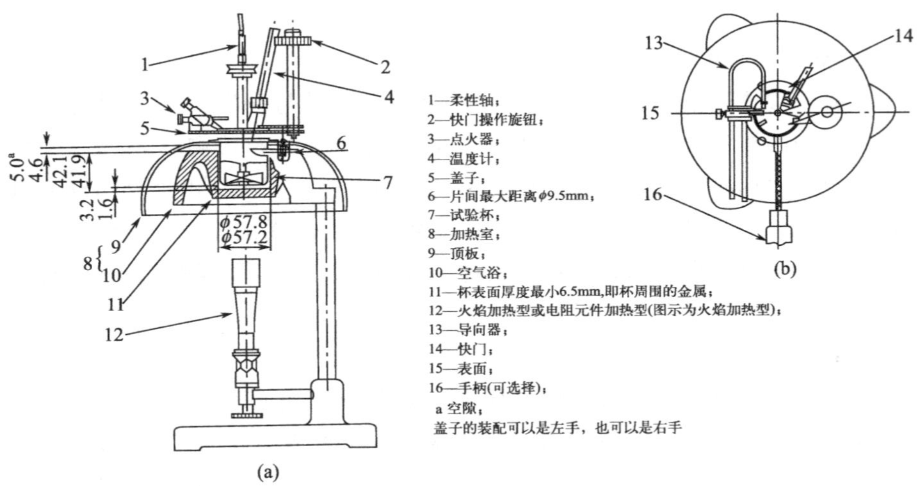


图 6.5 宾斯基-马丁闭口闪点试验仪结构

② 温度计：根据样品预计闪点选用合适量程的温度计。

③ 气压计：选用精度为 0.1kPa 的气压计。

④ 防爆烘箱：选用温度控制精度为±5℃的防爆烘箱；防爆烘箱应具备通风功能，防止样品测试时产生可燃蒸气闪火。

### 6.2.1.3 试剂和材料

待测液体样品。

### 6.2.1.4 测试步骤

① 通过气压计记录试验过程中环境大气压。

② 将待测样品加入试验瓶直至没过加料线，放入加热室并进行锁定，

插入温度计。对试验瓶进行加热，使待测样品以5℃/min的速率升温，开启搅拌装置，搅拌速度为90～120r/min。点燃火源，控制火焰直径为3～4mm。

③ 当待测样品闪点低于110℃，从23℃±5℃开始点火，待测样品每隔1℃点火一次，使火源在0.5s内下降至试验瓶上方，在此位置停留1s，然后归位；当待测样品闪点高于110℃，从23℃±5℃开始点火，待测样品每隔2℃点火一次，使火源在0.5s内下降至试验瓶上方，在此位置停留1s，然后归位；当待测样品闪点未知，则在适当温度下开始试验，在起始温度往上升5℃时开始点火。

④ 记录试验瓶明显起火的温度作为观测闪点。

⑤ 确保观测闪点温度与起始温度差值大于18℃或本身高于28℃，否则测试结果无效，需调整最初点火温度。

#### 6.2.1.5 数据处理

如果测试气压不是标准大气压，可用以下公式将闪点修正到标准大气压下的闪点：

$$T_c = T_0 + 0.25\ (101.3 - p)$$

式中 $T_c$——标准大气压下的观测闪点，℃；

$T_0$——环境大气压下的观测闪点，℃；

$p$——环境大气压，kPa。

#### 6.2.1.6 应用

根据石油树脂产品在生产、运输、贮存过程中的危险等级，可将其分为甲、乙、丙三级，闪点也是石油树脂生产区域配置消防设施、防火间距的重要依据。

### 6.2.2 馏程

馏程是评定碳九碳十馏分以及芳烃溶剂油中各组分含量的重要指标，是明确原料沸点范围的依据。石油树脂原料馏程测定通常采用恩氏蒸馏法，即取100mL石油树脂原料在规定的仪器中，按GB/T 6536—2010规定的条件和操作方法进行测定。

#### 6.2.2.1 测试方法原理

根据试样组分、初馏点、终馏点等性质，将其进行馏程划分。通常取100mL试样进行间歇蒸馏操作，根据测试要求，观察并记录蒸馏温度、冷凝物体积、蒸馏残留物体积以及损耗体积，蒸馏温度需进行标准大气压修正，将试验结果进行作图。

#### 6.2.2.2 仪器和设备

(1) 蒸馏仪器装置

蒸馏仪器装置由加热器、防护罩、蒸馏烧瓶、温度计、冷凝浴以及回收量筒等构成。蒸馏仪器装置见图 6.6。

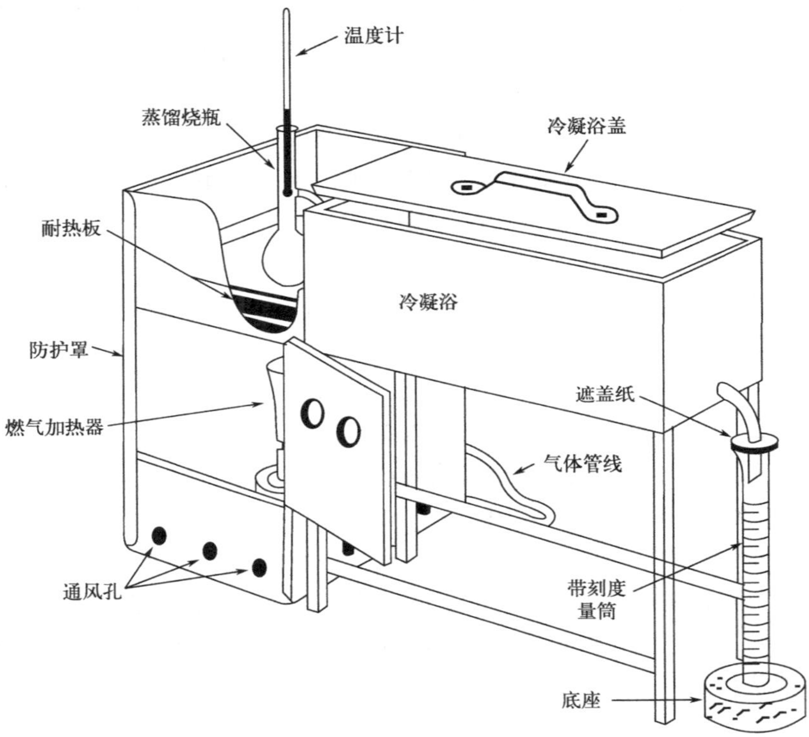


图 6.6 蒸馏仪器装置

(2) 蒸馏烧瓶

蒸馏烧瓶结构如图 6.7 所示。

(3) 冷凝器

冷凝器应置于能使冷凝管有 393mm±3mm 的长度部分与冷却介质相接触的位置。冷凝管露在冷凝浴外的部分，上端长为 50mm±3mm，下端长为 114mm±3mm。露出的冷凝管上端设计成与垂直方向成 75°±3°，在冷凝浴内的冷凝管可以是直管，也可以是弯曲成任何平滑曲线的曲管。

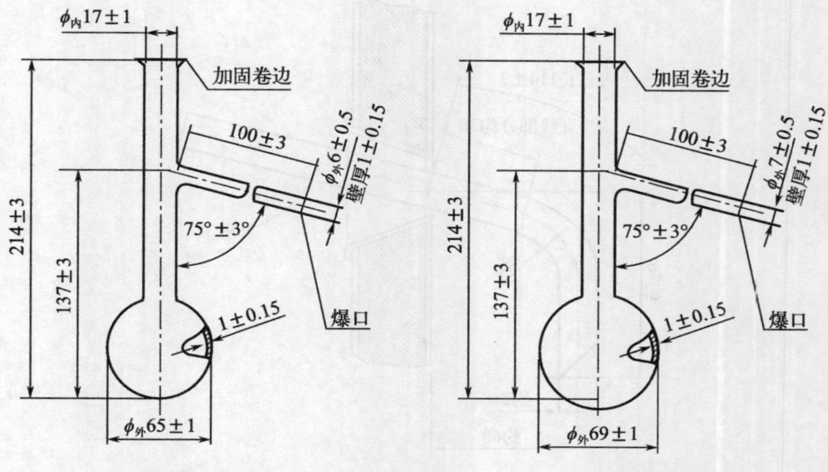


图 6.7　蒸馏烧瓶结构

冷凝曲管相对于水平面的平均梯度为 15°±1°，任意 10cm 长度段的梯度均不能超出 15°±3°的范围。露出的冷凝管下端应设计成向下弯曲，其长为 76mm，且末端应切成锐角。为使馏出物沿接收量筒壁流下，可采用液滴导流器接在冷凝管出口，也可使冷凝管下端稍微向后弯曲，以确保其在低于接收量筒顶部 25～32mm 处与量筒壁相接触。图 6.8 为合适的冷凝管下端结构示意图。

(4) 温度测量装置

玻璃水银温度计：分为低温温度计和高温温度计。其中低温温度计测温范围为－2～300℃，分度值为 1℃；高温温度计测温范围为－2～400℃，分度值为 1℃。当温度计持续暴露在高于 370℃的温度下较长时间后，应按照 GB/T 514 和 JJG 50 的规定对温度计进行零点校验或检定，否则温度计不能再次使用。

(5) 金属防护罩

用于燃气加热器的金属防护罩是为给操作人员提供保护，但在操作过程中需能使操作人员方便地接近加热器和蒸馏烧瓶。通常罩的高为 480mm，长为 280mrn，宽为 200mm，由厚度为 0.8mm 的金属片制成。此罩至少应开一个窗口，以便在蒸馏末期观察干点。

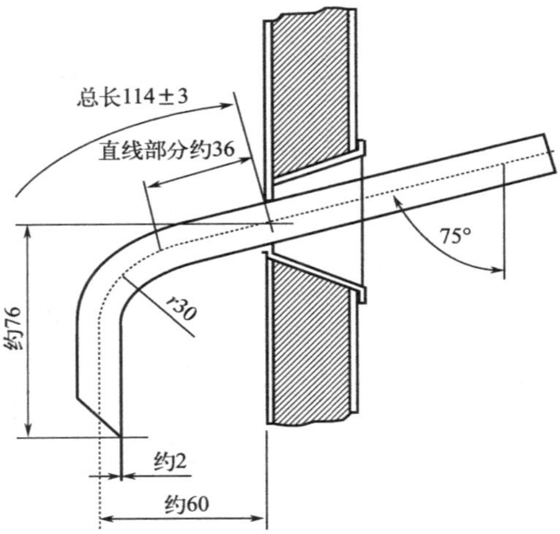


图 6.8　冷凝管下端结构

（6）加热器

燃气加热器能够在规定时间内使试样从低温升温至出现第一滴冷凝液，并在规定速率下完成整个蒸馏过程。应配有灵敏的手动控制阀和燃气压力调节器，以便对加热进行更好的控制。

（7）蒸馏烧瓶支架

蒸馏烧瓶支架分为两种类型：第一种类型的蒸馏烧瓶支架用于燃气加热器，这种支架可为实验室常用的环形支架，直径为 100mm 或更大，支撑在罩内部的托架上，或为在罩外可调节的平台，在环形支架或平台上安装一个由陶瓷或其他耐热材料制成的硬板，板厚 3～6mm，中心开一个 76～100mm 直径的孔，其外边缘尺寸稍小于罩的内边缘尺寸；第二种类型的蒸馏烧瓶支架用于电加热器，该装置包括一套安放电加热器的可调节系统，在电加热器上方配有放置蒸馏烧瓶支板的装备，整个装置可从罩外进行调节。

（8）蒸馏烧瓶支板

蒸馏烧瓶支板由 3～6mm 厚的陶瓷或其他耐热材料制成，根据中心开孔尺寸的大小分为 A、B、C 三类。

（9）接收量筒

接收量筒应能够测量和收集 100mL 试样，其底部形状应能使空量筒放置在与水平面成 13°的台面上时不倾覆。

#### 6.2.2.3 应用

馏程是评价碳九碳十馏分以及芳烃溶剂油蒸发性的重要性能指标，根据馏程数据可判断液体原料沸点范围，并且可预估产品中轻组分与重组分大致含量，对生产、贮存以及产品使用有重要指导意义。

### 6.2.3 芳烃含量

碳九碳十馏分以及芳烃溶剂油芳烃含量测试参照标准《溶剂油芳烃含量测定法（色谱法）》（SH/T 0245—92）进行。

#### 6.2.3.1 测试方法原理

溶剂油芳烃含量测定主要采用极性色谱柱，用火焰离子化检测器以反吹法检测，再以外标面积法计算芳烃的含量。

#### 6.2.3.2 仪器和设备

① 色谱仪：具有火焰离子化检测器的气相色谱仪。整机灵敏度的要求应在注入 2μL 含甲苯 0.1%（质量分数）的正庚烷溶液时，甲苯峰高不低于 4mm。

② 色谱柱：不锈钢，长 2m，内径 4mm。

③ 记录器：0～10mV，满量程响应时间在 2s 以下，记录纸幅宽度不应小于 250mm。

④ 四通反吹阀。

⑤ 微量注射器：10μL。

⑥ 具塞锥形烧瓶：125mL。

⑦ 烧杯：500mL。

⑧ 搪瓷盘。

#### 6.2.3.3 试剂和材料

① *N*,*N*-双(α-氰乙基)甲酰胺：色谱固定液。

② 三氯甲烷：分析纯。

③ 标准正庚烷。

#### 6.2.3.4 测试步骤

(1) 色谱柱准备

称取 *N*,*N*-双(α-氰乙基)甲酰胺 38g，置于 500mL 烧杯中，加入三氯甲烷 100mL，使其完全溶解后，将 100g 6201 单体在不断搅拌下缓缓加入烧杯内的溶液中，充分调和均匀后，将其转移至搪瓷盘中，放在通风橱内自然风干，直至无溶剂气味。

将以上配制的固定相装入色谱柱中，再用铜筛网堵好后，装在色谱仪上，通入载气，保持严密不漏。

（2）外标准样配制

于具塞锥形烧瓶中称取一定量的1,3,5-三甲苯(精确至0.0002g)，以标准正庚烷或不含芳烃的$C_8$～$C_{10}$烷烃稀释至接近试样芳烃含量的质量百分浓度后，称量（精确至0.0002g)。计算其准确浓度后贮存。

（3）色谱柱分离度的测定

在规定条件下，用微量注射器注入含甲苯和十氢萘各1%（体积分数）的正庚烷溶液，测得甲苯与十氢萘的分离度不应小于1.0。

（4）测试

待基线稳定后，即可进行分析。典型操作条件如下：

柱前压力：68.6kPa（0.7kgf/$cm^2$)；

载气流速：55mL/min；

空气流速：800mL/min；

色谱柱温度：110℃；

检测器温度：150℃；

气化室温度：250℃。

首先用干净的10μL微量注射器吸取外标准样2μL，准确地全部注入进样口内；观察非芳烃色谱峰出完，恢复基线后，立即扭转反吹阀至芳烃色谱峰全部出完。根据芳烃色谱峰大小调整衰减，使芳烃色谱峰高不少于2mV。

用干净的10μL微量注射器吸取试样2μL，进行试样芳烃含量测定，待芳烃色谱峰全部出完后，关闭记录器开关。

**6.2.3.5 数据处理**

试样中芳烃含量$X$[%(质量分数)]按下式计算：

$$X=A_1\times\frac{P}{A}$$

式中 $A_1$——试样的芳烃色谱峰面积；

$A$——外标准样中芳烃色谱峰面积；

$P$——外标准样中芳烃含量,%（质量分数)。

#### 6.2.3.6 应用

碳九碳十馏分以及芳烃溶剂油芳烃含量高，可以有效改善改性橡胶的弹性及韧性。

### 6.2.4 苯含量

碳九碳十馏分和芳烃溶剂油产品中苯含量测试参照标准《烃类溶剂中苯含量测定法（气相色谱法）》(GB/T 17474—1998) 进行。

#### 6.2.4.1 测试方法原理

将含有内标物质的丁酮待测试样经过装填有非极性固定相甲基聚硅氧烷的色谱柱，待测试样各组分按照沸点大小顺序进行分离，当辛烷冲洗出来后，将沸点大于辛烷的组分反吹出去，沸点小于辛烷的组分随后进入装有强极性固定相 1,2,3-三-(2-氰基乙氧基)丙烷的色谱柱，使芳烃和非芳烃分离，流出的组分采用常规检测器检测并记录色谱图，根据各组分及内标物的峰面积进行定量。

#### 6.2.4.2 仪器和设备

① 色谱仪：任何带有反吹系统和火焰离子化检测器的气相色谱仪。检测记录系统在最大灵敏度时必须对 1μL 苯含量为 0.05%（体积分数）的试样产生 4mm 的响应。

② 色谱柱：一根长 0.8m、外径 3.2mm 或长 1.0m、外径 3.0mm，内径 2.0mm 的不锈钢色谱柱；一根长 4.6m、外径 3.2mm 或长 4.6m、外径 3.0mm，内径 2.0mm 的不锈钢色谱柱。

③ 记录器：满量程为 1mV，响应时间不大于 2s，最大噪声水平不大于满量程的±0.3%。

④ 微量注射器：5μL。

⑤ 移液管：1mL 和 2mL，最小刻度为 0.01mL；5mL、10mL 和 20mL。

⑥ 容量瓶：100mL。

⑦ 电子振荡器。

⑧ 真空泵。

⑨ 真空旋转蒸发仪。

⑩ 圆底烧瓶：500mL，适合与旋转蒸发仪相连接。

⑪ 红外灯。

#### 6.2.4.3 试剂和材料

① 丙酮、氯仿、甲醇、二氯甲烷、甲基硅酮、1,2,3-三-(2-氰基乙氧基)丙烷（TCEP），纯度不低于分析纯。

② 氢气、氮气、氦气，纯度不低于99.99%（体积分数）。

③ 丁酮、苯、异辛烷、正壬烷，纯度大于99.9%（质量分数）。

④ 红色硅藻土载体，酸洗，80～100目；白色硅藻土载体，酸洗，60～80目。

⑤ 校正标准样品。

#### 6.2.4.4 测试步骤

① 试样溶液：准确量取0.5mL丁酮于100mL容量瓶中，用试样稀释至刻度，混合均匀。

② 在规定的色谱条件下进样，并记录色谱图。

③ 根据保留时间确定色谱图中苯及丁酮的峰面积。

④ 根据苯及丁酮的色谱峰面积计算各组分含量。

#### 6.2.4.5 数据处理

计算色谱图中苯与丁酮峰面积比值，从标准曲线上读出该比值对应的试样中苯的体积分数，如果试样中苯含量以质量分数$Y$表示，则按下式计算：

$$Y=\frac{X}{D}\times 0.8789$$

式中 $X$——苯含量,%（体积分数）；

$D$——20℃时，试样的密度，$g/cm^3$。

#### 6.2.4.6 应用

苯是一类有毒和致癌物质，了解碳九碳十馏分和芳烃溶剂油等原料和产品中的苯含量有利于估计溶剂给使用者可能带来的损害健康的危险性。

### 6.2.5 碘值

碳九碳十馏分和芳烃溶剂油碘值参照标准《溶剂汽油碘值测定法》（SH/T 0243—92）进行测试。

#### 6.2.5.1 测试方法原理

将10mL三氯甲烷置于碘量瓶中，然后加入已知密度的试样，滴加

5mL 邱卜力-瓦列尔溶液，用玻璃棒搅拌溶液直至完全透明，将碘量瓶避光静置 1 小时，加入 10mL 100g/L 碘化钾溶液和 200mL 去离子水。将溶液摇晃均匀后，用硫代硫酸钠标准溶液 [$c(Na_2S_2O_3)$ = 0.1mol/L] 进行滴定，等混合液变为黄色时，滴加 5g/L 淀粉指示剂，继续滴定直至蓝色完全消失。根据上述步骤测定空白样，计算试样的碘值。

**6.2.5.2　仪器和设备**

① 碘量瓶：500mL。

② 量筒：25mL、50mL。

③ 滴定管：10mL、25mL。

④ 吸量管：20mL。

**6.2.5.3　试剂和材料**

① 95%乙醇：分析纯。

② 三氯甲烷：化学纯

③ 盐酸：化学纯。

④ 碘：分析纯。

⑤ 碘化钾：化学纯，配成 100g/L 溶液。

⑥ 氯化汞：化学纯。

⑦ 硫代硫酸钠：分析纯，配成 $c(Na_2S_2O_3)$ = 0.1mol/L 标准溶液。

⑧ 淀粉：新配制的 5g/L 淀粉溶液。

⑨ 邱卜力-瓦列尔溶液的配制：将 25g 碘溶解于 500mL 的 95%乙醇中，另将 30g 氯化汞溶解于 500mL 经蒸馏的 95%乙醇中，将这两部分溶液经过滤后混合在一起，再加入 50mL 盐酸，即可得到邱卜力-瓦列尔溶液。

**6.2.5.4　测试步骤**

① 在碘量瓶中加入 10mL 三氯甲烷溶液，再用吸量管注入 20mL 已按 GB/T 1884 和 GB/T 1885 测定密度的试样。碘值在 2.0～5.0gI/100g 时，量取 10mL 已按 GB/T 1884 和 GB/T 1885 测定密度的试样。往试样中滴加 5mL 邱卜力-瓦列尔溶液。将磨口塞用碘化钾溶液浸湿，塞紧碘量瓶使其完全密封，小心摇晃碘量瓶使瓶内液体完全透明，否则需补充少量三氯甲烷。

② 根据上述步骤准备一个不含试样的空白样，以确定邱卜力-瓦列尔溶液的碘含量。

③ 将装有待测液体的碘量瓶避光保存 1 小时，加入 100g/L 的碘化钾溶液 10mL 和去离子水 200mL，摇晃均匀。用硫代硫酸钠标准溶液进行滴定，当混合液变为黄色时，加入 2mL 5g/L 淀粉指示剂，继续用硫代硫酸钠标准溶液进行滴定，直至蓝色完全消失。上述步骤同样适用于空白样测定。

#### 6.2.5.5 数据处理

试样的碘值按下式进行计算：

$$X=\frac{(V_1-V_2)\times 0.127\times c\times 100}{V_3\rho}$$

式中 $V_1$——滴定空白试样的混合液所消耗硫代硫酸钠标准溶液的体积，mL；

$V_2$——滴定试样的混合液所消耗硫代硫酸钠标准溶液的体积，mL；

$c$——硫代硫酸钠标准溶液的实际浓度，mol/L；

$V_3$——试样的体积，mL；

$\rho$——试样在试验时的密度，g/mL。

#### 6.2.5.6 应用

石油树脂干燥程度可以通过碘值标定。

### 6.2.6 密度

碳九碳十馏分以及芳烃溶剂油密度参照标准《原油和液体石油产品密度实验室测定法（密度计法）》（GB/T 1884—2000）进行测试。

#### 6.2.6.1 测试方法原理

在一定温度条件下，将样品放入密度计并保持静置，等温度稳定后读取密度计刻度和试样温度，用密度计量表将其换算成标准密度。为了避免外界温度波动对密度的影响，可将密度计和试样一起放在恒温系统中。

#### 6.2.6.2 仪器和设备

① 密度计量筒：密度计量筒高度需确保密度计可悬浮在量筒中间，密度计底部与量筒底部需保持 25mm 距离。

② 密度计：由玻璃制成，技术要求见表 6.4。

**表 6.4 密度计技术要求**

| 型号 | 单位 | 密度范围 | 每支单位 | 刻度间隔 | 最大刻度误差 | 弯月面修正值 |
|---|---|---|---|---|---|---|
| SY-02 | $kg/m^3$ (20℃) | 600～1100 | 20 | 0.2 | ±0.2 | +0.3 |
| SY-05 | | 600～1100 | 50 | 0.5 | ±0.3 | +0.7 |
| SY-10 | | 600～1100 | 50 | 1.0 | ±0.6 | +1.4 |
| SY～02 | $g/cm^3$ (20℃) | 0.600～1.100 | 0.02 | 0.0002 | ±0.0002 | +0.0003 |
| SY～05 | | 0.600～1.100 | 0.05 | 0.0005 | ±0.0003 | -0.0007 |
| SY～10 | | 0.600～1.100 | 0.05 | 0.0010 | ±0.0006 | +0.0014 |

③ 恒温浴：保持恒定的试验温度，温差控制在±0.25℃以内。

④ 温度计：温度计根据不同测温范围有不同的技术指标，详见表 6.5。

**表 6.5 温度计技术要求**

| 范围/℃ | 刻度间隔 | 最大误差范围 |
|---|---|---|
| -1～38 | 0.1 | ±0.1 |
| -20～102 | 0.2 | ±0.15 |

#### 6.2.6.3 试剂和材料

碳九碳十馏分、芳烃溶剂油。

#### 6.2.6.4 测试步骤

① 在试验温度下，将试样放置于密度计量筒中，用滤纸擦拭去除试样表面气泡，把密度计量筒放置在没有空气流动的环境中，确保试验温度波动小于 2℃。

② 用玻璃棒持续搅拌试样，把密度计放置在试样中，使其在平衡点以下大约 1mm 处，保持密度计处于平衡漂浮状态。

③ 当密度计稳定漂浮时，读取密度计刻度值，记录此时温度。

#### 6.2.6.5 数据处理

① 对温度计读数进行修正，精确到 0.1℃。

② 对密度计读数进行修正，精确到 $0.1kg/m^3$。

#### 6.2.6.6 应用

通过对碳九碳十馏分以及芳烃溶剂油密度检测可对液体产品质量进行管控。

### 6.2.7 色度（铂-钴色号）

碳九碳十馏分以及芳烃溶剂油色度（铂-钴色号）参照标准《液体化学产品颜色测定法（Hazen单位-铂-钴色号）》（GB/T 3143—1982）进行测试。

#### 6.2.7.1 测试方法原理

将待测样品与标准铂-钴比色液进行颜色对比，用 Hazen（铂-钴）颜色单位表示结果。

#### 6.2.7.2 仪器和设备

① 72型分光光度计或类似的分光光度计。

② 纳氏比色管：50mL 或 100mL，在底部以上 100mm 处有刻度标记。

③ 比色管架：一般装有白色垫板，便于颜色观察。

#### 6.2.7.3 试剂和材料

待测样品、六水合氯化钴（分析纯）、盐酸（分析纯）、氯铂酸（分析纯）、氯铂酸钾（分析纯）。

#### 6.2.7.4 测试步骤

① 将待测样品放入纳氏比色管中，使其到达最大刻度线；将标准铂-钴对比溶液放入另一个纳氏比色管中，使其到达最大刻度线。

② 在日光条件下对比试样与标准铂-钴对比溶液的颜色。

#### 6.2.7.5 数据处理

挑选最接近标准铂-钴对比溶液的 Hazen 颜色作为试样的铂-钴色度。

#### 6.2.7.6 应用

通过色度检测可对碳九碳十馏分以及芳烃溶剂油质量进行管控。

### 6.2.8 铜片腐蚀

碳九碳十馏分和芳烃溶剂油铜片腐蚀参照标准《工业芳烃铜片腐蚀试验法》（GB/T 11138—94）进行测试。

#### 6.2.8.1 测试方法原理

将一块磨光的铜片浸入带冷凝器的含 200mL 试样的烧瓶中，把烧瓶放入 100℃±1℃的恒温浴中，30min 后取出铜片，与腐蚀标准色板进行比较。

#### 6.2.8.2 仪器和设备

① 烧瓶：用耐化学腐蚀的玻璃制成，250mL，平底。

② 玻璃冷凝器：长 300mm，冷凝管的内径不小于 10mm。

③ 恒温浴：温度保持 100℃±1℃的水浴或者油浴。

④ 磨片夹钳：符合 GB/T 5096 要求。

#### 6.2.8.3 试剂和材料

① 铜片：材质符合 GB/T 5231—2022 中 T2 要求的铜合金材料，尺寸要求为 75mm×12.5mm×(1.5～3.0)mm；在铜片横向中心线上距一端约 3.0mm 处有一个直径为 3.0mm 的孔。铜片可以反复使用，但经处理后表面变形时不能再使用。

② 铜丝：符合 GB/T 467—2010 要求的直径 0.3mm，长 150mm 的软铜丝。

③ 磨光材料：65μm（240 粒度）砂纸；105μm（150 目）砂粒。

④ 腐蚀标准色板：符合 GB/T 5096 要求。

⑤ 洗涤溶剂：合适的溶剂有分析纯异辛烷、标准异辛烷和参比燃料异辛烷，也可以选用分析纯的石油醚（90～120℃）或符合 SH 0004 要求的橡胶工业用溶剂油。

⑥ 清漆：挥发性清漆。

#### 6.2.8.4 测试步骤

① 将 200mL 试样（如有游离水，需用滤纸过滤去除）加入烧瓶中，用铜丝调整铜片位置，使铜片全部浸入试样。烧瓶尽可能平放并且让铜片两端接触烧瓶壁，将铜丝伸入冷凝管，然后用合适的软木塞连接烧瓶垂直回流玻璃冷凝器，也可用带磨口的烧瓶和玻璃冷凝器的配套仪器。禁止使用橡胶塞，避免橡胶塞中的硫污染试样。

② 将烧瓶放入 100℃±1℃的恒温浴中，使烧瓶中的试样液面全部浸入恒温浴的液面之下。

③ 加热回流 30min 后取出烧瓶，卸下玻璃冷凝器，用铜丝取出铜片，浸入清漆中并保存。

#### 6.2.8.5 数据处理

将铜片和腐蚀标准色板在 45°夹角条件下进行观察，如果铜片略微失去光泽，则认为不腐蚀，其余条件则认为有腐蚀。

#### 6.2.8.6 应用

铜片腐蚀测试方法可作为石油树脂规格调整和质量控制的手段，也可以用于碳九碳十原料和产品的开发和研究工作，可以指出石油树脂生产过程中是否存在腐蚀设备的酸性物质或硫化物等腐蚀物质。

### 6.2.9 混合苯胺点

碳九碳十馏分以及芳烃溶剂油混合苯胺点测试方法参考《石油产品和烃类溶剂苯胺点和混合苯胺点测定法》(GB/T 262—2010)。

#### 6.2.9.1 测试方法原理

将规定体积苯胺、正庚烷以及试样加入试剂瓶中，用玻璃棒搅拌混合物同时加热直至两相完全混溶，冷却混合物，记录两相分离的温度作为试样的混合苯胺点。

#### 6.2.9.2 仪器和设备

苯胺点测定仪、加热浴和冷却浴、温度计、移液管、天平、安全防护镜、安全手套（不可渗透苯胺）。

#### 6.2.9.3 试剂和材料

苯胺，分析纯；干燥剂；正庚烷，纯度＞99.75%；氢氧化钾，化学纯。

#### 6.2.9.4 测试步骤

① 称取 10mL 苯胺和 10mL 试样放入试剂瓶中，用搅拌器持续搅拌，用软木塞将温度计放置在试剂瓶中，温度计感温位置没过混合物液面。

② 加热苯胺-试样混合物并快速搅拌，避免混合物起泡，直至混合物完全混溶。

③ 将苯胺-试样混合物在空气浴中持续搅拌，使混合物以 0.5～1.0℃/min 速度缓慢冷却，当混合物突然浑浊时，记录此时的温度作为试样苯胺点，精度为 0.1℃。

④ 重复 3 次上述操作，记录每次苯胺点温度，浅色试样三次温差不大于 0.1℃，深色试样三次温差不大于 0.2℃，取三次温度的平均值作为该试样的混合苯胺点。

#### 6.2.9.5 数据处理

用下述规定的方式判断数据可靠性。

由两位操作人员在相同条件下测试样品混合苯胺点：浅色样品混合苯

胺点温差小于0.2℃，深色样品混合苯胺点温差小于0.3℃。

#### 6.2.9.6 应用

混合苯胺点反映了碳九碳十馏分以及芳烃溶剂油中各烃类的相对含量。混合苯胺点高，说明组分中烷烃含量多，芳烃含量少；混合苯胺点低，说明组分中烷烃含量少，芳烃含量多。

# 附　录

# 附录 1　苯乙烯的物理化学性质

苯乙烯，分子式为 $C_8H_8$，系统命名法名称为乙烯基苯，是一种重要的有机化工单体。它是一种无色、具有特殊芳香甜味的油状液体。苯乙烯最主要的用途是作为合成聚苯乙烯（PS）、丙烯腈-丁二烯-苯乙烯共聚物（ABS）树脂、丁苯橡胶（SBR）等多种高分子材料的关键原料。

## 1.1　物理性质（附表 1.1）

附表 1.1　苯乙烯的物理性质

| 性质 | 描述 |
|---|---|
| 分子式 | $C_8H_8$ |
| 结构式 | 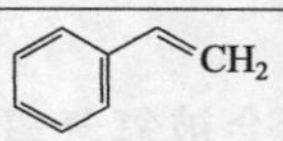 |
| 分子量 | 104.15 |
| 外观与气味 | 无色至淡黄色油状液体，有特殊的芳香甜味 |
| 密度① | 0.905g/$cm^3$ |
| 熔点② | −30.6℃ |
| 沸点② | 145℃ |
| 闪点③ | 31℃ |
| 燃点② | 490℃ |
| 折射率④ | 1.546 |
| 黏度⑤ | 0.76mPa·s |
| 蒸气压⑤ | 4.5mmHg(599.95Pa) |
| 溶解度⑥ | 难溶于水，0.03%（质量分数）；易溶于有机溶剂，如乙醇、乙醚、丙酮、二硫化碳、四氯化碳等 |
| 爆炸极限① | 1.1%～8.0% |

①温度 25℃，压力 101.325kPa。

②压力 101.325kPa。

③测试方法：ASTM D93，闭杯测试值。

④温度 20℃，使用钠光灯 D 线（589nm）光源。

⑤温度 20℃。

⑥温度 20℃，压力 101.325kPa。

## 1.2 化学性质

苯乙烯的化学性质非常活泼，这主要归因于其分子结构中的两个关键官能团：苯环和乙烯基（C=C）。乙烯基与苯环形成共轭体系，使得 π 电子云分布在整个分子中，这极大地影响了其化学反应性。

（1）聚合反应

① 均聚：生成聚苯乙烯（PS）。聚苯乙烯是一种透明、坚硬的通用塑料，广泛用于食品包装、电器外壳、日用器皿等。

② 共聚：与其他不饱和单体聚合，生成性能各异的高分子材料。与丙烯腈、丁二烯共聚生成 ABS 树脂；与丁二烯共聚生成丁苯橡胶（SBR）；与丙烯腈共聚生成苯乙烯-丙烯腈共聚物（SAN）树脂。

③ 自聚倾向：即使在室温下，苯乙烯也会缓慢地发生自聚。因此，在储存和运输过程中必须添加阻聚剂，并避光、低温保存。

（2）氧化反应

① 空气氧化：暴露在空气中时，苯乙烯会被氧气氧化生成过氧化物，这些过氧化物会加速其聚合，也可能引发爆炸危险。苯乙烯氧化还会产生苯甲醛、甲醛等，使其颜色变黄并产生刺激性气味。

② 催化氧化：在催化剂存在下，苯乙烯的乙烯基双键可被氧化，生成苯甲酸（苯甲醛）。

（3）加成反应

① 加氢：在催化剂（如 Ni、Pt、Pd）作用下，苯乙烯可加氢生成乙基环己烷。该反应可用于精制苯乙烯或分析其纯度。

② 加卤素：例如，与溴水反应，可使溴水的红棕色褪去。该反应可用于定性检验碳碳双键。

③ 与卤化氢加成：遵循马氏规则，主要生成 α-卤代乙苯。

## 1.3 波谱分析

（1）紫外光谱（附图 1.1）

（2）红外光谱（附图 1.2）

（3）质谱（附图 1.3）

（4）核磁共振波谱

① $^{1}H$ 谱（附图 1.4）

② $^{13}C$ 谱（附图 1.5）

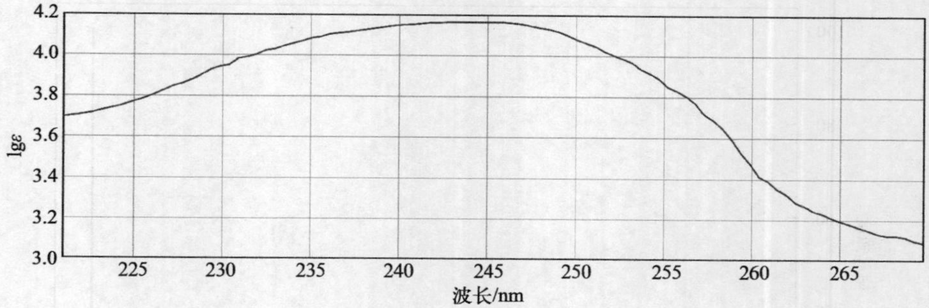


附图 1.1　苯乙烯紫外光谱图

| HIT-NO=2170 | SCORE=(　) | SDBS-NO=3044 | IR-NIDA-10290 ： 液膜法 |
|---|---|---|---|
| 苯乙烯 | | | |
| $C_8H_8$ | | | |

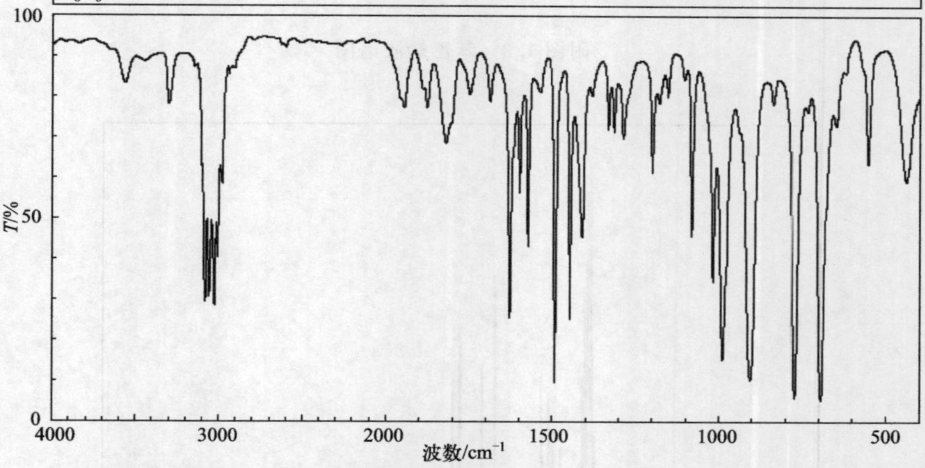


| | | | | | | | | | |
|---|---|---|---|---|---|---|---|---|---|
| 3299 | 74 | 1946 | 74 | 1496 | 9 | 1202 | 68 | 641 | 74 |
| 3082 | 28 | 1876 | 74 | 1449 | 23 | 1182 | 74 | 777 | 5 |
| 3060 | 29 | 1821 | 66 | 1412 | 43 | 1156 | 77 | 738 | 72 |
| 3027 | 27 | 1689 | 77 | 1383 | 77 | 1083 | 43 | 698 | 4 |
| 3009 | 38 | 1630 | 24 | 1334 | 70 | 1021 | 33 | 650 | 70 |
| 2980 | 57 | 1801 | 59 | 1317 | 88 | 992 | 14 | 555 | 60 |
| 1966 | 77 | 1676 | 41 | 1290 | 66 | 909 | 8 | 442 | 67 |

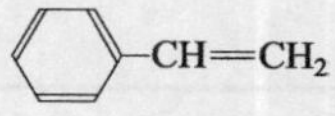


附图 1.2　苯乙烯红外光谱图

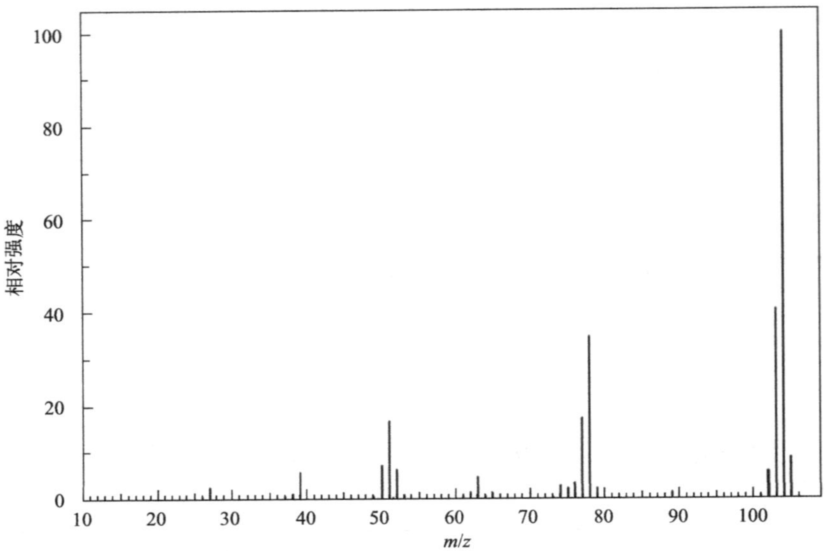


附图 1.3　苯乙烯质谱图

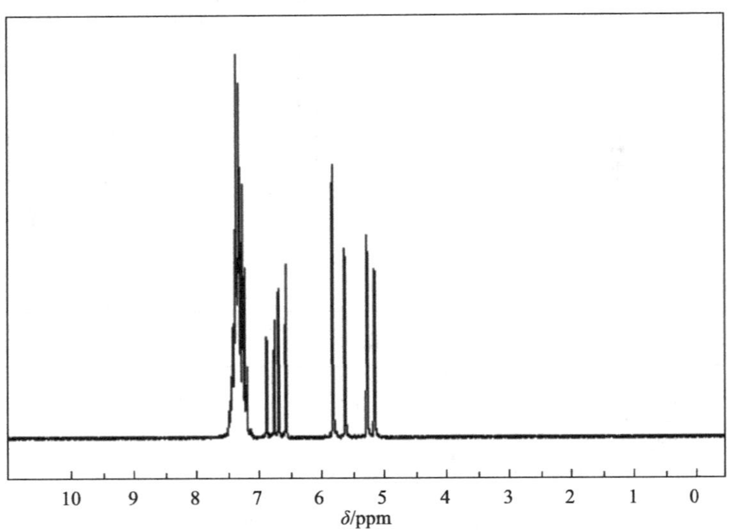


附图 1.4　苯乙烯[1]H 谱图

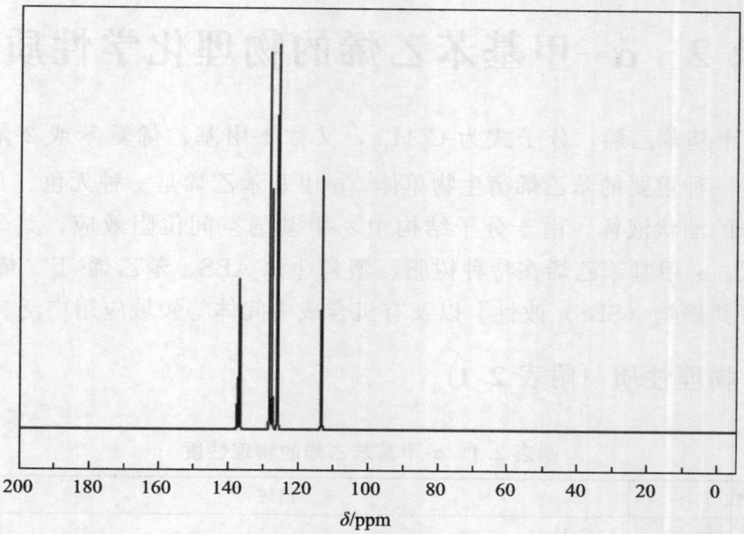


附图 1.5　苯乙烯$^{13}$C 谱图

## 1.4　操作注意事项

使用苯乙烯时，必须将防火防爆和人员安全防护作为首要原则。操作区域务必严禁明火、热源并全面防静电，所有设备须可靠接地，使用防爆电器与工具。工作场所应保持强制通风，尽可能实现密闭操作。操作人员须佩戴适当的个人防护装备，包括防有机蒸气口罩、化学护目镜和防化学品手套及衣物，防止液体溅染或吸入蒸气。处理时应轻拿轻放，避免物料外泄，一旦发生泄漏，须立即疏散人员，佩戴正压式呼吸器进行处置，用惰性材料吸收并安全收集，防止其进入下水道或环境。

## 1.5　储存注意事项

储存苯乙烯的关键在于控制温度、隔绝火源并保持稳定。应将其储存于阴凉（建议温度不超过 25℃）、通风良好的专用库房，远离热源和阳光直射，并确保容器严格密封。储存时必须与氧化剂、酸类等不相容物质隔离存放，库房区域应配备防爆设施和泄漏应急设备。鉴于苯乙烯易自聚的特性，必须确保储存容器内阻聚剂含量有效，并定期检查其状态，以防止发生聚合反应，从而保障储存安全。

# 附录2 α-甲基苯乙烯的物理化学性质

α-甲基苯乙烯，分子式为$C_9H_{10}$，又称1-甲基乙烯基苯或2-苯基丙烯，是一种重要的苯乙烯衍生物单体。α-甲基苯乙烯是一种无色、具有特殊气味的油状液体，由于分子结构中α-甲基的空间位阻效应，其聚合活性较低。α-甲基苯乙烯在特种树脂、塑料［如ABS、苯乙烯-丁二烯-苯乙烯嵌段共聚物（SBS）改性］以及有机合成中间体等领域应用广泛。

## 2.1 物理性质（附表2.1）

**附表2.1 α-甲基苯乙烯的物理性质**

| 性质 | 描述 |
|---|---|
| 分子式 | $C_9H_{10}$ |
| 结构式 | 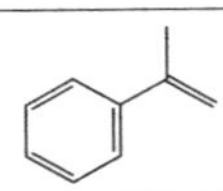 |
| 分子量 | 118.17 |
| 外观与气味 | 无色至淡黄色油状液体，有特殊气味 |
| 密度① | 0.909g/$cm^3$ |
| 熔点② | －23.2℃ |
| 沸点② | 165～169℃ |
| 闪点③ | 45℃ |
| 燃点② | 500℃ |
| 折射率④ | 1.535～1.539 |
| 黏度⑤ | 0.88mPa·s |
| 蒸气压⑤ | 2.4mmHg(319.97Pa) |
| 溶解度⑥ | 难溶于水；与大多数有机溶剂(如乙醇、乙醚、苯、丙酮)互溶 |
| 爆炸极限① | 0.9%～6.4% |

①温度25℃，压力101.325kPa。
②压力101.325kPa。
③测试方法：ASTM D93，闭杯测试值。
④温度20℃，使用钠光灯D线（589nm）光源。
⑤温度20℃。
⑥温度20℃，压力101.325 kPa。

## 2.2 化学性质

因空间位阻效应，α-甲基苯乙烯的反应活性受到抑制，同时其聚合行为受到热力学平衡的强烈制约。

（1）聚合反应

在较低温度下，α-甲基苯乙烯可以发生聚合，但当温度升高（通常>60℃）时，其聚合物又会发生“解聚”反应，回到单体状态。其聚合存在一个较低的上限温度，在此温度以上，聚合反应自由能变化（$\Delta G$）为正值，解聚反应占主导地位。

（2）加成反应

① 加氢反应：在催化剂作用下，α-甲基苯乙烯可以加氢生成异丙基苯（枯烯）。

② 亲电加成反应：α-甲基苯乙烯可与卤素（如溴）、卤化氢等发生亲电加成反应。

（3）二聚反应

在加热或酸性条件下，α-甲基苯乙烯甲基苯乙烯分子之间容易发生二聚反应，主要生成1,3,5-三甲基-1－苯基茚满和2,4-二苯基-4-甲基-1-戊烯两种二聚体。

（4）氧化反应

① 烯键氧化：α-甲基苯乙烯中的双键可被高锰酸钾等强氧化剂氧化，导致碳链断裂。

② 自动氧化：α-甲基苯乙烯与空气长时间接触，特别是在光照下，会缓慢发生自动氧化，生成过氧化物和醛、酮等杂质，导致颜色变黄和产生异味。

③ 苯环侧链氧化：在更剧烈的条件下，α-甲基苯乙烯中苯环侧的烷基可以被氧化。

## 2.3 波谱分析

（1）紫外光谱（附图2.1）

（2）红外光谱（附图2.2）

（3）质谱（附图2.3）

（4）核磁共振波谱

① $^{1}$H 谱（附图 2.4）

② $^{13}$C 谱（附图 2.5）

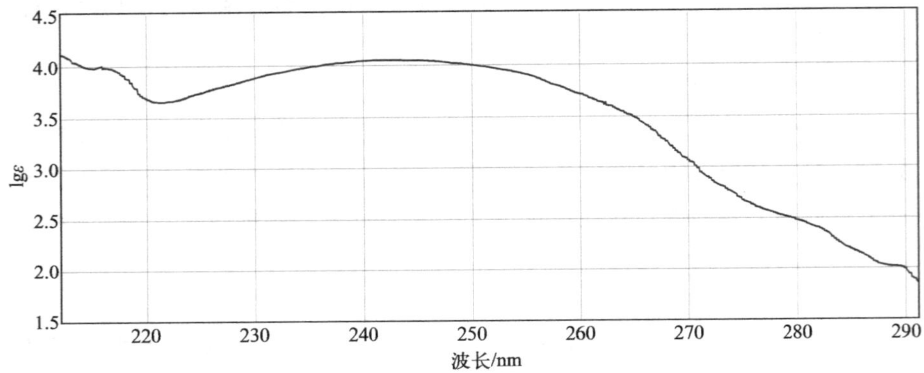


附图 2.1　α-甲基苯乙烯紫外光谱图

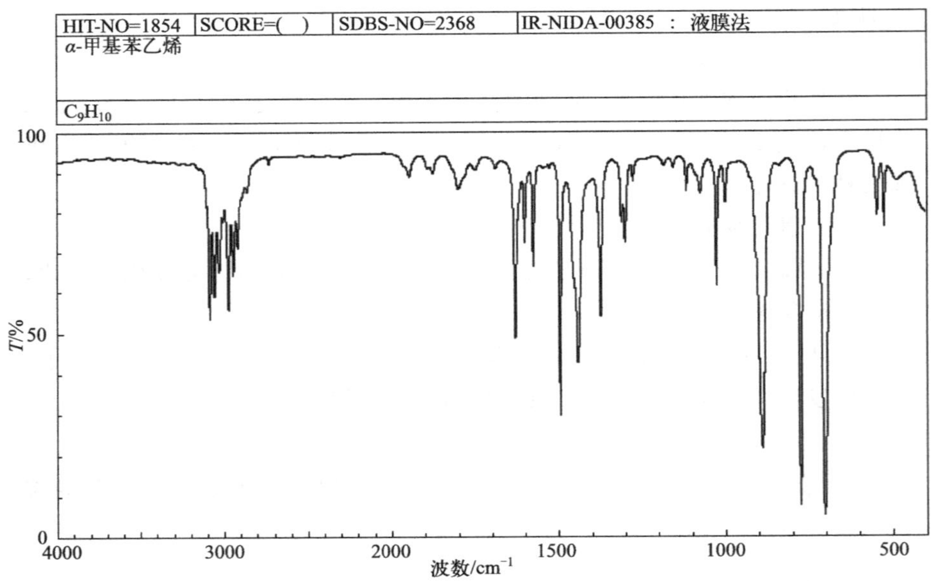


| 3086 | 60 | 2861 | 81 | 1496 | 28 | 1077 | 81 | 627 | 72 |
|---|---|---|---|---|---|---|---|---|---|
| 3058 | 57 | 1946 | 86 | 1443 | 41 | 1028 | 58 | 488 | 84 |
| 3033 | 82 | 1878 | 86 | 1375 | 52 | 1003 | 79 | | |
| 3008 | 74 | 1800 | 81 | 1313 | 74 | 892 | 20 | | |
| 2974 | 53 | 1630 | 46 | 1302 | 70 | 777 | 7 | | |
| 2946 | 82 | 1601 | 70 | 1279 | 84 | 704 | 4 | | |
| 2920 | 68 | 1676 | 64 | 1118 | 81 | 648 | 77 | | |

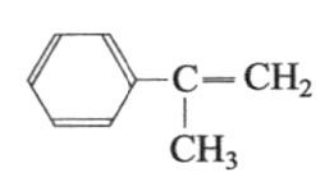


附图 2.2　α-甲基苯乙烯红外光谱图

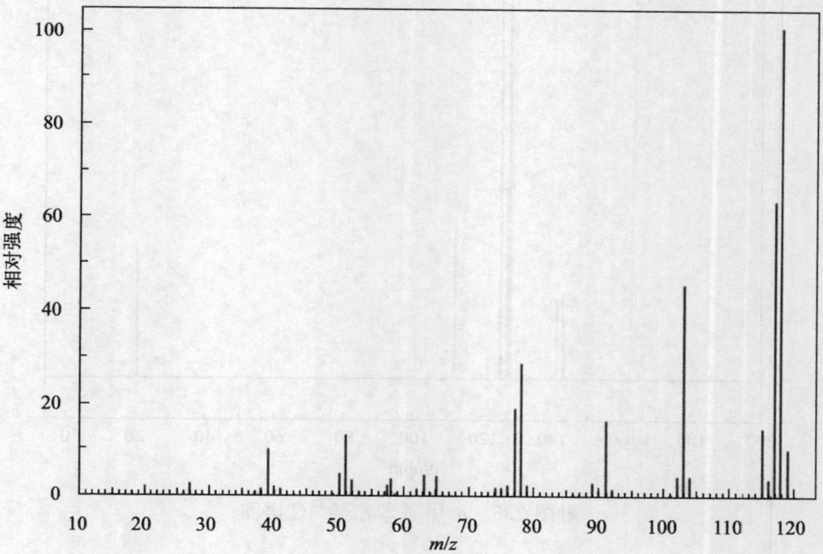


附图 2.3 α-甲基苯乙烯质谱图

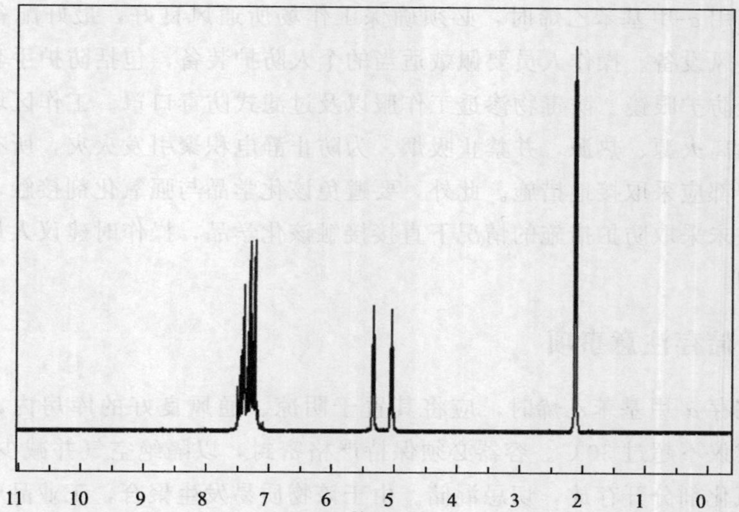


附图 2.4 α-甲基苯乙烯$^1$H 谱图

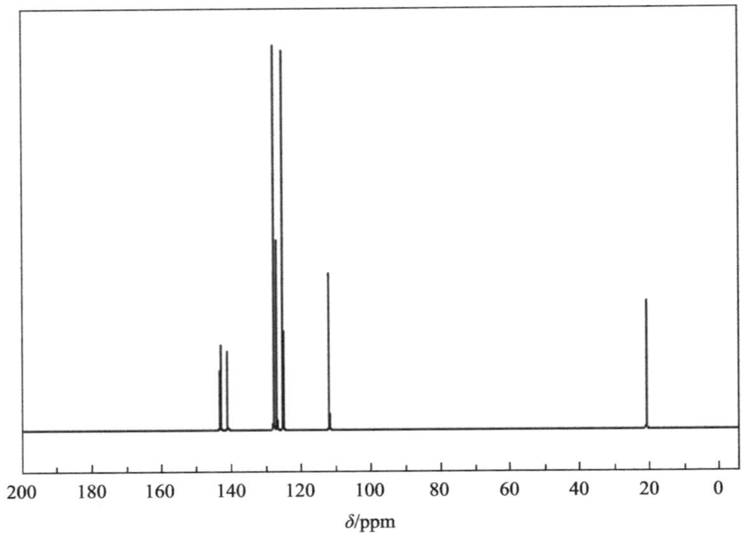


附图 2.5　α-甲基苯乙烯$^{13}$C 谱图

## 2.4　操作注意事项

使用 α-甲基苯乙烯时，必须确保工作场所通风良好，最好配备局部排气通风设备。操作人员要佩戴适当的个人防护装备，包括防护手套、化学安全防护眼镜、防毒物渗透工作服以及过滤式防毒口罩。工作区域必须严格远离火源、热源，并禁止吸烟。为防止静电积聚引发火灾，所有设备和容器都应采取接地措施。此外，要避免该化学品与强氧化剂接触，并且严禁在未采取防护措施的情况下直接接触该化学品，操作时建议人员位于上风向。

## 2.5　储存注意事项

储存 α-甲基苯乙烯时，应将其置于阴凉、通风良好的库房内，储存温度建议不超过 30℃。容器必须保持严格密封，以隔绝空气并减少蒸发。应与氧化剂分开存放，切忌混储。由于该物质易发生聚合，工业品中通常加有阻聚剂，因此不宜大量储存或久存。储存区域应配备防爆型照明和通风设施，并禁止使用易产生火花的机械设备与工具。同时，储存地点应远离排水管和下水道，防止泄漏后污染环境。

# 附录 3　茚的物理化学性质

茚，分子式为 $C_9H_8$，又称茚或苯并环戊二烯，是一种重要的稠环芳烃类化工原料及中间体。茚是一种无色至淡黄色、具有特殊刺激性气味的油状液体。由于茚独特的苯环与环戊二烯稠合结构，其五元环上的亚甲基具有较高的化学反应活性，在合成古马隆-茚树脂、石油树脂以及作为医药、农药和特种高分子材料的关键中间体等领域应用广泛。

## 3.1　物理性质（附表 3.1）

附表 3.1　茚的物理性质

| 性质 | 描述 |
|---|---|
| 分子式 | $C_9H_8$ |
| 结构式 | 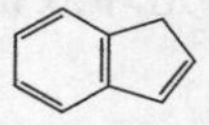 |
| 分子量 | 116.16 |
| 外观与气味 | 无色至淡黄色油状液体，有特殊刺激性气味 |
| 密度① | $0.996g/cm^3$ |
| 熔点② | −1.8℃ |
| 沸点② | 181.6℃ |
| 闪点③ | 58.9℃ |
| 燃点② | 490℃ |
| 折射率④ | 1.596 |
| 黏度⑤ | 2.1mPa·s |
| 蒸气压⑤ | 1.2mmHg(159.99Pa) |
| 溶解度⑥ | 不溶于水；与乙醇、乙醚、苯等大多数有机溶剂互溶 |

①温度 25℃，压力 101.325kPa。

②压力 101.325kPa。

③测试方法：ASTM D93，闭杯测试值。

④温度 20℃，使用钠光灯 D 线（589nm）光源。

⑤温度 20℃。

⑥温度 20℃，压力 101.325kPa。

## 3.2 化学性质

茚是由苯环和环戊二烯稠合而成的稠环芳烃，其最显著的特征是环戊二烯环上的亚甲基具有异常高的化学反应活性。

(1) 聚合与共聚反应

① 自聚：茚在光照、受热或酸性催化剂存在的条件下，非常容易发生聚合反应，生成聚茚。

② 共聚：茚最主要的工业应用是作为共聚单体，它与古马隆树脂共聚可以生成古马隆-茚树脂。这种树脂具有良好的增黏性、电绝缘性和耐水性，广泛用作橡胶的增黏剂、涂料的成膜物以及油墨的载色体。

(2) 氧化反应

① 自动氧化：茚对空气非常敏感，尤其在光照下，会缓慢被氧气氧化，生成过氧化物、醇、酮等，导致颜色变黄并产生刺激性气味。

② 强烈氧化：在强氧化剂作用下，茚的五元环双键或苯环可以被氧化开环，生成复杂的羧酸混合物。

(3) 亲电取代反应

茚整个分子是一个大的共轭体系，电子云密度分布不均，因此在苯环上可以发生亲电取代反应，如硝化、磺化、卤化等。

(4) 双烯合成

茚的环戊二烯部分可以作为一个二烯体，与亲二烯体发生 Diels-Alder 环加成反应，生成复杂的多环化合物。

## 3.3 波谱分析

(1) 紫外光谱（附图 3.1）

(2) 红外光谱（附图 3.2）

(3) 质谱（附图 3.3）

(4) 核磁共振波谱

① $^{1}H$ 谱（附图 3.4）

② $^{13}C$ 谱（附图 3.5）

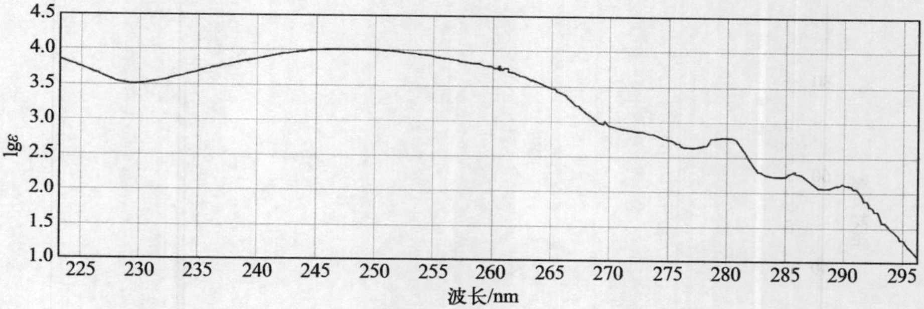

附图 3.1 茚紫外光谱图

| HIT-NO=785 | SCORE=( ) | SDBS-NO=1357 | IR-NIDA-06961 ： $CCl_4$ 溶液法 |
|---|---|---|---|
| 茚 | | | |
| $C_9H_8$ | | | |

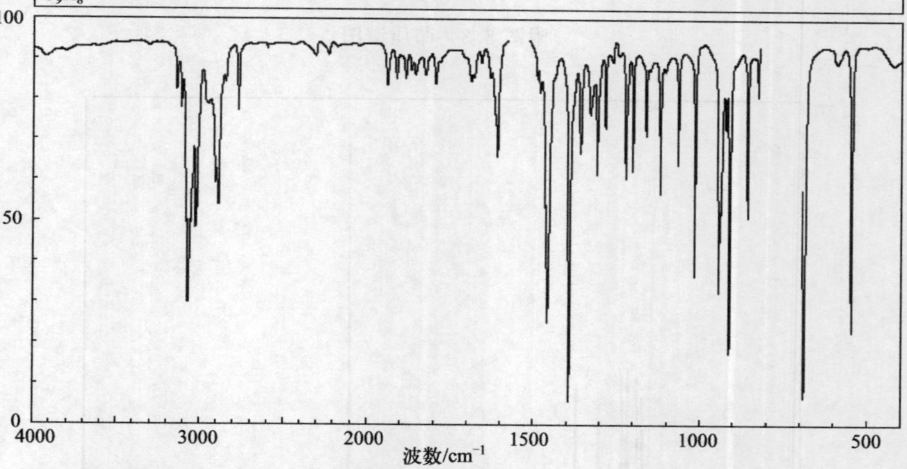

| | | | | | | | | | |
|---|---|---|---|---|---|---|---|---|---|
| 3142 | 79 | 2908 | 67 | 1467 | 62 | 1227 | 68 | 941 | 49 |
| 3113 | 74 | 2892 | 52 | 1460 | 23 | 1205 | 60 | 927 | 70 |
| 3083 | 47 | 2773 | 74 | 1395 | 4 | 1166 | 68 | 915 | 16 |
| 3073 | 28 | 1886 | 81 | 1362 | 64 | 1123 | 66 | 862 | 49 |
| 3057 | 47 | 1826 | 81 | 1333 | 72 | 1068 | 60 | 830 | 77 |
| 3028 | 46 | 1611 | 62 | 1312 | 58 | 1019 | 35 | 692 | 5 |
| 3018 | 60 | 1483 | 78 | 1288 | 70 | 947 | 30 | 661 | 21 |

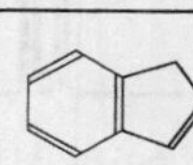

附图 3.2 茚红外光谱图

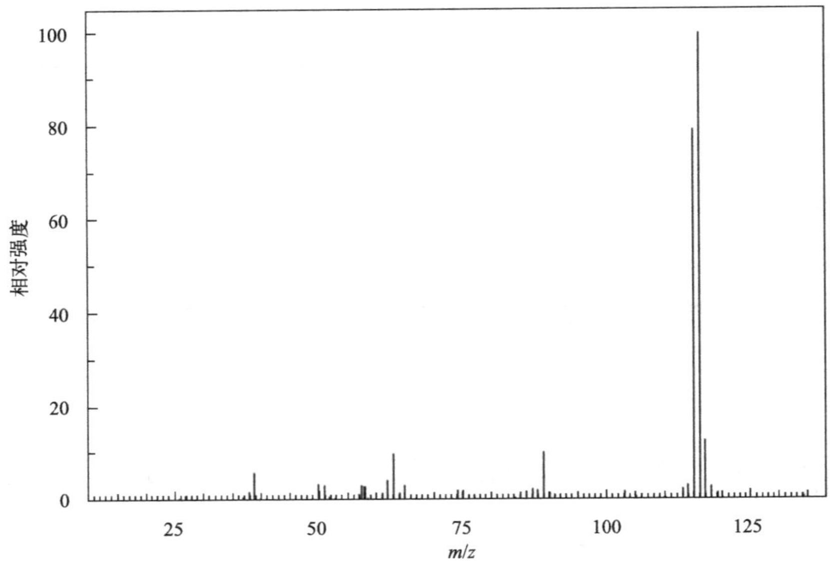


附图 3.3 茚质谱图

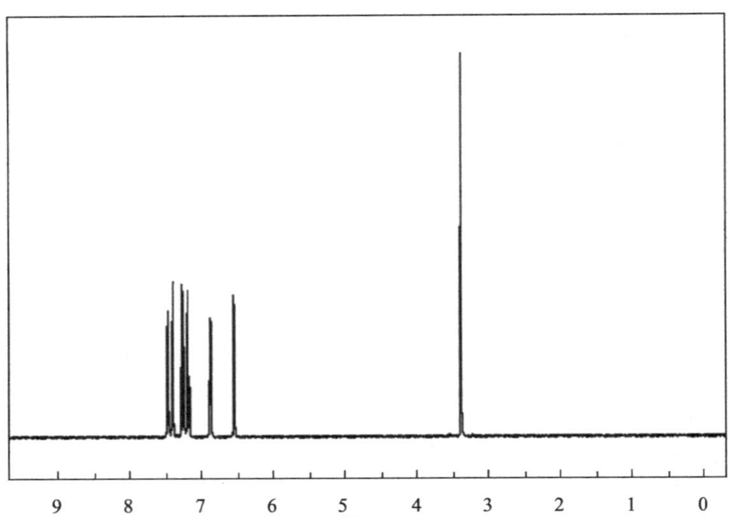


附图 3.4 茚[1]H 谱图

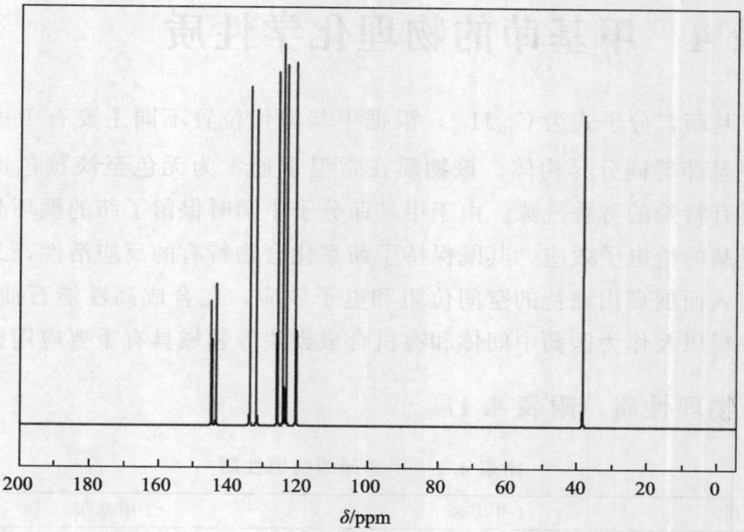


附图 3.5 茚$^{13}$C 谱图

## 3.4 操作注意事项

使用茚时必须确保工作场所具备强制通风条件，并优先采用局部排气设备，操作人员须佩戴化学防护手套、防溅护目镜、防毒物渗透工作服及适用于有机蒸气的防毒面具，所有操作区域必须严格隔绝火源、热源并严禁吸烟。为防止静电累积引发危险，相关设备和容器必须可靠接地，同时应避免该化学品与强氧化剂接触。操作中要求操作人员位于上风向并采用密闭工艺，尽可能减少蒸气逸散，且严禁在未配备有效防护措施的情况下直接接触物料。

## 3.5 储存注意事项

储存茚时应将其置于阴凉通风的防爆仓库内，保持环境温度低于30℃，并远离热源及火源，容器必须严格密封并实施充氮保护，以抑制其氧化和聚合倾向。库房需配备防爆型通风与电气设备，严禁与氧化剂类物质混存。工业级产品需确保阻聚剂有效含量并定期检查物料状态，同时储存区应设置防泄漏收集装置和醒目的安全警示标识。

# 附录 4　甲基茚的物理化学性质

甲基茚，分子式为 $C_{10}H_{10}$，根据甲基取代位置不同主要有 1-甲基茚和 2-甲基茚等同分异构体。该物质在常温下通常为无色至淡黄色透明液体，具有特殊的芳香气味。由于甲基茚分子中同时保留了茚的稠环共轭结构和甲基的给电子效应，其既保持了茚系化合物特有的反应活性，又因甲基的引入而展现出独特的空间位阻和电子效应，在合成高性能石油树脂、特种香料以及作为医药中间体和有机合成砌块等领域具有重要应用价值。

## 4.1　物理性质（附表 4.1）

附表 4.1　甲基茚的物理性质

| 性质 | 1-甲基茚 | 2-甲基茚 |
| --- | --- | --- |
| 分子式 | $C_{10}H_{10}$ | $C_{10}H_{10}$ |
| 结构式 | 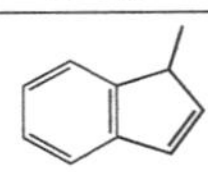 | 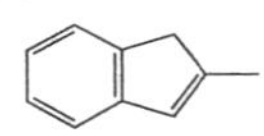 |
| 分子量 | 130.19 | 130.19 |
| 外观与气味 | 无色至淡黄色透明液体，具有特殊芳香气味 | 无色至淡黄色透明液体，具有特殊芳香气味 |
| 密度① | 0.987g/cm$^3$ | 0.971g/cm$^3$ |
| 熔点② | 80℃ | 80℃ |
| 沸点② | 199℃ | 205℃ |
| 闪点③ | 77℃ | 71℃ |
| 燃点② | 480℃ | 480℃ |
| 折射率④ | 1.558 | 1.567 |
| 黏度⑤ | 2.5mPa·s | 2.5mPa·s |
| 蒸气压⑤ | 0.3mmHg(40Pa) | 0.3mmHg(40Pa) |
| 溶解度⑥ | 不溶于水；与乙醇、乙醚、苯等大多数有机溶剂互溶 | 不溶于水；与乙醇、乙醚、苯、甲苯等大多数有机溶剂互溶 |

①温度 25℃，压力 101.325kPa。

②压力 101.325kPa。

③测试方法：ASTM D93，闭杯测试值。

④温度 20℃，使用钠光灯 D 线（589nm）光源。

⑤温度 20℃。

⑥温度 20℃，压力 101.325kPa。

## 4.2 化学性质

甲基茚的化学性质源于其稠环芳烃骨架（苯环与环戊二烯环稠合），甲基的引入通过给电子诱导效应和超共轭效应改变了分子中的电子云密度分布，同时因空间位阻效应对反应选择性的调控，其核心化学性质在茚的基础上呈现出更丰富的特性。

（1）亲电取代反应

① 苯环亲电取代：甲基取代甲基茚（如 2-甲基茚）的苯环时，电子云向苯环的邻位、对位集中，亲电试剂优先进攻这两个位点，产物选择性＞90％。

② 环戊二烯环亲电取代：甲基茚中的环戊二烯环为富电子体系，在温和条件下（如低温、弱亲电试剂）可发生亲电取代反应（如烷基化、酰基化），甲基的给电子效应会进一步活化环戊二烯环的 2-位（与甲基相邻），反应产物以环戊二烯环取代为主。

③ 取代基影响：空间位阻会抑制大体积亲电试剂（如叔丁基氯）进攻甲基茚中甲基的邻位，此时对位产物比例显著提升（对位选择性＞80％）。

（2）氧化反应

① 侧链氧化：甲基茚分子中的甲基可以被强氧化剂（如高锰酸钾）氧化，生成相应的茚甲酸。

② 环戊二烯环氧化：在臭氧或过氧酸作用下，甲基茚中环戊二烯环的双键易发生环氧化，生成环氧甲基茚，该产物可作为环氧树脂的中间体。

③ 苯环氧化：在剧烈条件下（如高温、强氧化剂过量），甲基茚的苯环可被氧化开环，生成二元羧酸（如邻苯二甲酸单酯）。

（3）聚合与共聚反应

甲基茚同样可以发生聚合和共聚反应，但由于甲基带来的空间位阻，其聚合速率通常比茚稍慢。

（4）Diels-Alder 反应

甲基茚的环戊二烯部分同样可以作为二烯体发生 Diels-Alder 环加成反应。甲基的电子效应对其作为二烯体的反应活性有一定影响。

## 4.3 波谱分析

（1）紫外光谱（以 1-甲基茚为例）

甲基茚的紫外光谱类似于茚的双环芳香结构，关键吸收峰在约 260nm 处（苯环和五元环共轭）。

（2）红外光谱（以 1-甲基茚为例）（附图 4.1）

（3）质谱（以 1-甲基茚为例）（附图 4.2）

（4）核磁共振波谱（以 1-甲基茚为例）

① $^{1}$H 谱（附图 4.3）

② $^{13}$C 谱（附图 4.4）

| HIT-NO=1891 | SCORE=( ) | SDBS-NO=2424 | IR-NIDA-00702 ：液膜法 |
|---|---|---|---|
| 1-甲基茚 | | | |
| $C_{10}H_{10}$ | | | |

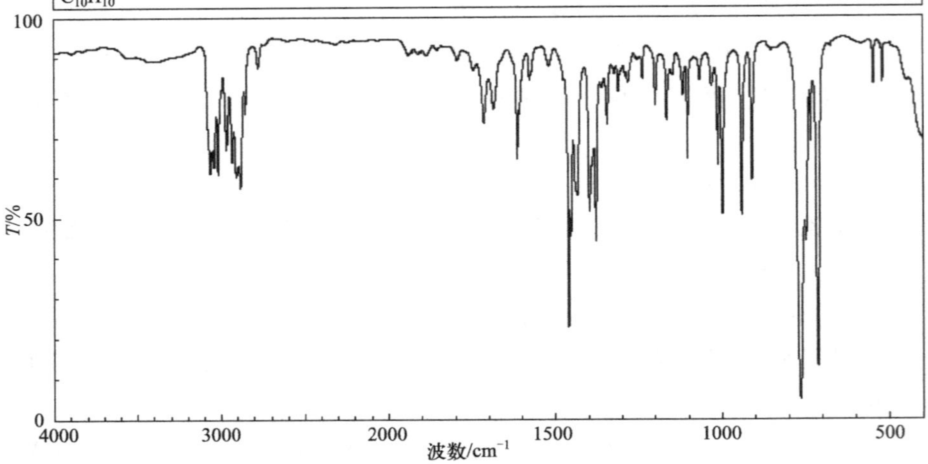


| | | | | | | | | | |
|---|---|---|---|---|---|---|---|---|---|
| 3066 | 68 | 2886 | 66 | 1466 | 43 | 1314 | 79 | 1003 | 49 |
| 3052 | 62 | 2856 | 72 | 1441 | 53 | 1287 | 79 | 945 | 49 |
| 3041 | 60 | 1718 | 70 | 1436 | 53 | 1202 | 74 | 915 | 57 |
| 3018 | 68 | 1687 | 74 | 1400 | 49 | 1170 | 72 | 770 | 4 |
| 2969 | 64 | 1616 | 62 | 1381 | 42 | 1121 | 77 | 753 | 42 |
| 2936 | 62 | 1809 | 72 | 1364 | 79 | 1107 | 62 | 739 | 66 |
| 2911 | 68 | 1463 | 22 | 1347 | 70 | 1016 | 60 | 718 | 12 |

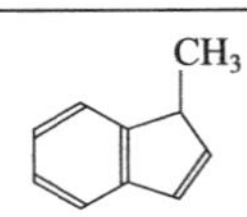


附图 4.1　1-甲基茚红外光谱图

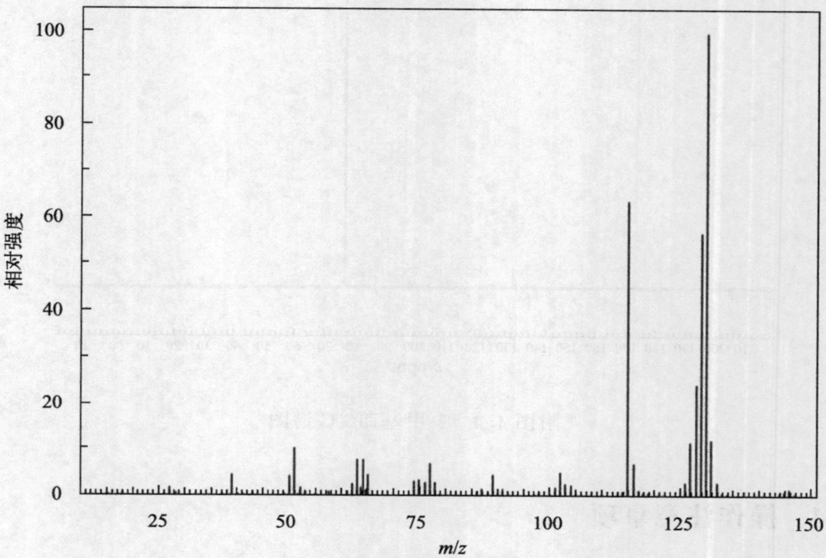


附图 4.2　1-甲基茚质谱图

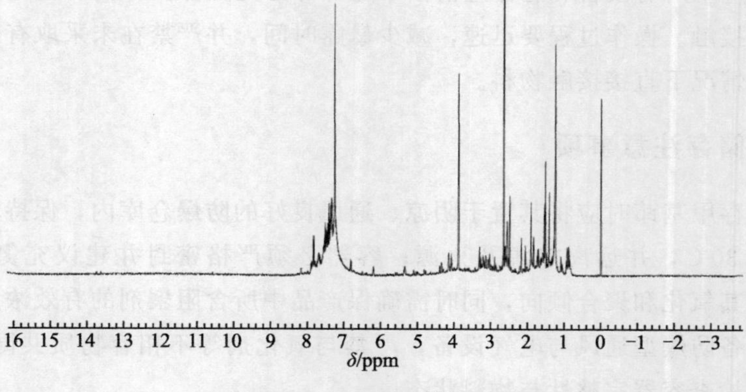


附图 4.3　1-甲基茚$^{1}$H 谱图

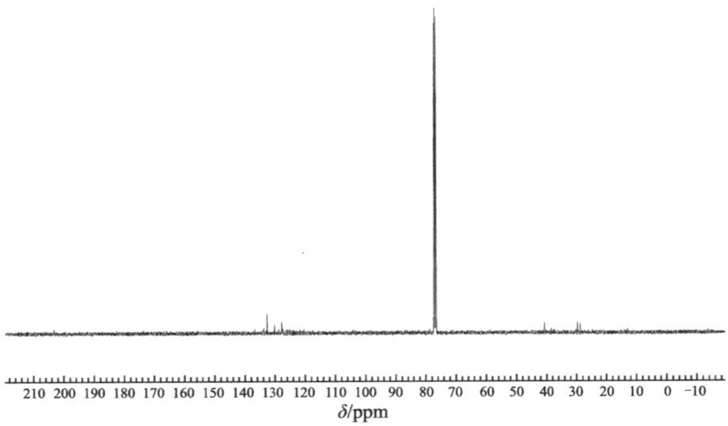


附图 4.4　1-甲基茚$^{13}C$谱图

## 4.4　操作注意事项

使用甲基茚时，务必在通风良好的环境中进行，最好在通风橱内操作，并确保工作场所远离热源和火源，因为甲基茚为易燃液体。操作人员必须佩戴适当的个人防护装备，包括化学防护手套、防护眼镜和防毒面具，以避免吸入蒸气或接触皮肤。甲基茚对空气和光敏感，易发生氧化和聚合反应，所有设备和容器应清洁干燥并考虑充氮保护；同时应避免与强氧化剂接触。操作过程要迅速，减少暴露时间，并严禁在未采取有效防护措施的情况下直接接触物料。

## 4.5　储存注意事项

储存甲基茚时应将其置于阴凉、通风良好的防爆仓库内，保持环境温度低于30℃，并远离热源及火源；容器必须严格密封并建议充氮保护，以抑制其氧化和聚合倾向，同时需确保产品中所含阻聚剂的有效浓度。库房需配备防爆型通风与电气设备，严禁与氧化剂等不相容物质共同存放，并定期检查容器完整性与物料状态。

# 附录 5　双环戊二烯的物理化学性质

双环戊二烯，分子式为 $C_{10}H_{12}$，是由两分子环戊二烯通过 Diels-Alder 反应生成的二聚体，常温下为无色至微黄色晶体或液体，具有类似樟脑的特殊刺激性气味。双环戊二烯分子中的降冰片烯环结构具有较高的张力，赋予其优异的反应活性，在加热条件下可解聚回环戊二烯，这一特性使其作为重要中间体广泛用于不饱和聚酯树脂、石油树脂、乙丙橡胶的合成，以及农药、香料等精细化学品的制备领域。

## 5.1　物理性质（附表 5.1）

附表 5.1　双环戊二烯的物理性质

| 性质 | 描述 |
|---|---|
| 分子式 | $C_{10}H_{12}$ |
| 结构式 | 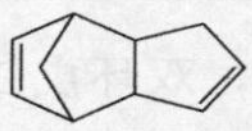 |
| 分子量 | 132.2 |
| 外观与气味 | 无色至微黄色晶体或液体,有类似樟脑的刺激性气味 |
| 密度① | 0.979g/cm$^3$ |
| 熔点② | 32.5℃ |
| 沸点② | 172℃ |
| 闪点③ | 32.2℃ |
| 燃点② | 510℃ |
| 折射率④ | 1.505～1.507 |
| 黏度⑤ | 3.0mPa·s |
| 蒸气压⑤ | 2.0mmHg(266.64Pa) |
| 溶解度⑥ | 不溶于水;溶于乙醇、乙醚、苯、四氯化碳等有机溶剂 |
| 爆炸极限① | 0.8%～6.3% |

①温度 25℃，压力 101.325kPa。

②压力 101.325kPa。

③测试方法：ASTM D93，闭杯测试值。

④温度 20℃，使用钠光灯 D 线（589nm）光源。

⑤温度 20℃。

⑥温度 20℃，压力 101.325kPa。

## 5.2 化学性质

双环戊二烯的化学性质主要由其独特的高张力降冰片烯环结构和环内双键决定，最显著的特征是热解聚反应。

(1) 热解聚反应

双环戊二烯是由两分子环戊二烯通过 Diels-Alder 反应生成的二聚体。在加热条件下（>150℃），该反应可逆向发生，双环戊二烯会解聚生成环戊二烯单体。

(2) 加成反应

① 加氢反应：在催化剂作用下，双环戊二烯可以部分加氢生成四氢双环戊二烯，或完全加氢生成全氢化双环戊二烯。

② Diels-Alder 反应：双环戊二烯本身可以作为二烯体，与更强的亲二烯体（如马来酸酐、丙烯醛）进一步反应，生成更复杂的三环或多环化合物。

(3) 共聚反应

① 自聚：在酸性催化剂催化或热引发下，双环戊二烯可通过双键发生聚合，形成聚双环戊二烯。

② 共聚：双环戊二烯可与乙烯、丙烯等单体共聚，用于生产乙丙橡胶；与乙烯基单体（如苯乙烯）及其他不饱和化合物共聚，用于生产各种石油树脂和不饱和聚酯树脂。

(4) 氧化反应

① 自动氧化：暴露在空气中时，双环戊二烯会缓慢氧化，生成过氧化物等杂质，导致颜色变黄并产生异味。

② 环氧化：双环戊二烯的双键可以被过氧酸（如过氧乙酸）氧化，生成环氧化物，这些环氧化物是合成多种精细化学品的重要中间体。

(5) 异构化反应

在高温或催化剂作用下，桥式（*endo*-）双环戊二烯 可以转化为挂式（*exo*-）双环戊二烯。

## 5.3 波谱分析

(1) 紫外光谱

双环戊二烯分子中含有共轭二烯结构，与 1,3-环戊二烯的光谱相似

（双键共轭导致吸收峰在 220～250nm，见附图 5.1）。

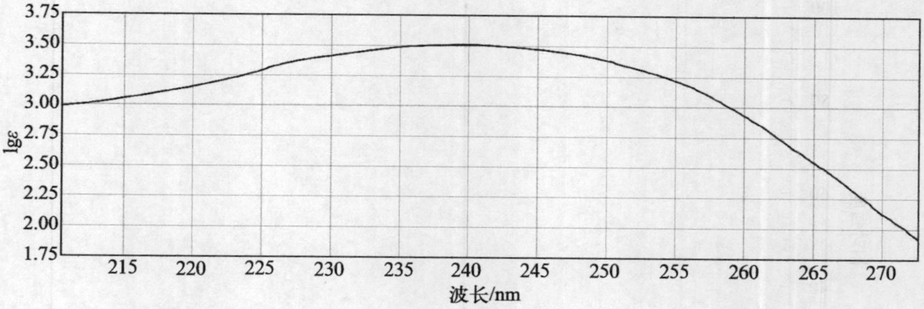


附图 5.1　双环戊二烯紫外光谱图

（2）红外光谱（附图 5.2）

| HIT-NO=2631 | SCORE=(　) | SDBS-NO=4392 | IR-NIDA-03607 ：液膜法 |
|---|---|---|---|
| 双环戊二烯 | | | |
| $C_{10}H_{12}$ | | | |

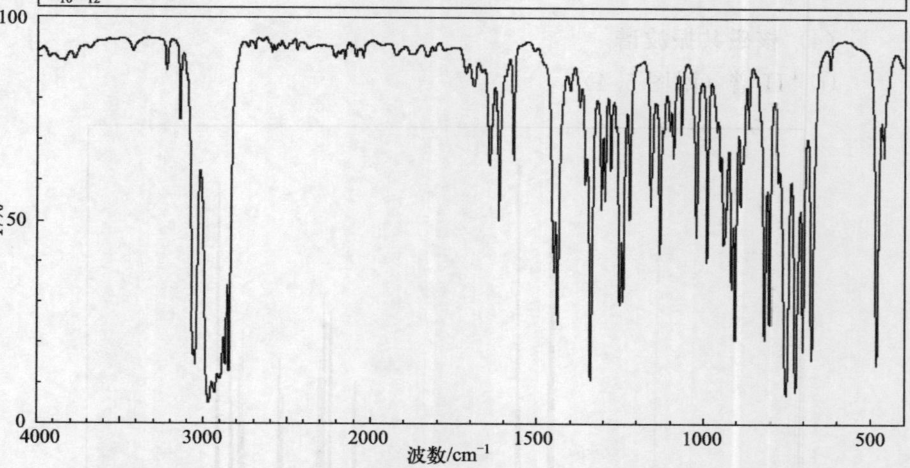


| | | | | | | | | | |
|---|---|---|---|---|---|---|---|---|---|
| 3068 | 16 | 1449 | 36 | 1261 | 27 | 963 | 60 | 806 | 23 |
| 3046 | 13 | 1439 | 23 | 1243 | 29 | 943 | 42 | 780 | 57 |
| 2965 | 4 | 1357 | 57 | 1224 | 49 | 918 | 32 | 755 | 6 |
| 2930 | 7 | 1340 | 10 | 1161 | 62 | 908 | 19 | 727 | 7 |
| 2867 | 13 | 1308 | 50 | 1133 | 41 | 892 | 52 | 705 | 17 |
| 2845 | 12 | 1298 | 59 | 1024 | 44 | 885 | 62 | 678 | 14 |
| 1615 | 47 | 1281 | 60 | 992 | 38 | 820 | 20 | 484 | 13 |

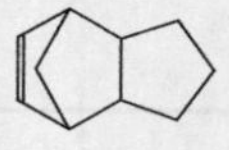

附图 5.2　双环戊二烯红外光谱图

(3) 质谱（附图 5.3）

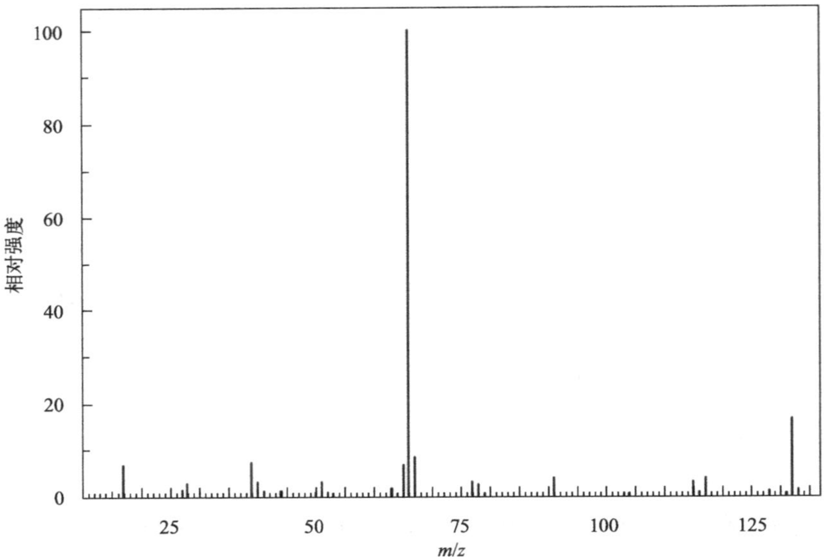


附图 5.3　双环戊二烯质谱图

(4) 核磁共振波谱

① $^{1}$H 谱（附图 5.4）

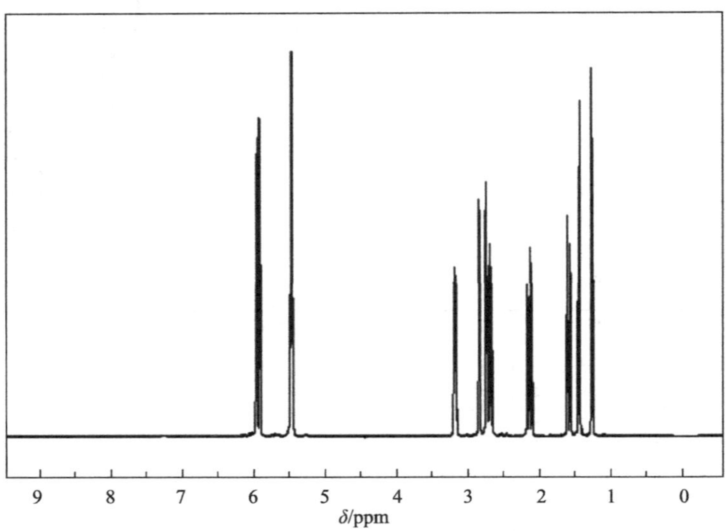


附图 5.4　双环戊二烯$^{1}$H 谱图

② $^{13}C$ 谱（附图 5.5）

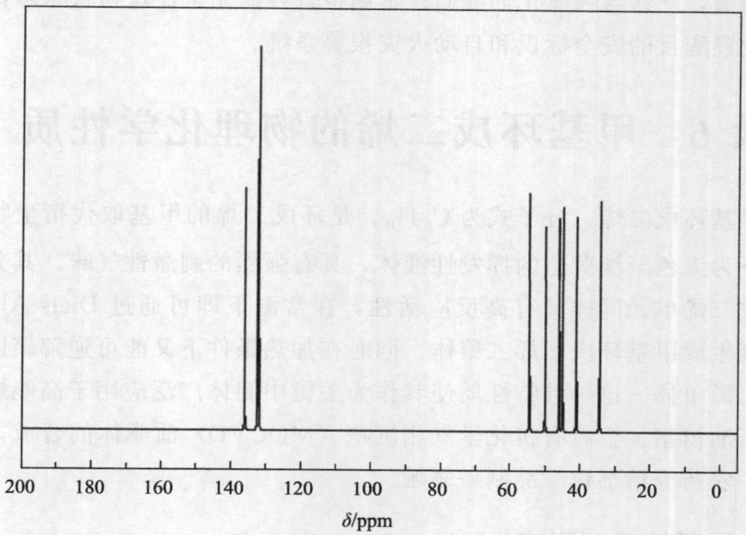


附图 5.5　双环戊二烯 $^{13}C$ 谱图

## 5.4　操作注意事项

使用双环戊二烯时，必须在通风橱或具备强制通风的场所进行，确保环境空气流通，以有效控制蒸气积聚；操作人员须佩戴化学防护手套、防溅护目镜、防毒面具及防静电工作服，避免接触皮肤或吸入蒸气。工作区域必须严格隔离火源、热源并禁止吸烟，所有设备应可靠接地，以防静电积累。应特别注意避免物料受热（超过 150℃）而发生解聚反应释放环戊二烯单体，同时严禁与强氧化剂接触。操作过程中宜保持容器密闭并尽量缩短暴露时间，操作人员应处在上风向位置，严禁在未配备有效防护的条件下直接接触物料。

## 5.5　储存注意事项

储存双环戊二烯时应将其置于阴凉通风的防爆仓库内，保持环境温度低于 30℃，并远离热源及火源；严禁长期暴露于高温环境（>150℃），以防止其解聚产生环戊二烯单体；容器必须严格密封并实施充氮保护，同时确保产品中阻聚剂［如对叔丁基邻苯二酚（TBC）］的有效浓度以抑制氧化和聚合反应。库房需配备防爆型通风与电气设备，地面应设置防泄漏收集沟槽，严禁与强氧化剂混储；定期检查容器完整性及物料状态，储存区应设置醒目的安全标识和自动火灾报警系统。

# 附录 6　甲基环戊二烯的物理化学性质

甲基环戊二烯，分子式为 $C_6H_8$，是环戊二烯的甲基取代衍生物，在常温下为无色至淡黄色的挥发性液体，具有强烈的刺激性气味。其分子中的环戊二烯单元同样具有高反应活性，在常温下即可通过 Diels-Alder 反应二聚生成甲基环戊二烯二聚体，同时在加热条件下又能可逆解聚回甲基环戊二烯单体。这一独特性质使其作为关键中间体广泛应用于高能燃料组分、石油树脂、金属有机化学气相沉积（MOCVD）前驱体的合成，以及医药、农药等精细化学品制备领域。

## 6.1　物理性质（附表 6.1）

附表 6.1　甲基环戊二烯的物理性质

| 性质 | 描述 |
| --- | --- |
| 分子式 | $C_6H_8$ |
| 结构式 | 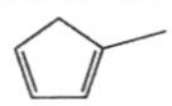 |
| 分子量 | 160.25 |
| 外观与气味 | 无色至淡黄色液体，具有强烈刺激性气味 |
| 密度① | 0.805g/cm$^3$ |
| 熔点② | −51℃ |
| 沸点② | 223℃ |
| 闪点③ | 26.7℃ |
| 燃点② | 450℃ |
| 折射率④ | 1.540 |
| 黏度⑤ | 0.5mPa·s |
| 蒸气压⑤ | 93mmHg(12399Pa) |
| 溶解度⑥ | 不溶于水；与大多数有机溶剂混溶 |

续表

| 性质 | 描述 |
| --- | --- |
| 爆炸极限[①] | 1.3%～7.6% |

①温度 25℃，压力 101.325kPa。

②压力 101.325kPa。

③测试方法：ASTM D93，闭杯测试值。

④温度 20℃，使用钠光灯 D 线（589nm）光源。

⑤温度 20℃。

⑥温度 20℃，压力 101.325kPa。

## 6.2 化学性质

甲基环戊二烯的化学性质主要源于其环戊二烯环的共轭双键体系与亚甲基的酸性氢原子，甲基的引入通过电子效应（给电子）和空间位阻效应调控反应活性与选择性。其化学性质具有环戊二烯的典型反应特性，同时因甲基取代呈现更强的结构特异性。

（1）二聚与解聚反应

① 可逆二聚：在室温或稍高的温度下，甲基环戊二烯单体会通过 Diels-Alder 反应迅速发生二聚，生成甲基环戊二烯二聚体。

② 热解聚：将甲基环戊二烯二聚体加热至 150～200℃时，聚合反应可逆向发生，重新生成高活性的甲基环戊二烯单体。

（2）亲电取代反应

由于甲基环戊二烯中亚甲基的酸性氢非常活泼，直接在环戊二烯环上进行亲电取代（如硝化、磺化）较为困难，容易发生副反应。

（3）Diels-Alder 反应

甲基环戊二烯作为富电子二烯体（共轭双键的电子云密度高），与各类亲双烯体（缺电子烯烃、炔烃、醛酮）的 Diels-Alder 反应是其最重要的应用反应，产物为甲基取代的降冰片烯类衍生物。

（4）氧化反应

① 自氧化：在光照或高温条件下，甲基环戊二烯的 C—H 被氧气引发生成自由基，进而与 $O_2$ 结合生成过氧化物，过氧化物不稳定，易分解为醇、酮、羧酸等杂质，导致体系颜色从无色变为黄色、棕色。

② 侧链氧化：在强烈氧化条件下，甲基环戊二烯的甲基可以被氧化为羧基。

## 6.3 波谱分析

(1) 紫外光谱

甲基环戊二烯的紫外光谱类似于甲基环戊二烯二聚体（吸收区间主要集中在 200～230nm 范围内，该区域的吸收对应分子中不饱和双键结构的 $\pi \rightarrow \pi^*$ 电子跃迁)，通常特征峰吸收峰在 210nm 处。

(2) 红外光谱

甲基环戊二烯的红外光谱图与环戊二烯相似。环戊二烯在 3080cm$^{-1}$ 和 2950cm$^{-1}$ 出现明显 C—H 伸缩振动峰，在 1420cm$^{-1}$ 出现中等强度 C—H 弯曲振动峰见附图 6.1。

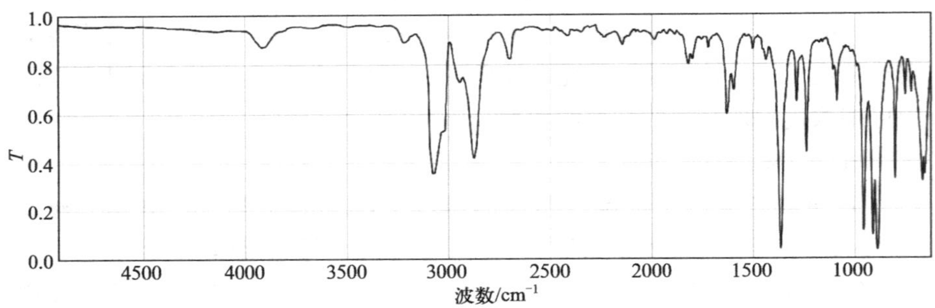


附图 6.1　甲基环戊二烯红外光谱图

(3) 质谱（附图 6.2）

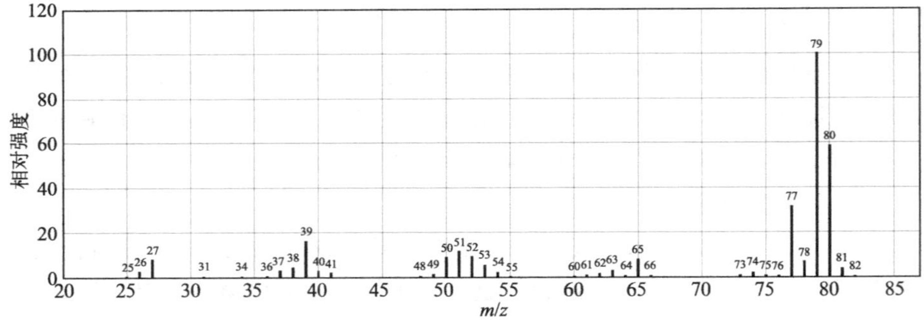


附图 6.2　甲基环戊二烯质谱图

(4) 核磁共振波谱

① $^{1}H$ 谱（附图 6.3）

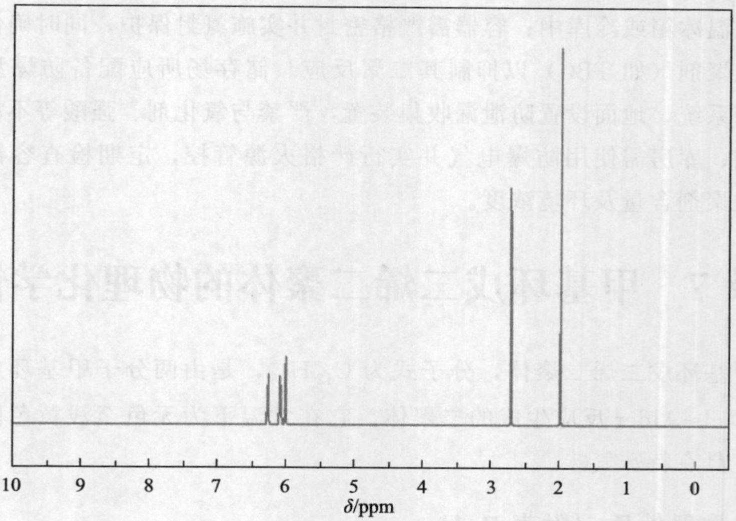


附图 6.3 甲基环戊二烯$^{1}H$谱图

② $^{13}C$ 谱

甲基环戊二烯$^{13}C$核磁共振谱图类似于甲基环戊二烯二聚体的谱图，主要体现环戊二烯骨架相关的 $sp^2$ 杂化碳信号（δ100～150）以及甲基碳信号（δ20～30）。

## 6.4 操作注意事项

使用甲基环戊二烯时，必须始终在防爆型通风橱或具备强制通风的系统内进行，确保环境持续通风，以控制其易挥发蒸气的积聚；操作人员须佩戴防冻型化学品手套、防护面罩、防有机蒸气呼吸器及防静电工作服，防止低温液体或高浓度蒸气接触。所有设备必须可靠接地并使用防爆电气，严禁任何火源、热源及火花产生；鉴于其在常温下迅速二聚的特性，操作应在低温环境下快速完成；储存时应保持容器严格密封并添加阻聚剂，严禁与氧化剂、强酸类物质接触。操作期间应确保应急冲洗设备处于备用状态，严禁在未采取全面防护措施的情况下处置该化学品。

## 6.5 储存注意事项

储存甲基环戊二烯时必须始终维持−20℃以下的冷冻环境，并置于防爆型低温冰箱或冷库中；容器需严格密封并实施氮封保护，同时确保添加足量阻聚剂（如 TBC）以抑制其二聚反应。储存场所应配备防爆型通风与监测系统，地面设置防泄漏收集装置，严禁与氧化剂、强酸等不相容物质共储；库房需使用防爆电气并实行严格火源管控，定期检查容器完整性、阻聚剂含量及环境浓度。

# 附录 7 甲基环戊二烯二聚体的物理化学性质

甲基环戊二烯二聚体，分子式为 $C_{12}H_{16}$，是由两分子甲基环戊二烯通过 Diels-Alder 反应生成的二聚体。它在常温下为无色至浅黄色的油状液体，具有特殊气味。

## 7.1 物理性质（附表 7.1）

附表 7.1 甲基环戊二烯二聚体的物理性质

| 性质 | 描述 |
|---|---|
| 分子式 | $C_{12}H_{16}$ |
| 结构式 | 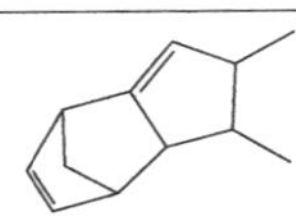 |
| 分子量 | 160.26 |
| 外观与气味 | 无色至浅黄色油状液体，具有特殊气味 |
| 密度① | 0.941g/cm$^3$ |
| 熔点② | −51℃ |
| 沸点② | 200℃ |
| 闪点③ | 50℃ |
| 燃点② | 430℃ |
| 折射率④ | 1.505～1.515 |
| 黏度⑤ | 3.5mPa·s |

续表

| 性质 | 描述 |
| --- | --- |
| 蒸气压⑤ | 0.5mmHg(66.66Pa) |
| 溶解度⑥ | 不溶于水;与乙醇、乙醚、苯等大多数有机溶剂互溶 |

①温度 25℃，压力 101.325kPa。
②压力 101.325kPa。
③测试方法：ASTM D93，闭杯测试值。
④温度 20℃，使用钠光灯 D 线（589nm）光源。
⑤温度 20℃。
⑥温度 20℃，压力 101.325kPa。

## 7.2 化学性质

甲基环戊二烯二聚体是一种在有机合成和高分子材料领域广泛应用的化学物质，加热时能变回活性很高的甲基环戊二烯单体。

（1）热解聚反应

加热时，甲基环戊二烯二聚体可逆解聚成两分子甲基环戊二烯单体。

（2）加成反应

甲基环戊二烯二聚体的加成反应分为两类：一类是二聚体分子内双键的直接加成，另一类是解聚后单体与亲双烯体的 Diels-Alder 加成。

① 加氢反应：甲基环戊二烯二聚体含 4 个不饱和双键（两个环戊二烯环各 2 个），可通过催化加氢实现选择性饱和，产物性能随加氢程度可调。

② Diels-Alder 反应：甲基环戊二烯二聚体解聚生成的甲基环戊二烯（MCPD）单体作为高活性二烯体，可与马来酸酐、丙烯醛、富马酸酯等亲双烯体快速反应（室温～80℃），产物为甲基降冰片烯衍生物，可用于环氧树脂固化剂、药物中间体。

（3）共聚反应

甲基环戊二烯二聚体可通过“直接聚合”或“解聚后单体聚合”形成均聚物/共聚物，是改性聚烯烃、特种树脂的关键单体，反应类型以配位聚合、阳离子聚合为主。

## 7.3 波谱分析

（1）紫外光谱（附图 7.1）

（2）红外光谱（附图 7.2）

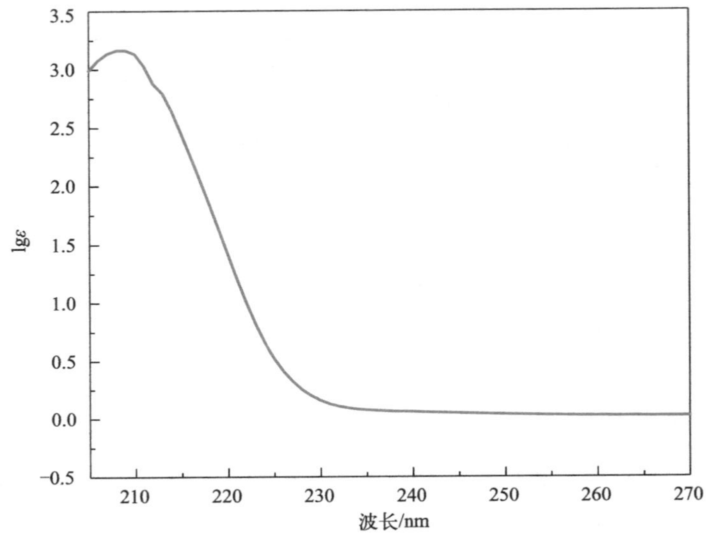


附图 7.1　甲基环戊二烯二聚体紫外光谱图

| HIT-NO=4765 | SCORE=(　) | SDBS-NO=13441 | IR-NIDA-17817 ：液膜法 |
|---|---|---|---|
| 甲基环戊二烯二聚体 | | | |
| $C_{12}H_{16}$ | | | |

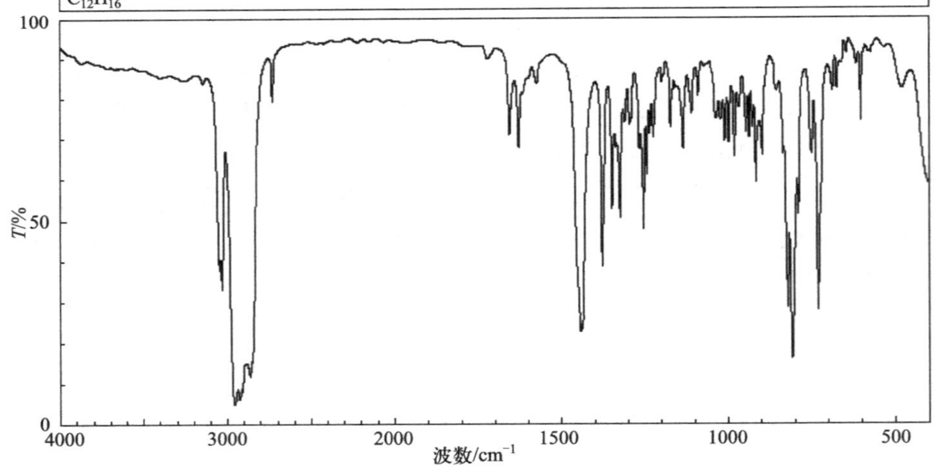


| | | | | | | | | | |
|---|---|---|---|---|---|---|---|---|---|
| 3047 | 36 | 1444 | 21 | 1293 | 70 | 1011 | 66 | 899 | 64 |
| 3032 | 31 | 1438 | 22 | 1269 | 64 | 999 | 66 | 837 | 64 |
| 2959 | 4 | 1378 | 37 | 1256 | 46 | 982 | 62 | 823 | 27 |
| 2928 | 6 | 1349 | 60 | 1246 | 68 | 948 | 68 | 810 | 16 |
| 2864 | 11 | 1338 | 64 | 1236 | 68 | 938 | 68 | 791 | 49 |
| 1657 | 68 | 1325 | 49 | 1226 | 88 | 928 | 70 | 750 | 64 |
| 1629 | 66 | 1311 | 70 | 1136 | 64 | 918 | 67 | 731 | 26 |

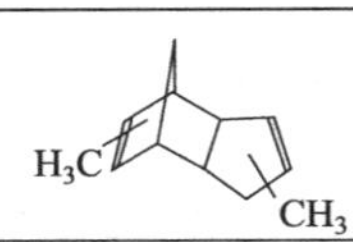


附图 7.2　甲基环戊二烯二聚体红外光谱图

（3）质谱（附图 7.3）

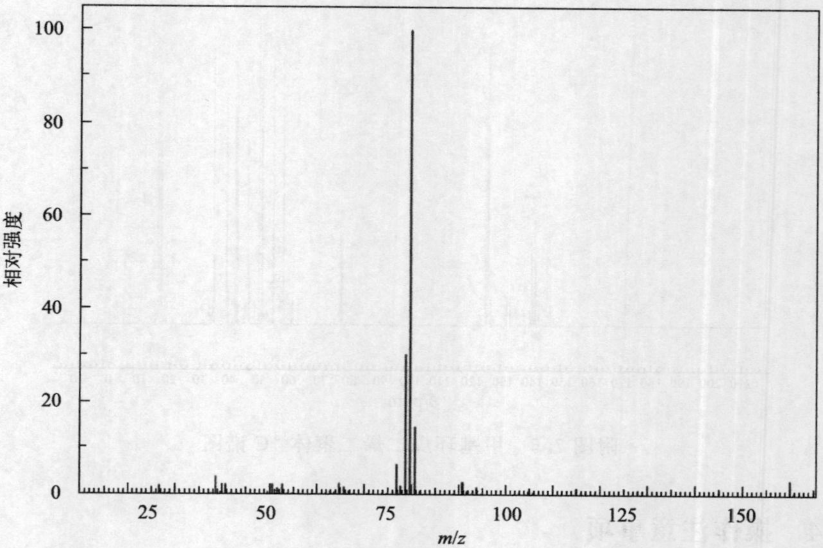


附图 7.3 甲基环戊二烯二聚体质谱图

（4）核磁共振波谱

① $^1$H 谱（附图 7.4）

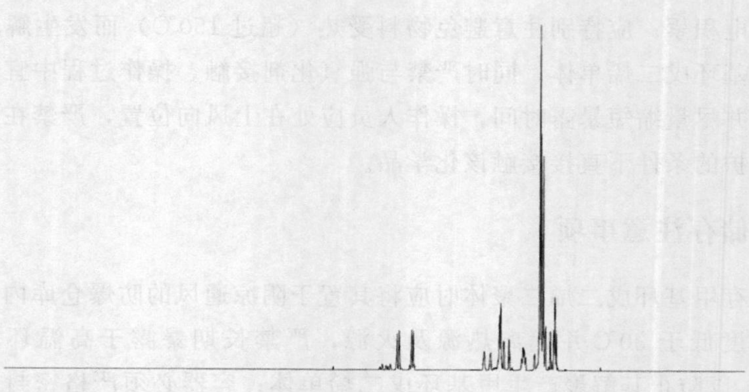


附图 7.4 甲基环戊二烯二聚体$^1$H 谱图

② $^{13}C$ 谱（附图 7.5）

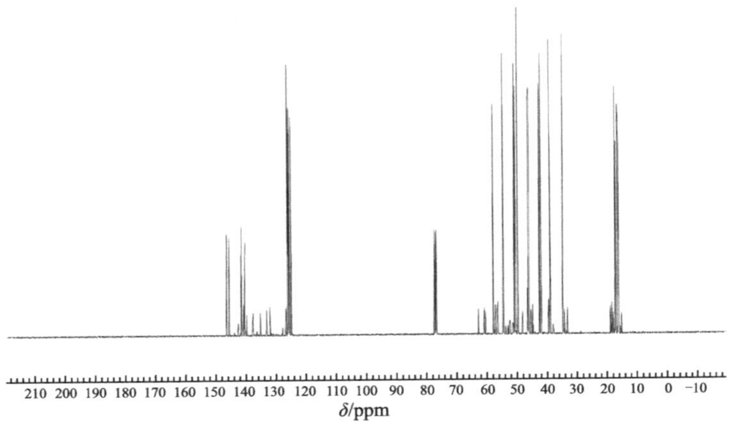


附图 7.5　甲基环戊二烯二聚体$^{13}C$ 谱图

## 7.4　操作注意事项

使用甲基环戊二烯二聚体时，必须在通风橱或具备强制通风的场所进行，确保环境空气流通，以有效控制其蒸气积聚；操作人员须佩戴化学防护手套、防溅护目镜、防毒面具及防静电工作服，避免接触皮肤或吸入蒸气。工作区域必须严格隔离火源、热源并禁止吸烟，所有设备应可靠接地以防静电积累；应特别注意避免物料受热（超过 150℃）而发生解聚反应释放甲基环戊二烯单体，同时严禁与强氧化剂接触。操作过程中宜保持容器密闭并尽量缩短暴露时间，操作人员应处在上风向位置，严禁在未配备有效防护的条件下直接接触该化学品。

## 7.5　储存注意事项

储存甲基环戊二烯二聚体时应将其置于阴凉通风的防爆仓库内，保持环境温度低于 30℃并远离热源及火源，严禁长期暴露于高温环境（>150℃）以防止其解聚产生甲基环戊二烯单体；容器必须严格密封并实施充氮保护，同时定期检测阻聚剂（如 TBC）的有效浓度以抑制氧化和聚合反应。库房需配备防爆型通风与电气系统，地面应设置防泄漏收集装置，严禁与强氧化剂等不相容物质混储；储存区应设置醒目的安全标识和自动火灾报警装置。

# 附录 8　偏三甲苯的物理化学性质

偏三甲苯，分子式为$C_9H_{12}$，系统命名法名称为1,2,4-三甲基苯，是芳烃分离过程中获得的重要$C_9$芳烃异构体。其在常温下为无色透明液体，具有类似芳烃的特殊气味。偏三甲苯分子结构中苯环上的三个甲基呈不对称分布，导致其化学反应位点具有显著选择性，在空气氧化条件下可高效转化为偏苯三酸酐，这一核心特性使其作为关键中间体广泛用于增塑剂、耐热工程塑料、环氧树脂固化剂以及染料、农药等精细化学品合成领域。

## 8.1　物理性质（附表 8.1）

附表 8.1　偏三甲苯的物理性质

| 性质 | 描述 |
|---|---|
| 分子式 | $C_9H_{12}$ |
| 结构式 | 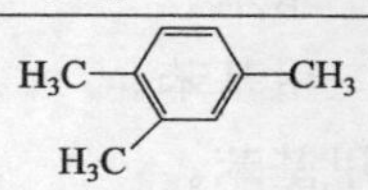 |
| 分子量 | 120.19 |
| 外观与气味 | 无色透明液体，具有特殊芳香气味 |
| 密度① | 0.880g/cm$^3$ |
| 熔点② | −44℃ |
| 沸点② | 168℃ |
| 闪点③ | 48℃ |
| 燃点② | 500℃ |
| 折射率④ | 1.504 |
| 黏度⑤ | 0.9mPa·s |
| 蒸气压⑤ | 1.5mmHg(199.98Pa) |
| 溶解度⑥ | 不溶于水；与乙醇、乙醚、丙酮、苯等大多数有机溶剂混溶 |
| 爆炸极限① | 0.7%～3.4% |

①温度 25℃，压力 101.325kPa。

②压力 101.325kPa。

③测试方法：ASTM D93，闭杯测试值。

④温度 20℃，使用钠光灯 D 线（589nm）光源。

⑤温度 20℃。

⑥温度 20℃，压力 101.325kPa。

## 8.2 化学性质

偏三甲苯的化学性质主要源于其苯环上1,2,4-位甲基通过给电子诱导效应和超共轭效应提升苯环电子云密度，同时因甲基的空间位阻效应使反应选择性集中于特定位点（尤其是5-位，即三个甲基共同的“对位/邻位”叠加区域）。其化学性质具有烷基芳烃的典型反应特性，且在工业上以氧化制备偏苯三酸酐为核心应用。

（1）氧化反应

在催化剂存在下，偏三甲苯可被空气或强氧化剂（如高锰酸钾）选择性氧化，从而高效地生成偏苯三酸酐。

（2）亲电取代反应

偏三甲苯的三个甲基均为邻对位定位基，电子效应叠加使苯环5-位的电子云密度最高，且空间位阻最小，亲电取代反应90%以上发生在5-位，具有极强的区域选择性。

① 硝化：主要生成5-硝基-1,2,4-三甲基苯。

② 磺化：主要生成5-磺酸基-1,2,4-三甲基苯。

③ 卤化：主要生成5-卤代-1,2,4-三甲基苯。

（3）加成反应

在高温、高压和催化剂作用下，偏三甲苯的苯环可以通过加氢饱和，生成1,2,4-三甲基环己烷。

（4）异构化反应

在高温和催化剂作用下，偏三甲苯可能发生甲基转移，异构化为其他三甲苯，或发生脱甲基反应生成二甲苯和甲苯。

## 8.3 波谱分析

（1）紫外光谱（附图8.1）

（2）红外光谱（附图8.2）

（3）质谱（附图8.3）

（4）核磁共振波谱

① $^{1}H$ 谱（附图8.4）

② $^{13}C$ 谱（附图8.5）

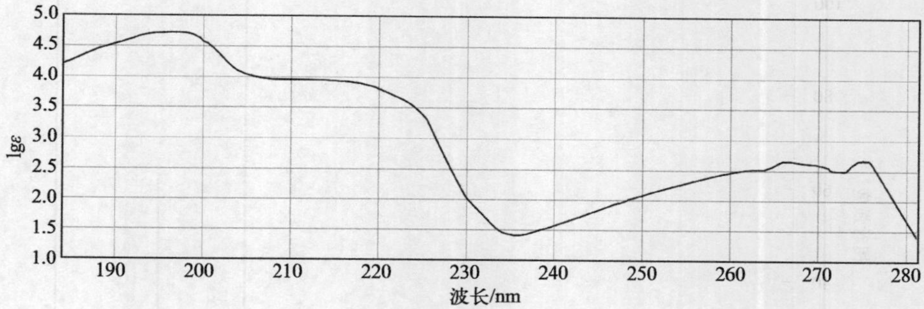


附图 8.1　偏三甲苯紫外光谱图

| HIT-NO=2112 | SCORE=( ) | SDBS-NO=2921 | IR-NIDA-00730 ：液膜法 |
|---|---|---|---|
| 1,2,4-三甲基苯 | | | |
| $C_9H_{12}$ | | | |

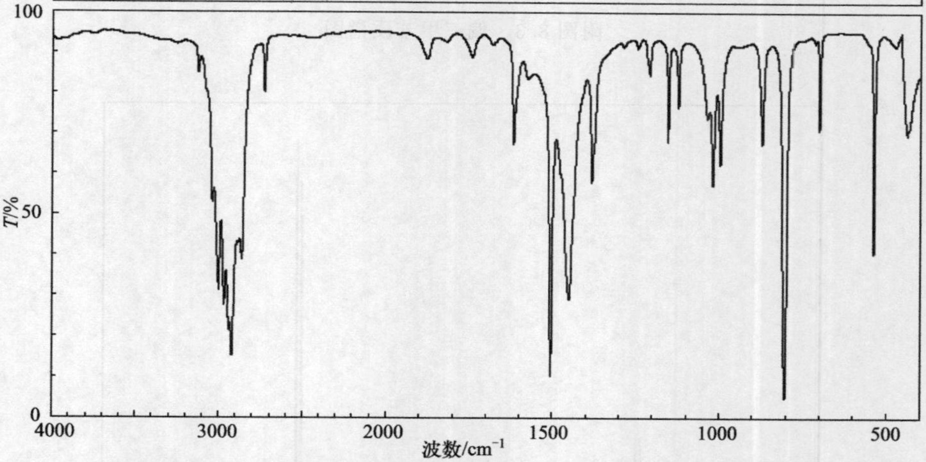


| | | | | | | | |
|---|---|---|---|---|---|---|---|
| 3126 | 81 | 2730 | 77 | 1383 | 66 | 999 | 60 |
| 3041 | 50 | 1877 | 84 | 1217 | 84 | 874 | 64 |
| 3002 | 30 | 1743 | 84 | 1211 | 81 | 806 | 4 |
| 2970 | 26 | 1619 | 64 | 1166 | 64 | 703 | 68 |
| 2939 | 20 | 1576 | 79 | 1125 | 72 | 539 | 39 |
| 2922 | 14 | 1505 | 10 | 1038 | 70 | 440 | 66 |
| 2864 | 37 | 1461 | 27 | 1021 | 66 | | |

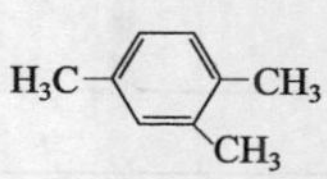


附图 8.2　偏三甲苯红外光谱图

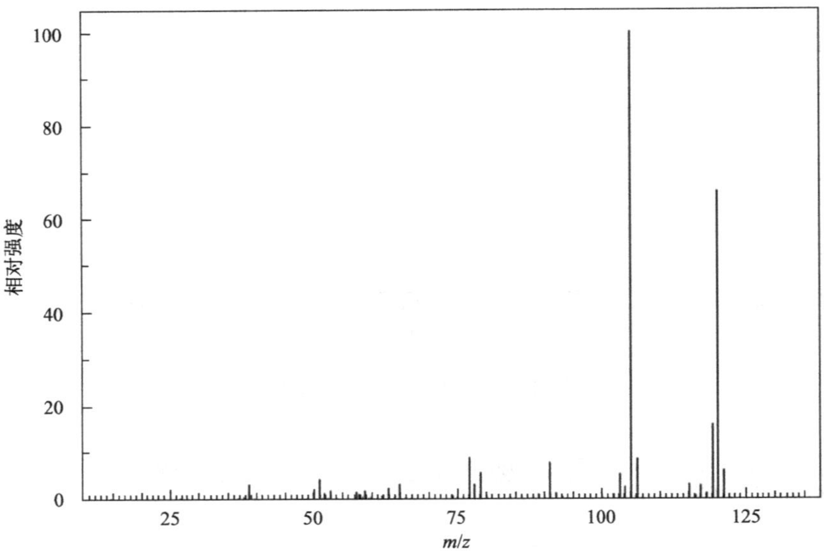


附图 8.3 偏三甲苯质谱图

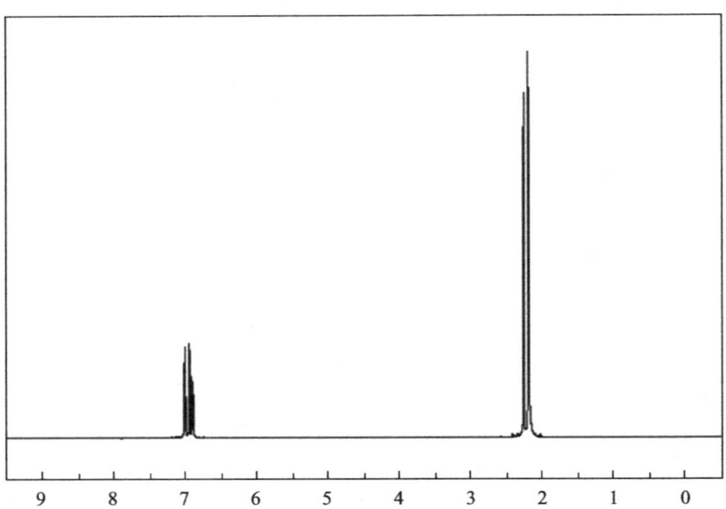


附图 8.4 偏三甲苯$^1$H 谱图

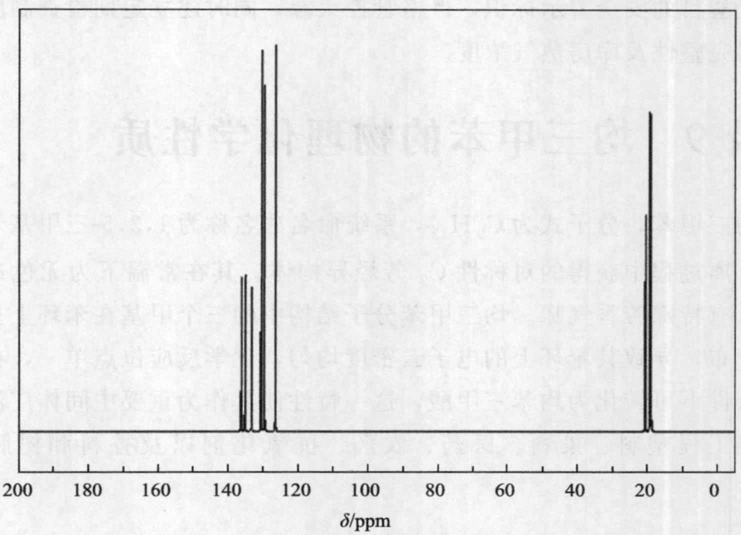


附图 8.5　偏三甲苯$^{13}$C 谱图

## 8.4　操作注意事项

使用偏三甲苯时，必须确保工作场所通风良好，最好在通风橱或配备局部排气通风设备的条件下进行，以防止其蒸气积聚。操作人员须佩戴适当的个人防护装备，包括防护手套、化学安全防护眼镜、防毒物渗透工作服以及过滤式防毒口罩（半面罩），避免吸入蒸气或接触皮肤。工作区域必须严格远离火源、热源，并禁止吸烟。为防止静电积聚引发火灾，所有设备和容器都应采取接地措施，并使用防爆型电气和通风设备。此外，要避免该化学品与强氧化剂接触，并且严禁在未采取防护措施的情况下直接接触该化学品。如果发生泄漏，应立即清除所有火源，迅速将泄漏液收集在有盖的容器中，并用砂土或惰性吸收剂吸收残留液。

## 8.5　储存注意事项

储存偏三甲苯时应将其置于阴凉通风的防爆仓库内，保持环境温度低于 30℃并远离热源及火源；容器必须严格密封并标识清晰，存放时须与强氧化剂等不相容物质有效隔离。库房须配备防爆型通风系统与电气设备，地面应设置防泄漏收集沟槽，并配备足量相适应的消防器材；储存区须设置醒目的安全警示标识，严格管控火源，同时建立定期检查制度，监测容器完整性及库房蒸气浓度。

# 附录 9　均三甲苯的物理化学性质

均三甲苯，分子式为 $C_9H_{12}$，系统命名法名称为 1,3,5-三甲基苯，是芳烃分离过程中获得的对称性 $C_9$ 芳烃异构体。其在常温下为无色透明液体，具有特殊芳香气味。均三甲苯分子结构中的三个甲基在苯环上呈高度对称分布，导致其苯环上的电子云密度均匀，化学反应位点单一，在强烈氧化条件下可转化为均苯三甲酸，这一特性使其作为重要中间体广泛用于耐高温工程塑料、染料、医药、农药、抗氧化剂以及香料和树脂合成领域。

## 9.1　物理性质（附表 9.1）

附表 9.1　均三甲苯的物理性质

| 性质 | 描述 |
|---|---|
| 分子式 | $C_9H_{12}$ |
| 结构式 | 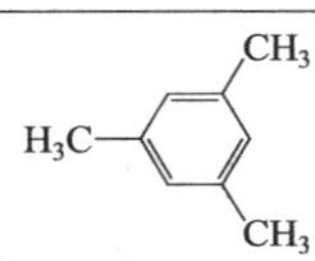 |
| 分子量 | 120.19 |
| 外观与气味 | 无色透明液体，具有特殊芳香气味 |
| 密度① | 0.860g/cm$^3$ |
| 熔点② | −45℃ |
| 沸点② | 167℃ |
| 闪点③ | 44℃ |
| 燃点② | 530℃ |
| 折射率④ | 1.501 |
| 黏度⑤ | 0.8mPa·s |
| 蒸气压⑤ | 2.0mmHg(266.64Pa) |
| 溶解度⑥ | 不溶于水；与乙醇、乙醚、丙酮、苯等大多数有机溶剂混溶 |

续表

| 性质 | 描述 |
| --- | --- |
| 爆炸极限[①] | 1.1%～7.0% |

①温度 25℃，压力 101.325kPa。

②压力 101.325kPa。

③测试方法：ASTM D93，闭杯测试值。

④温度 20℃，使用钠光灯 D 线（589nm）光源。

⑤温度 20℃。

⑥温度 20℃，压力 101.325kPa。

## 9.2 化学性质

均三甲苯的化学性质主要源于其高度对称的三甲基取代苯环结构，甲基的空间位阻效应深刻影响亲电反应的速率与选择性。

(1) 亲电取代反应

这是均三甲苯最显著和最具特征的化学性质。由于其对称结构，所有芳香氢的化学环境完全相同。

① 硝化：主要生成 2-硝基-1,3,5-三甲基苯。

② 磺化：主要生成 2-磺酸基-1,3,5-三甲基苯。

③ 卤化：主要生成 2-卤代-1,3,5-三甲基苯。

(2) 氧化反应

在剧烈的氧化条件下（如高温高压下的空气氧化，或使用高锰酸钾、硝酸等强氧化剂），均三甲苯的三个甲基可以全部被氧化为羧基，生成均苯三甲酸。

(3) 傅-克烷基化/酰基化反应

由于苯环富含电子，很容易发生傅-克反应。但在均三甲苯中由于三个甲基巨大的空间位阻，亲电试剂进攻会受到严重阻碍，傅-克反应速率和产率可能受到影响。

(4) 加成反应

在催化剂（如 Ni、Pt）作用下，均三甲苯的苯环可以通过加氢饱和，生成 1,3,5-三甲基环己烷。由于均三甲苯分子的对称性，产物通常是单一异构体。

(5) 脱烷基化和异构化反应

在高温和酸性催化剂作用下，均三甲苯可能发生甲基转移，异构化为其他三甲苯（如偏三甲苯），或发生脱甲基反应生成二甲苯和甲苯。

## 9.3 波谱分析

（1）紫外光谱（附图 9.1）

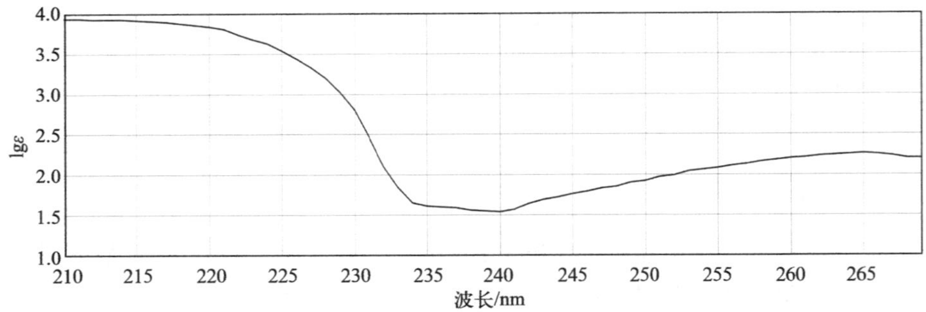


附图 9.1 均三甲苯紫外光谱图

（2）红外光谱（附图 9.2）

| HIT-NO=1408 | SCORE=(  ) | SDBS-NO=1351 | IR-NIDA-00431 ： 液膜法 |
|---|---|---|---|
| 均三甲苯 | | | |
| $C_9H_{12}$ | | | |

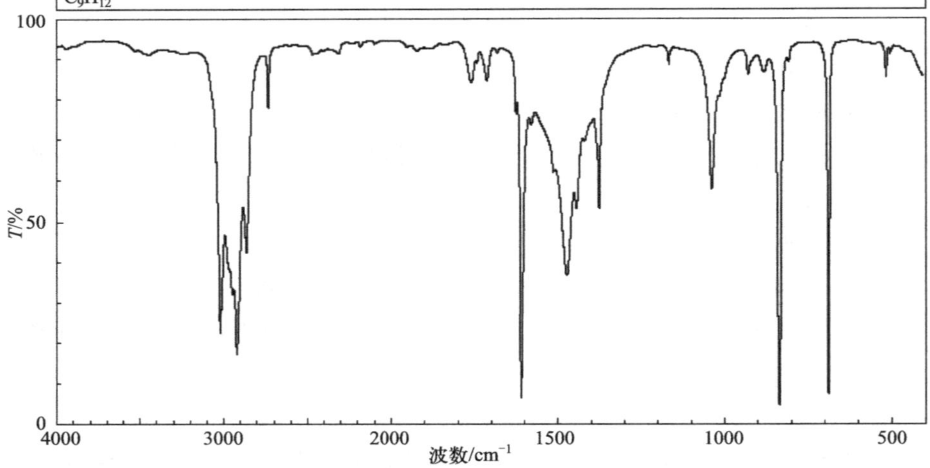


| | | | | | |
|---|---|---|---|---|---|
| 3017 | 21 | 1626 | 74 | 1037 | 66 |
| 2945 | 31 | 1609 | 6 | 929 | 84 |
| 2918 | 16 | 1578 | 70 | 881 | 84 |
| 2861 | 41 | 1472 | 36 | 836 | 4 |
| 2731 | 74 | 1443 | 52 | 688 | 7 |
| 1759 | 81 | 1375 | 52 | 515 | 81 |
| 1712 | 81 | 1166 | 86 | | |

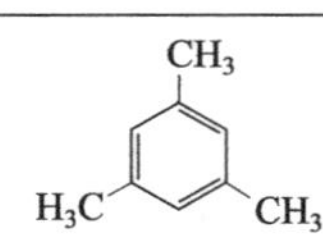


附图 9.2 均三甲苯红外光谱图

(3) 质谱（附图 9.3）

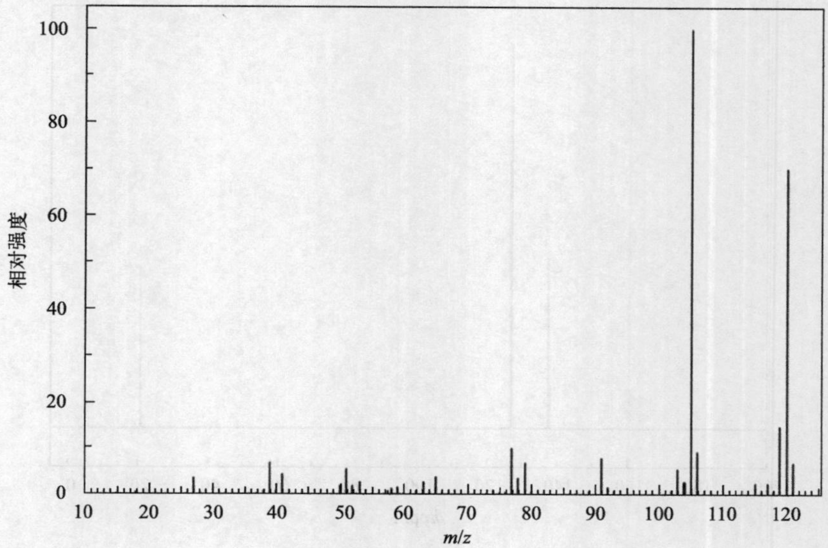


附图 9.3　均三甲苯质谱图

(4) 核磁共振波谱

① $^{1}$H 谱（附图 9.4）

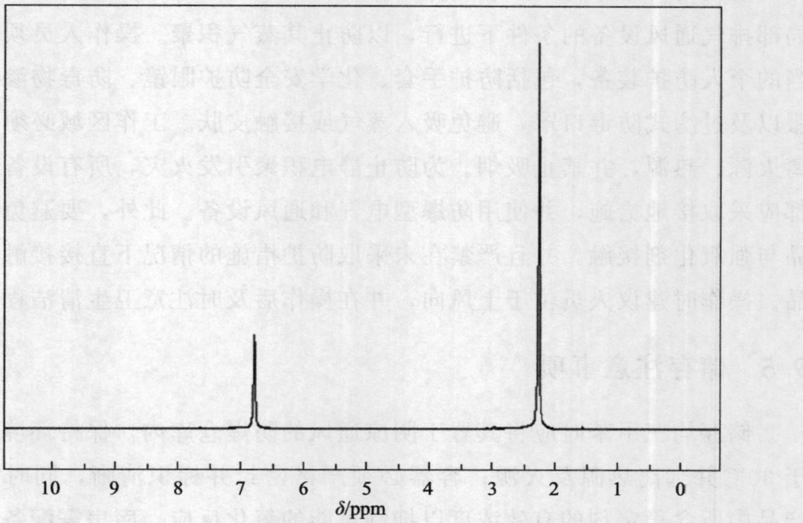


附图 9.4　均三甲苯$^{1}$H 谱图

② $^{13}C$ 谱（附图 9.5）

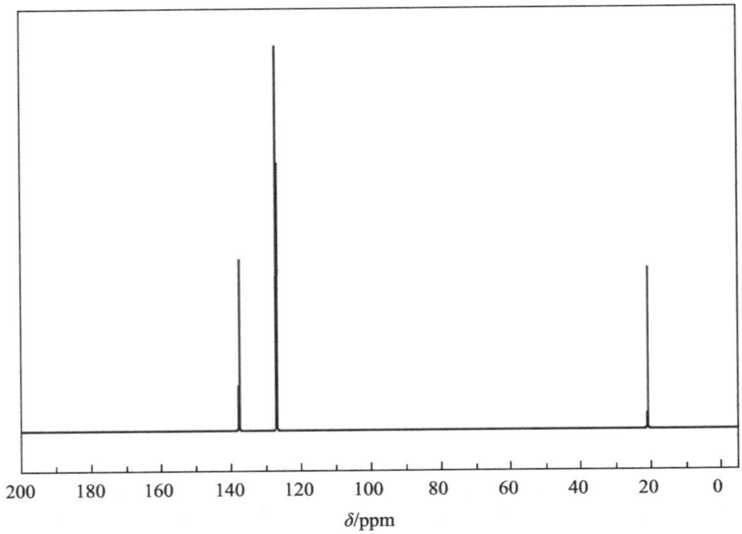


附图 9.5　均三甲苯 $^{13}C$ 谱图

## 9.4　操作注意事项

使用均三甲苯时，必须确保工作场所通风良好，最好在通风橱或配备局部排气通风设备的条件下进行，以防止其蒸气积聚。操作人员须佩戴适当的个人防护装备，包括防护手套、化学安全防护眼镜、防毒物渗透工作服以及过滤式防毒口罩，避免吸入蒸气或接触皮肤。工作区域必须严格远离火源、热源，并禁止吸烟。为防止静电积聚引发火灾，所有设备和容器都应采取接地措施，并使用防爆型电气和通风设备。此外，要避免该化学品与强氧化剂接触，并且严禁在未采取防护措施的情况下直接接触该化学品。操作时建议人员位于上风向，并在操作后及时注意卫生清洁程序。

## 9.5　储存注意事项

储存均三甲苯时应将其置于阴凉通风的防爆仓库内，保持环境温度低于 30℃并远离热源及火源；容器必须严格密封并标识清晰，同时需确保产品中所含稳定剂的有效浓度以抑制可能的氧化反应。库房需配备防爆型通风与电气设备，地面应设置防泄漏收集沟槽，严禁与强氧化剂等不相容物质共同存放；储存区应设置醒目的安全标识和自动火灾报警系统，定期检查容器完整性及库房蒸气浓度。

# 附录 10　均四甲苯的物理化学性质

均四甲苯，分子式为 $C_{10}H_{14}$，系统命名法名称为 1,2,4,5-四甲基苯，是芳烃转化过程中生成的高度对称的 $C_{10}$ 芳烃异构体。其在常温下为白色鳞片状结晶固体，具有特殊的芳香气味。均四甲苯分子结构中的四个甲基在苯环上呈中心对称分布，形成高度对称的平面结构，导致其苯环上的电子云密度高度均一，化学反应具有极高的位点专一性，在催化氧化条件下可高效转化为均苯四甲酸二酐，这一核心特性使其作为关键单体广泛用于聚酰亚胺耐高温工程塑料、高性能绝缘薄膜、特种涂料、电子封装材料以及液晶聚合物等尖端材料合成领域。

## 10.1　物理性质（附表 10.1）

附表 10.1　均四甲苯的物理性质

| 性质 | 描述 |
| --- | --- |
| 分子式 | $C_{10}H_{14}$ |
| 结构式 | 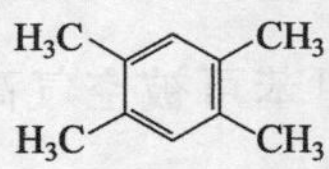 |
| 分子量 | 134.21 |
| 外观与气味 | 白色鳞片状结晶固体，具有特殊芳香气味 |
| 密度① | 0.838g/cm$^3$ |
| 熔点② | 78℃ |
| 沸点② | 197℃ |
| 闪点③ | 73℃ |
| 燃点② | 485℃ |
| 折射率④ | 1.479 |
| 黏度⑤ | 0.9mPa·s |
| 蒸气压⑤ | 0.5mmHg(66.66Pa) |

续表

| 性质 | 描述 |
| --- | --- |
| 溶解度[⑥] | 不溶于水；易溶于乙醇、乙醚、苯等有机溶剂 |

①温度 25℃，压力 101.325kPa。

②压力 101.325kPa。

③测试方法：ASTM D93，闭杯测试值。

④温度 20℃，使用钠光灯 D 线（589nm）光源。

⑤温度 20℃。

⑥温度 20℃，压力 101.325kPa。

## 10.2 化学性质

（1）亲电取代反应

① 单一的反应位点：任何亲电试剂均只能且唯一地进攻无取代基的两个等同的位置，反应首先生成单取代产物，且只有一个结构。

② 高反应活性：四个甲基的强给电子效应，使均四甲苯苯环上的电子云密度远高于苯和其他二甲苯、三甲苯，因此非常容易发生亲电取代反应。

③ 进一步取代：第一个取代基上去后，由于空间位阻和电子效应的共同作用，第二个亲电取代会变得非常困难。

（2）氧化反应

在催化剂（如 $V_2O_5$）存在下，均四甲苯可被空气高效氧化，生成均苯四甲酸二酐。

（3）加成反应

在催化剂作用下，均四甲苯中的苯环可以通过加氢饱和，生成 1,2,4,5-四甲基环己烷。

（4）氯甲基化反应

在催化剂存在下，均四甲苯可以与甲醛和氯化氢反应，其苯环上剩余的氢可以被氯甲基取代，生成氯甲基均四甲苯，该产物是合成特种树脂、离子交换树脂等功能材料的重要中间体。

## 10.3 波谱分析

（1）紫外光谱（附图 10.1）

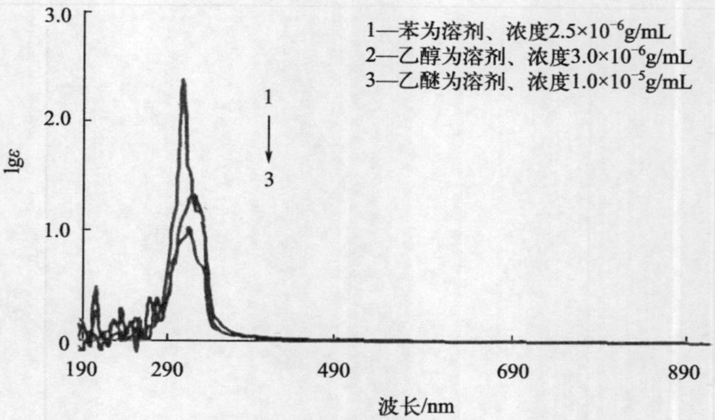


附图 10.1　均四甲苯紫外光谱图

（2）红外光谱（附图 10.2）

| HIT-NO=1946 | SCORE=(　) | SDBS-NO=2364 | IR-NIDA-03688:KBr压片法 |
|---|---|---|---|
| 1,2,4,5-四甲基苯 | | | |
| $C_{10}H_{14}$ | | | |

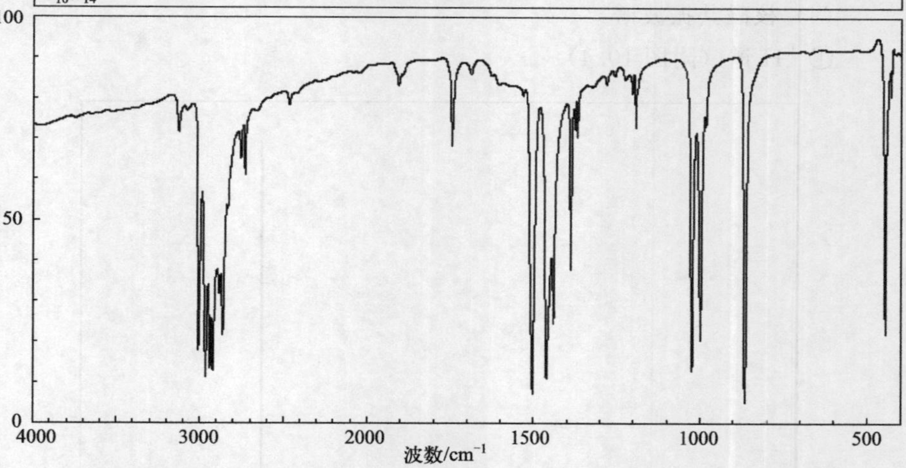


| | | | | | | | | | |
|---|---|---|---|---|---|---|---|---|---|
| 3126 | 68 | 2766 | 62 | 1633 | 77 | 1283 | 79 | 1001 | 19 |
| 3006 | 17 | 2730 | 58 | 1503 | 6 | 1259 | 81 | 984 | 70 |
| 2963 | 10 | 2466 | 74 | 1462 | 10 | 1227 | 81 | 868 | 4 |
| 2937 | 12 | 1906 | 79 | 1441 | 23 | 1206 | 79 | 449 | 20 |
| 2921 | 12 | 1892 | 81 | 1388 | 36 | 1196 | 70 | 442 | 64 |
| 2884 | 30 | 1745 | 66 | 1375 | 70 | 1190 | 79 | 433 | 77 |
| 2863 | 20 | 1688 | 81 | 1369 | 68 | 1026 | 12 | | |

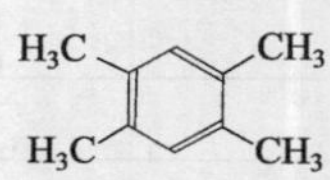


附图 10.2　均四甲苯红外光谱图

（3）质谱（附图 10.3）

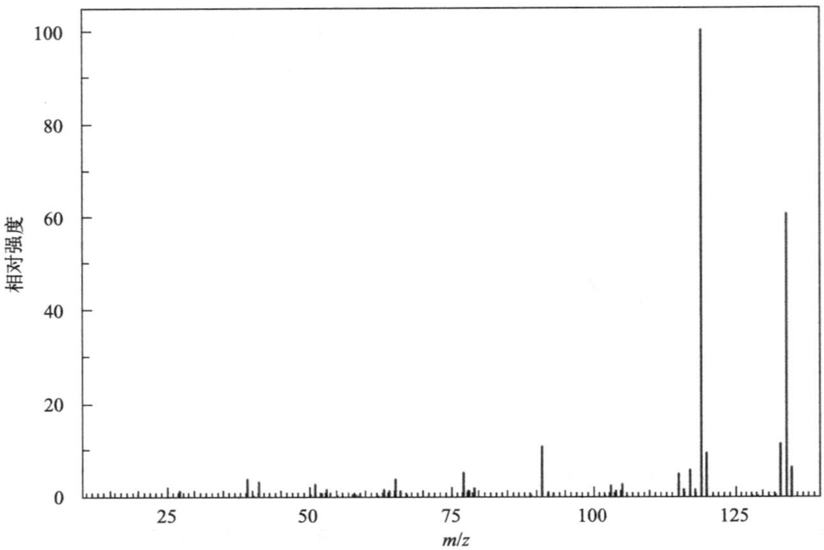


附图 10.3 均四甲苯质谱图

（4）核磁共振波谱

① $^1$H 谱（附图 10.4）

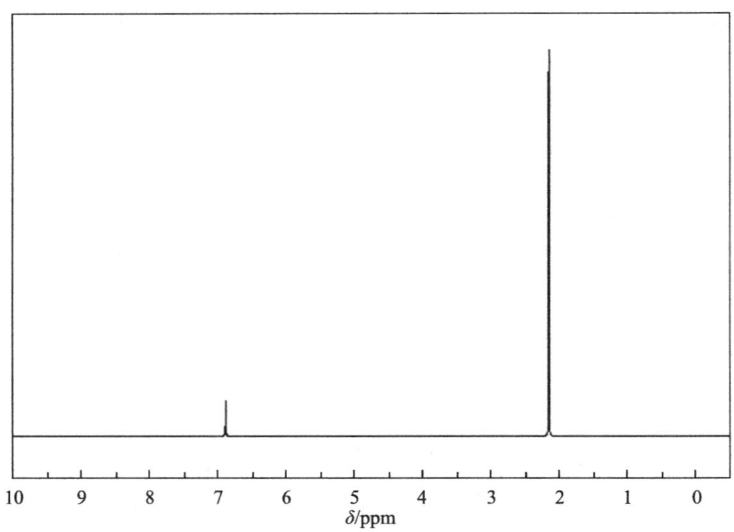


附图 10.4 均四甲苯$^1$H 谱图

② ${}^{13}C$ 谱（附图 10.5）

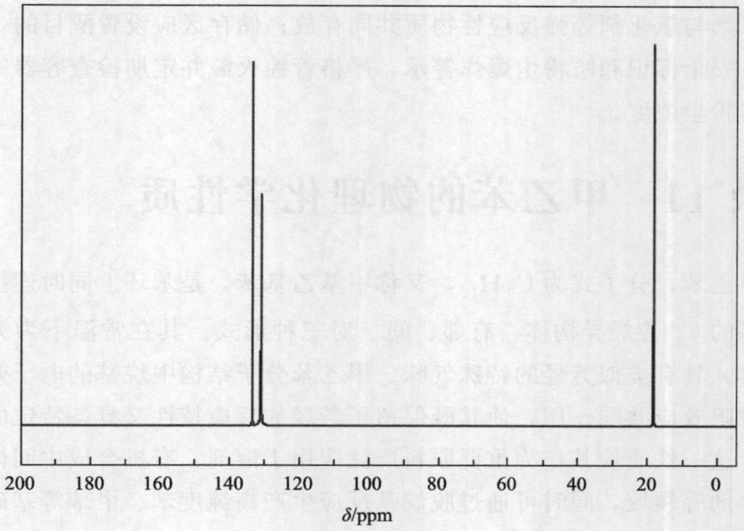

附图 10.5　均四甲苯${}^{13}C$ 谱图

## 10.4　操作注意事项

使用均四甲苯时，必须在通风良好且配备局部排气设施的场所进行，优先在通风橱内操作，以有效控制其受热升华产生的蒸气及粉尘扩散；操作人员须佩戴防化学品手套、防护眼镜、防尘口罩（建议使用防颗粒物全面具）及防静电工作服，避免吸入粉尘或接触皮肤。工作区域必须严格隔离火源、热源并禁止吸烟，所有设备应可靠接地并采用防爆型电气，防止粉尘静电积聚引发燃爆；应使用防爆型吸尘设备清洁，避免扬散产生粉尘云，严禁与强氧化剂接触。操作中需控制环境温度低于其熔点（约 80℃）以减少升华，严禁在未配备有效防护的条件下直接接触该固体物料，操作后应及时彻底清洗。

## 10.5　储存注意事项

储存均四甲苯时应将其置于阴凉干燥、通风良好的防爆库房内，保持环境温度低于 30℃并远离热源及火源，防止其受热升华导致蒸气积聚；

容器必须严格密封并采取防潮措施，避免固体吸潮结块及升华损失。库房需配备防爆型通风与电气系统，地面应采用不燃材料建造并设置防泄漏围堰，严禁与氧化剂等强反应性物质共同存放；储存区应设置醒目的“易燃固体”安全标识和防粉尘爆炸警示，严格管控火源并定期检查容器完整性及库房粉尘浓度。

# 附录 11　甲乙苯的物理化学性质

甲乙苯，分子式为 $C_9H_{12}$，又称甲基乙基苯，是苯环上同时连接甲基和乙基的 $C_9$ 芳烃异构体，有邻、间、对三种形式。其在常温下为无色透明液体，具有类似芳烃的特殊气味。甲乙苯分子结构中烷基的电子效应与空间位阻效应共同作用，使其既保留了芳烃的反应特性又具备特定的裂解行为，这一性质使其作为重要原料广泛应用于溶剂、有机合成中间体、树脂稀释剂等领域，同时可通过脱烷基反应生产高纯度苯、甲苯等基础化工产品。

## 11.1　物理性质（附表 11.1）

附表 11.1　甲乙苯的物理性质

| 性质 | 邻甲乙苯 | 间甲乙苯 | 对甲乙苯 |
|---|---|---|---|
| 分子式 | $C_9H_{12}$ | $C_9H_{12}$ | $C_9H_{12}$ |
| 结构式 | 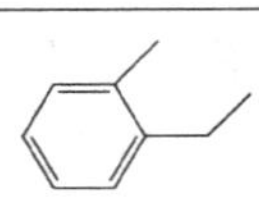 | 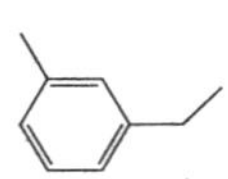 | 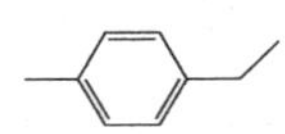 |
| 分子量 | 120.19 | 120.19 | 120.19 |
| 外观与气味 | 无色透明液体，具有芳香气味 | 无色透明液体，具有芳香气味 | 无色透明液体，具有芳香气味 |
| 密度① | 0.887g/$cm^3$ | 0.865g/$cm^3$ | 0.861g/$cm^3$ |
| 熔点② | −17℃ | −96℃ | −62℃ |
| 沸点② | 164℃ | 161℃ | 162℃ |
| 闪点③ | 39.4℃ | 38.3℃ | 36.7℃ |

续表

| 性质 | 邻甲乙苯 | 间甲乙苯 | 对甲乙苯 |
|---|---|---|---|
| 燃点② | 500℃ | 500℃ | 500℃ |
| 折射率④ | 1.498 | 1.498 | 1.498 |
| 黏度⑤ | 0.9mPa·s | 0.9mPa·s | 0.9mPa·s |
| 蒸气压⑤ | 2.6mmHg(346.64Pa) | 3.0mmHg(399.97Pa) | 3.0mmHg(399.97Pa) |
| 溶解度⑥ | 不溶于水；与乙醇、乙醚、丙酮等大多数有机溶剂混溶 | 不溶于水；与乙醇、乙醚、丙酮等大多数有机溶剂混溶 | 不溶于水；与乙醇、乙醚、丙酮等大多数有机溶剂混溶 |
| 爆炸极限① | 0.9%～6.5% | 0.9%～6.5% | 0.9%～6.5% |

①温度 25℃，压力 101.325kPa。

②压力 101.325kPa。

③测试方法：ASTM D93，闭杯测试值。

④温度 20℃，使用钠光灯 D 线（589nm）光源。

⑤温度 20℃。

⑥温度 20℃，压力 101.325kPa。

## 11.2 化学性质

甲乙苯的化学性质主要由两个烷基的电子效应与空间位阻效应协同调控：甲基给电子效应强于乙基，且空间位阻更小；乙基为邻对位定位基，但碳链更长，位阻效应更显著。

（1）亲电取代反应

甲基是更强的邻对位定位基，而乙基也是邻对位定位基，但位阻稍大。因此，在邻对位甲乙苯中，亲电试剂（如硝化、磺化、卤化试剂）主要进入甲基和乙基共同指引的位置，但由于空间位阻，可能会优先进入位阻较小的对位。

（2）氧化反应

在温和氧化条件下，甲乙苯的乙基可以被选择性地氧化成羰基，生成甲基苯乙酮。

在剧烈氧化条件下（如高温高压下的空气氧化，或使用强氧化剂如高锰酸钾），甲乙苯的两个侧链都可以被氧化，乙基断裂生成羧基，最终产物是苯甲酸。

(3) 脱烷基反应

在高温和催化剂作用下，甲乙苯可以发生脱烷基反应，这是其在石油化工中通过转移烷基生产高价值芳烃（如苯、甲苯）的基础。

(4) 加成反应

在催化剂（如 Ni、Pt、Pd）作用下，甲乙苯的苯环可以通过加氢饱和，生成相应的甲基乙基环己烷。这一反应在提高燃料品质（降低芳烃含量）和制备特殊溶剂时有用。

(5) 聚合与共聚反应

甲乙苯的分子结构核心是带有甲基、乙基取代基的苯环，仅含苯环的共轭稳定双键，缺乏聚合反应所需的活性加成位点，无论是自由基、阳离子还是阴离子引发剂，都难以引发其自身的链增长反应，因此几乎无法发生均聚。甲乙苯可在自由基引发剂（如过氧化苯甲酰）或酸性催化剂（如三氯化铝）作用下，与含活泼不饱和键的单体（如苯乙烯、丁二烯、异戊二烯等）发生共聚。作为共聚单体，甲乙苯能降低聚合物的结晶度，提升树脂的溶解性、加工流动性，同时改善材料的柔韧性。

## 11.3 波谱分析

(1) 紫外光谱

① 邻甲乙苯（附图 11.1）

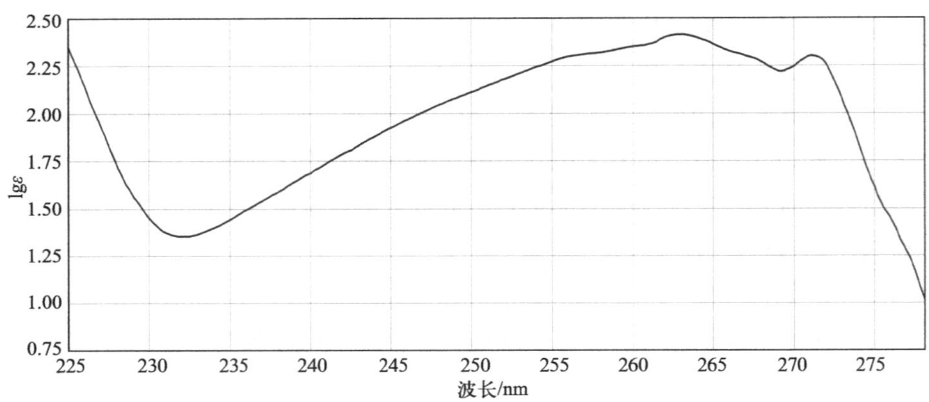


附图 11.1 邻甲乙苯紫外光谱图

② 间甲乙苯（附图 11.2）

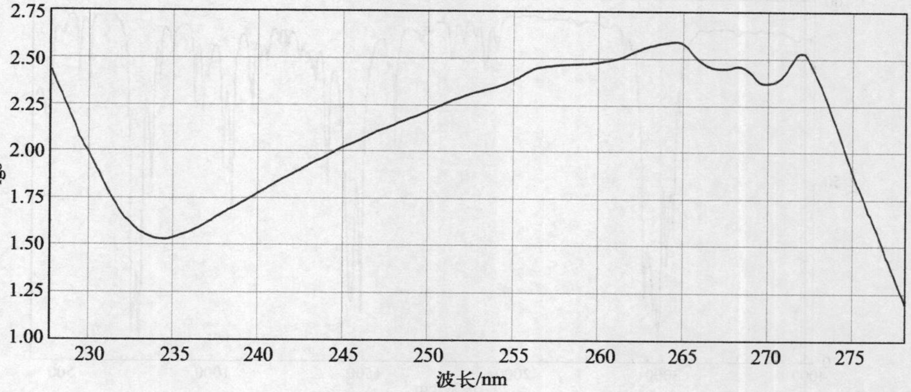


附图 11.2 间甲乙苯紫外光谱图

③ 对甲乙苯（附图 11.3）

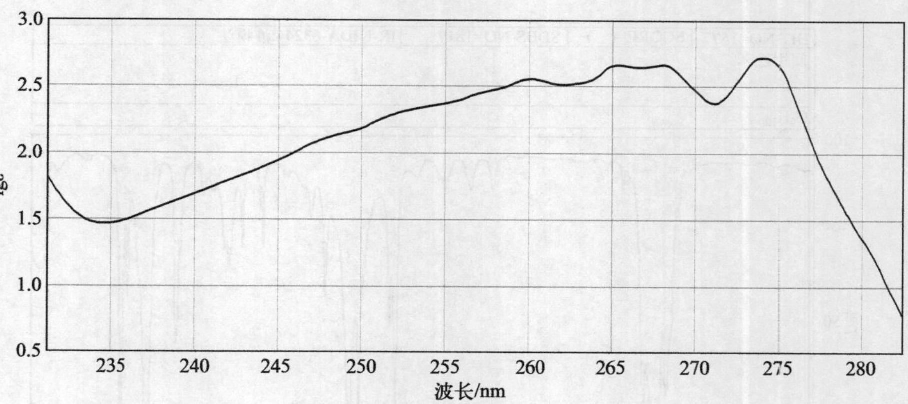


附图 11.3 对甲乙苯紫外光谱图

（2）红外光谱

① 邻甲乙苯（附图 11.4）

② 间甲乙苯（附图 11.5）

③ 对甲乙苯（附图 11.6）

| HIT-NO=1579 | SCORE=(  ) | SDBS-NO=1819 | IR-NIDA-63270:液膜法 |
|---|---|---|---|
| 邻甲乙苯 | | | |
| $C_9H_{12}$ | | | |

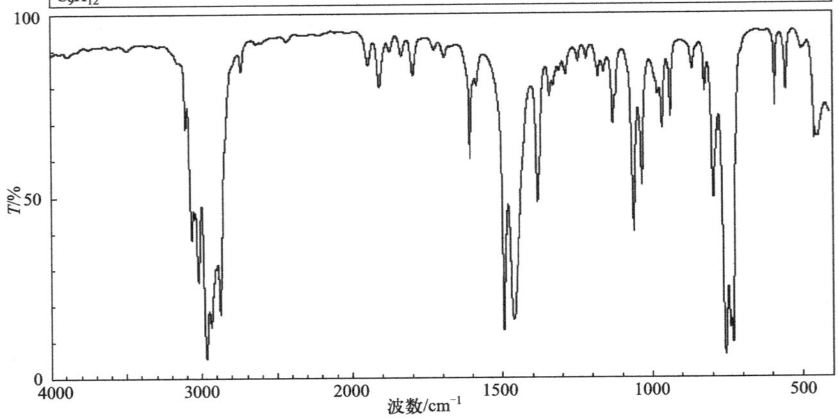


| | | | | | | | | | |
|---|---|---|---|---|---|---|---|---|---|
| 3104 | 66 | 1906 | 77 | 1327 | 77 | 1031 | 60 | 737 | 12 |
| 3064 | 36 | 1605 | 57 | 1284 | 79 | 979 | 74 | 729 | 8 |
| 3043 | 42 | 1582 | 77 | 1178 | 79 | 963 | 66 | 687 | 70 |
| 3018 | 26 | 1493 | 12 | 1169 | 79 | 936 | 68 | 661 | 74 |
| 2965 | 4 | 1460 | 14 | 1127 | 66 | 822 | 74 | 457 | 62 |
| 2933 | 15 | 1380 | 46 | 1118 | 74 | 794 | 47 | 452 | 64 |
| 2873 | 16 | 1339 | 74 | 1068 | 38 | 764 | 6 | 446 | 62 |

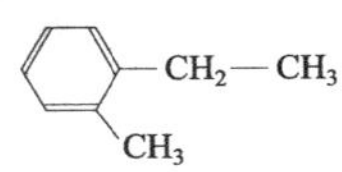


附图 11.4　邻甲乙苯红外光谱图

| HIT-NO=1577 | SCORE=(  ) | SDBS-NO=1817 | IR-NIDA-63244:液膜法 |
|---|---|---|---|
| 间甲乙苯 | | | |
| $C_9H_{12}$ | | | |

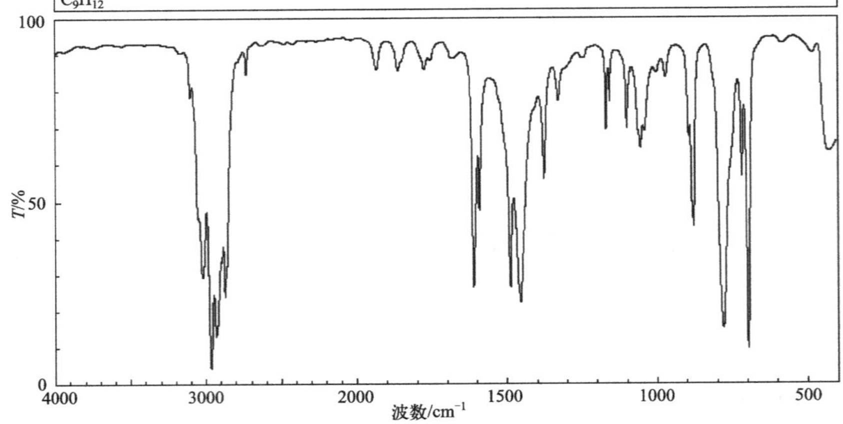


| | | | | | | | | | |
|---|---|---|---|---|---|---|---|---|---|
| 3104 | 77 | 1861 | 81 | 1489 | 26 | 1168 | 74 | 879 | 42 |
| 3017 | 28 | 1851 | 84 | 1455 | 22 | 1100 | 68 | 781 | 15 |
| 2965 | 4 | 1775 | 81 | 1376 | 53 | 1054 | 62 | 720 | 55 |
| 2931 | 13 | 1683 | 86 | 1329 | 74 | 1041 | 66 | 698 | 10 |
| 2874 | 23 | 1677 | 86 | 1251 | 86 | 1002 | 81 | 433 | 62 |
| 2732 | 81 | 1611 | 26 | 1246 | 86 | 971 | 81 | 427 | 62 |
| 1932 | 81 | 1691 | 46 | 1170 | 68 | 896 | 66 | | |

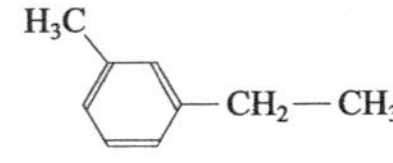


附图 11.5　间甲乙苯红外光谱图

| HIT-NO=1578 | SCORE=( ) | SDBS-NO=1818 | IR-NIDA-63645:液膜法 |
|---|---|---|---|
| 对甲乙苯 | | | |
| $C_9H_{12}$ | | | |

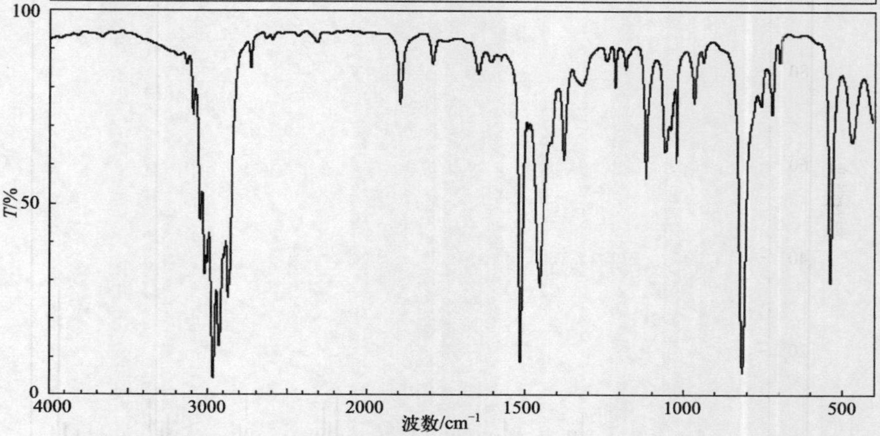


| | | | | | | | | | |
|---|---|---|---|---|---|---|---|---|---|
| 3136 | 84 | 2873 | 24 | 1616 | 8 | 1216 | 77 | 816 | 6 |
| 3093 | 70 | 2732 | 81 | 1493 | 66 | 1184 | 81 | 757 | 72 |
| 3049 | 44 | 1893 | 72 | 1461 | 33 | 1118 | 55 | 729 | 77 |
| 3020 | 30 | 1791 | 84 | 1464 | 27 | 1068 | 60 | 721 | 70 |
| 3005 | 33 | 1649 | 81 | 1377 | 58 | 1042 | 66 | 699 | 84 |
| 2965 | 4 | 1609 | 84 | 1320 | 79 | 1022 | 58 | 536 | 28 |
| 2929 | 12 | 1678 | 84 | 1243 | 84 | 966 | 74 | 468 | 64 |

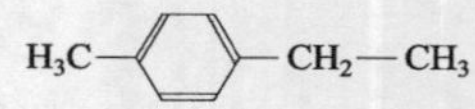


附图 11.6　对甲乙苯红外光谱图

(3) 质谱

① 邻甲乙苯（附图 11.7）

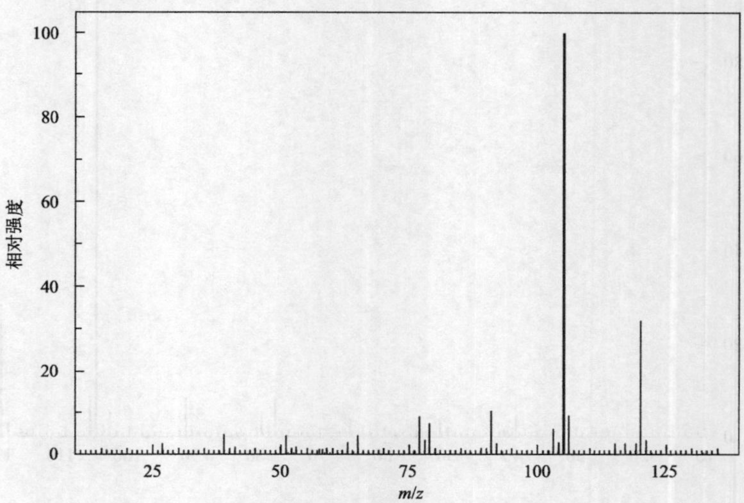


附图 11.7　邻甲乙苯质谱图

② 间甲乙苯（附图 11.8）

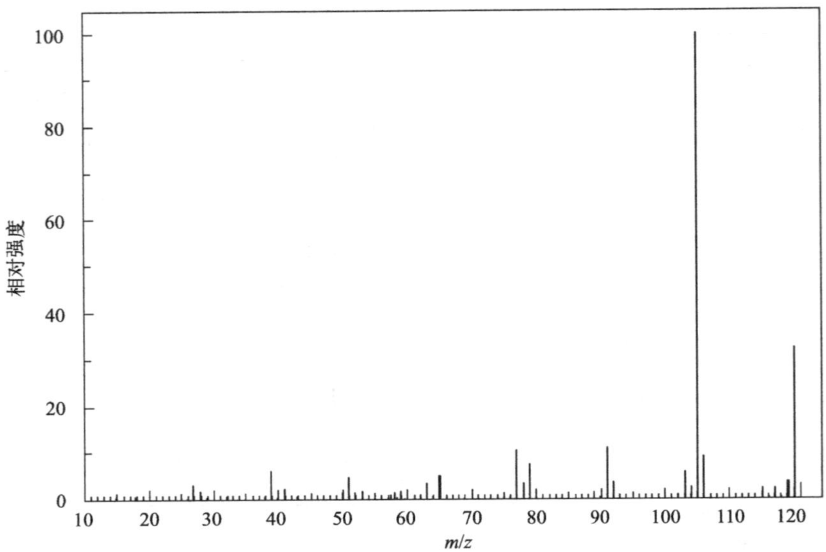


附图 11.8　间甲乙苯质谱图

③ 对甲乙苯（附图 11.9）

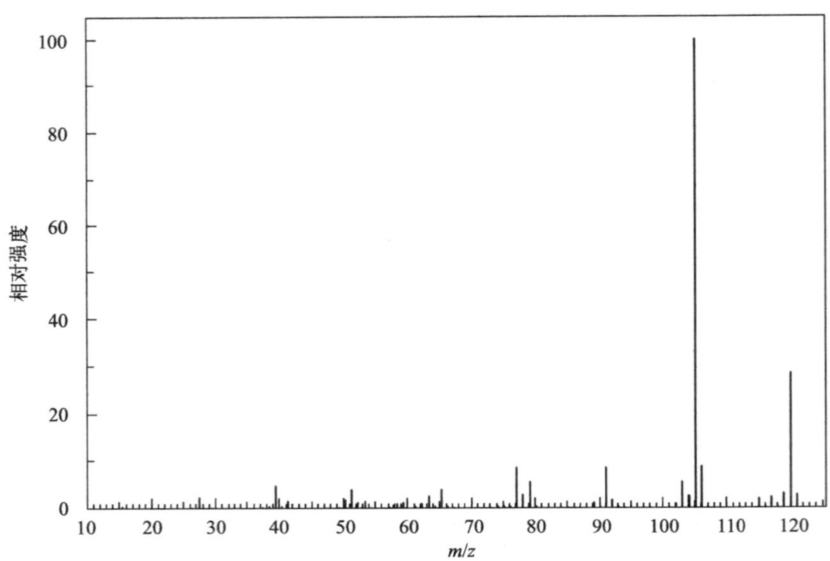


附图 11.9　对甲乙苯质谱图

(4) 核磁共振波谱

① 邻甲乙苯

a. $^{1}H$ 谱(附图 11.10)

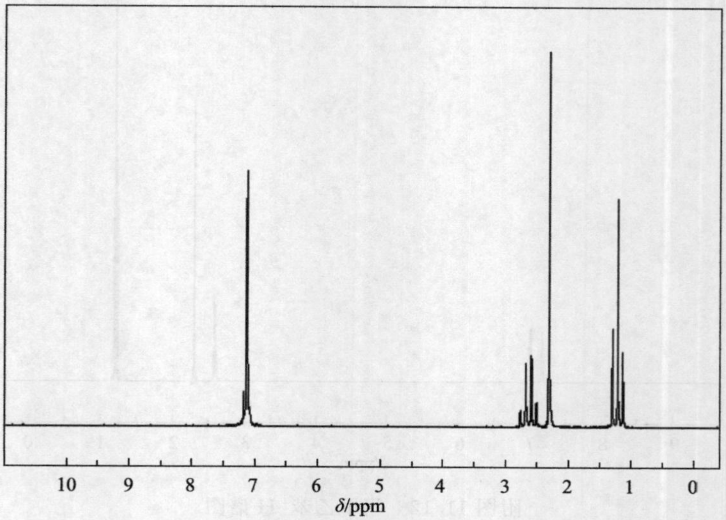


附图 11.10 邻甲乙苯$^{1}H$ 谱图

b. $^{13}C$ 谱(附图 11.11)

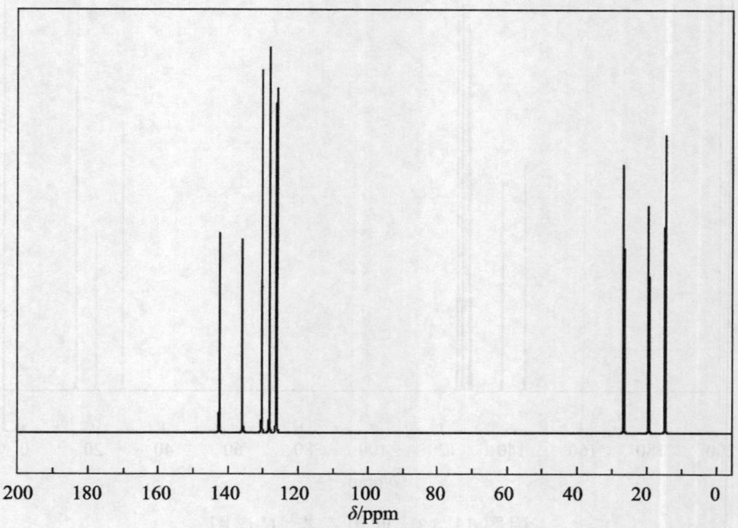


附图 11.11 邻甲乙苯$^{13}C$ 谱图

② 间甲乙苯

a. $^{1}H$ 谱（附图 11.12）

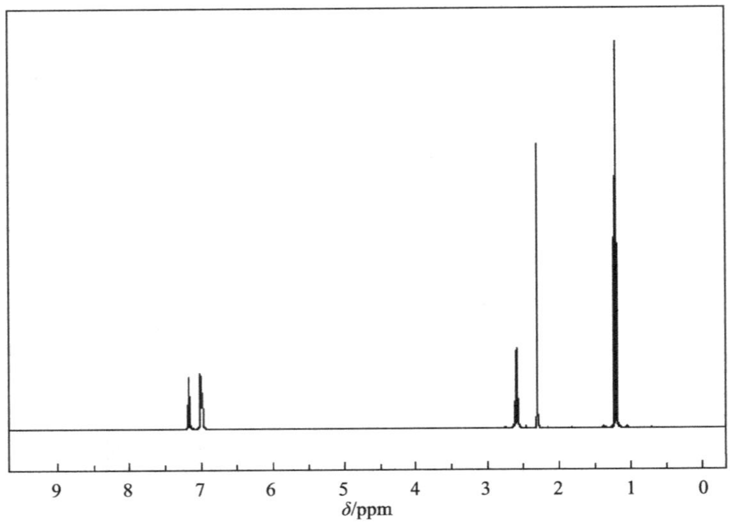


附图 11.12 间甲乙苯$^{1}H$ 谱图

b. $^{13}C$ 谱（附图 11.13）

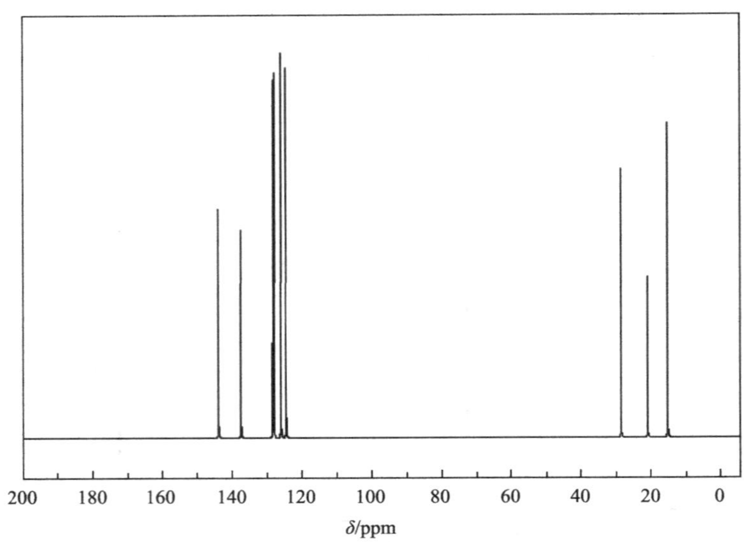


附图 11.13 间甲乙苯$^{13}C$ 谱图

③ 对甲乙苯

a. $^{1}$H 谱（附图 11.14）

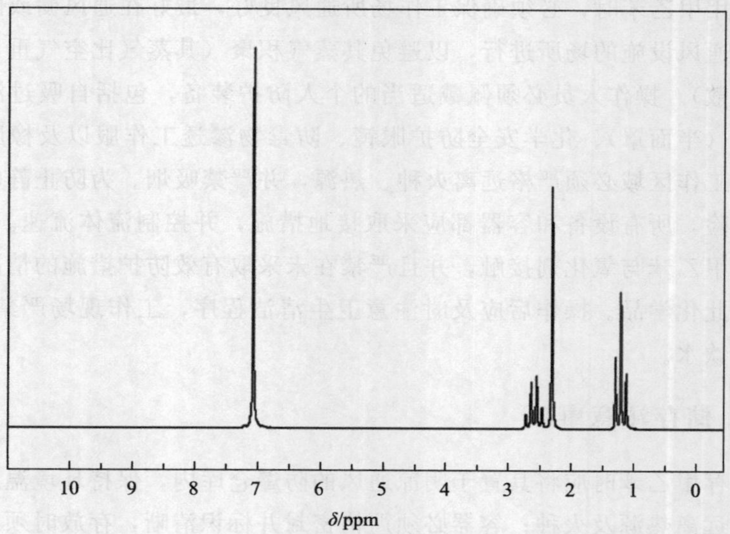


附图 11.14 对甲乙苯$^{1}$H 谱图

b. $^{13}$C 谱（附图 11.15）

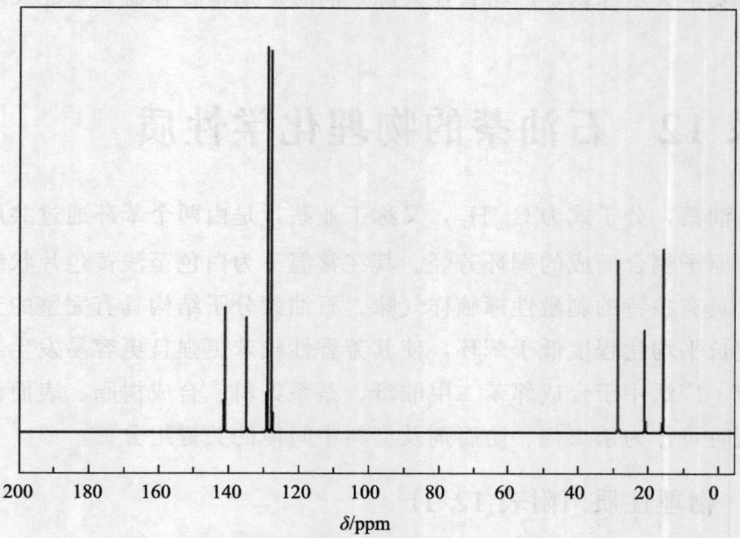


附图 11.15 对甲乙苯$^{13}$C 谱图

## 11.4 操作注意事项

使用甲乙苯时，必须确保工作场所通风良好，最好在通风橱或配备局部排气通风设施的场所进行，以避免其蒸气积聚（其蒸气比空气重，易在低处扩散）。操作人员必须佩戴适当的个人防护装备，包括自吸过滤式防毒面具（半面罩）、化学安全防护眼镜、防毒物渗透工作服以及橡胶耐油手套。工作区域必须严格远离火种、热源，并严禁吸烟。为防止静电积聚引发危险，所有设备和容器都应采取接地措施，并控制流体流速。此外，应避免甲乙苯与氧化剂接触，并且严禁在未采取有效防护措施的情况下直接接触此化学品。操作后应及时注意卫生清洁程序，工作现场严禁吸烟、进食和饮水。

## 11.5 储存注意事项

储存甲乙苯时应将其置于阴凉通风的防爆仓库内，保持环境温度低于30℃并远离热源及火种；容器必须严格密封并标识清晰，存放时须与强氧化剂等不相容物质有效隔离。库房需配备防爆型通风系统与电气设备，地面应设置防泄漏收集沟槽，并严格控制区域内的蒸气浓度；储存区须设置醒目的安全警示标识，严格管控火源，同时定期检查容器完整性及防静电设施。

# 附录 12 石油萘的物理化学性质

石油萘，分子式为 $C_{10}H_8$，又称工业萘，是由两个苯环通过共用两个相邻碳原子稠合而成的稠环芳烃。其在常温下为白色至浅黄色片状结晶或粉末，具有独特的刺激性樟脑样气味。石油萘分子结构具有完整的芳香体系且键长平均化程度低于苯环，使其芳香性较苯更强且更容易发生亲电取代反应，广泛用于合成邻苯二甲酸酐、萘系染料、合成树脂、表面活性剂等，同时可作为杀虫剂、防腐剂及染料中间体的关键组分。

## 12.1 物理性质（附表 12.1）

**附表 12.1　石油萘的物理性质**

| 性质 | 描述 |
|---|---|
| 分子式 | $C_{10}H_8$ |
| 结构式 | 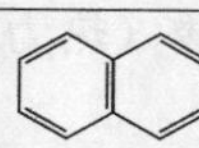 |
| 分子量 | 128.17 |
| 外观与气味 | 白色至浅黄色片状结晶或粉末，具有特殊刺激性气味 |
| 密度① | 0.99g/cm$^3$ |
| 熔点② | 80～82℃ |
| 沸点② | 221.5℃ |
| 闪点③ | 78.9℃ |
| 燃点② | 540℃ |
| 折射率④ | 1.632 |
| 黏度⑤ | 0.76mPa·s |
| 蒸气压⑤ | 0.08mmHg(10.67Pa) |
| 溶解度⑥ | 不溶于水；与乙醇、乙醚、苯等大多数有机溶剂混溶 |
| 爆炸极限① | 0.9%～5.9% |

①温度 25℃，压力 101.325kPa。

②压力 101.325kPa。

③测试方法：ASTM D93，闭杯测试值。

④温度 20℃，使用钠光灯 D 线（589nm）光源。

⑤温度 20℃。

⑥温度 20℃，压力 101.325kPa。

## 12.2　化学性质

石油萘是最简单的稠环芳烃，由两个共轭的苯环稠合而成，其化学性质主要源于分子中的 π 电子离域体系——电子云在两个苯环上分布不完全均匀，α-位电子云密度高于 β-位，多数反应优先发生在 α-位；稠环结构使其更易发生加成、氧化反应。

（1）亲电取代反应

① 卤代反应：在氯化铁催化下，氯气与萘反应主要生成 α-氯萘。若在光照条件下，则发生加成反应生成四氯化萘。

② 硝化反应：萘的硝化比苯容易，常温下即可进行，主要生成 $\alpha$-硝基萘。

③ 磺化反应：这是一个可逆反应，温度控制至关重要，低温磺化主要生成 $\alpha$-萘磺酸，高温磺化则主要生成 $\beta$-萘磺酸（热力学控制产物），且升高温度可使 $\alpha$ 型向 $\beta$ 型转化。

（2）氧化反应

① 强烈氧化：在五氧化二钒催化下，用空气氧化萘，是工业上生产邻苯二甲酸酐的重要方法。

② 温和氧化：在乙酸溶液中用氧化铬氧化萘，可以生成 $\alpha$-萘醌(1,4-萘醌)。

当苯环上连有取代基时，电子云密度较高的环优先被氧化。若环上连有间位定位基，该环较难氧化；若连有邻对位定位基（如氨基），则该环更易氧化。

（3）加成反应

石油萘的芳香性比苯差，因此比苯容易发生加成反应。用金属钠和乙醇可以使萘发生部分还原，生成 1,4-二氢萘或四氢萘；在更强烈的条件下（如催化加氢），可以逐步对萘加氢，最终生成十氢化萘。

## 12.3 波谱分析

（1）紫外光谱（附图 12.1）

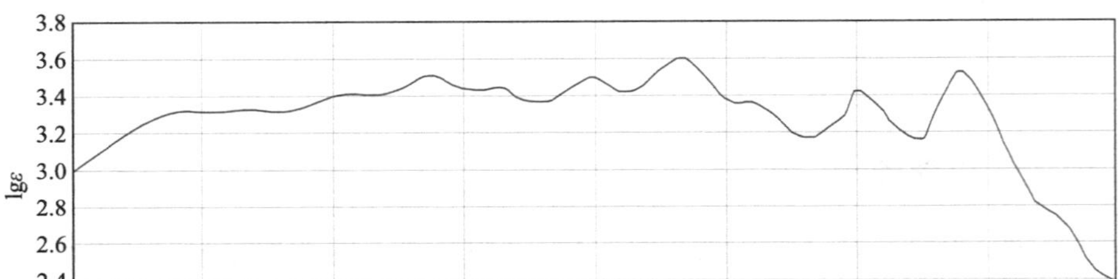


附图 12.1　石油萘紫外光谱图

（2）红外光谱（附图 12.2）

（3）质谱（附图 12.3）

| HIT-NO=766 | SCORE=(　) | SDBS-NO=1350 | IR-NIDA-13912:石蜡研糊法 |
|---|---|---|---|
| 萘 | | | |
| $C_{10}H_8$ | | | |

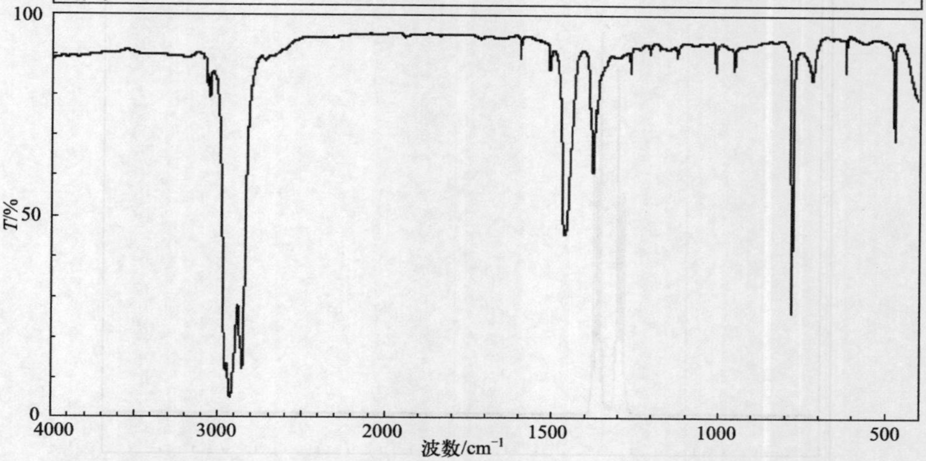


| | | | | | |
|---|---|---|---|---|---|
| 3069 | 78 | 1463 | 49 | 868 | 81 |
| 3063 | 77 | 1377 | 68 | 782 | 26 |
| 2964 | 11 | 1366 | 72 | 722 | 81 |
| 2926 | 4 | 1267 | 81 | 619 | 81 |
| 2864 | 12 | 1209 | 86 | 481 | 86 |
| 1698 | 86 | 1128 | 86 | 476 | 66 |
| 1611 | 81 | 1011 | 81 | | |

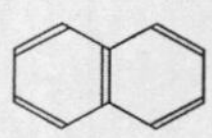

附图 12.2　石油萘红外光谱图

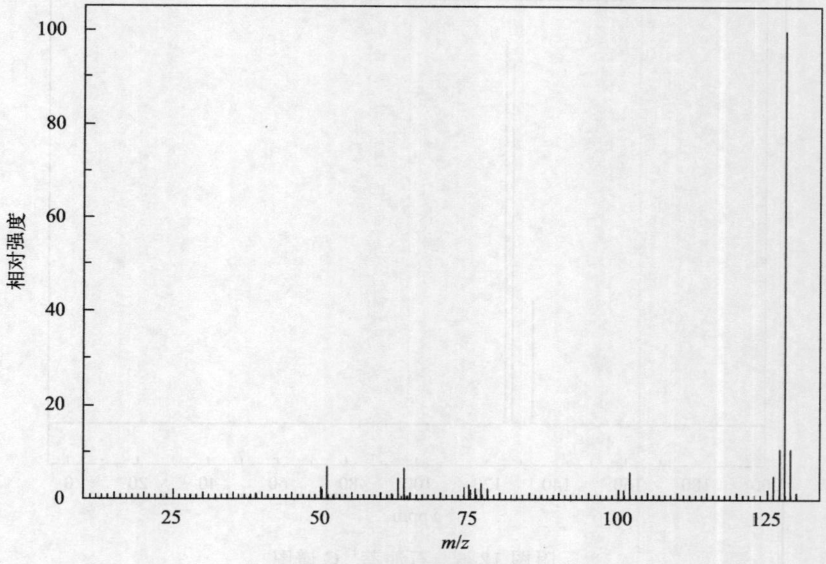


附图 12.3　石油萘质谱图

(4) 核磁共振波谱

① $^{1}$H 谱（附图 12.4）

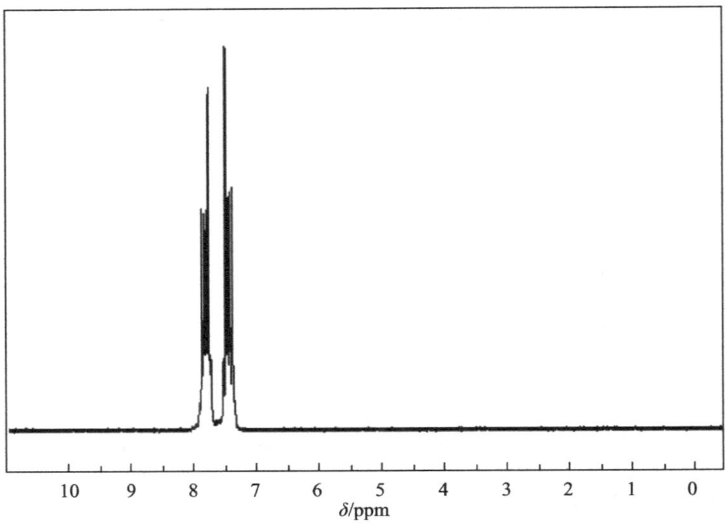


附图 12.4 石油萘$^{1}$H 谱图

② $^{13}$C 谱（附图 12.5）

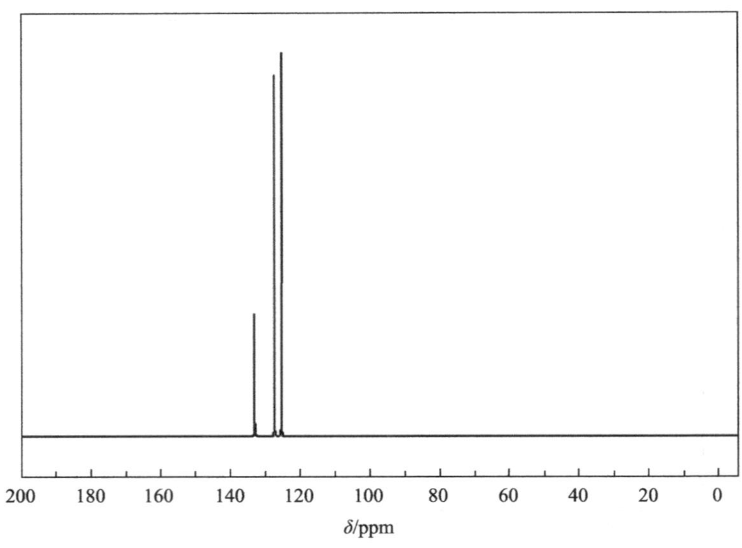


附图 12.5 石油萘$^{13}$C 谱图

## 12.4 操作注意事项

使用石油萘时，必须在通风橱或具备强力整体通风设施的场所进行，确保环境空气流通，以有效控制其挥发的蒸气及粉尘扩散；操作人员须佩戴防化学品手套、防护眼镜、防尘口罩及防静电工作服，避免吸入粉尘或接触皮肤。工作区域必须严格隔离火源、热源并禁止吸烟，所有设备应可靠接地并采用防爆型电气，防止粉尘云静电积聚引发燃爆；应使用防爆型吸尘设备清洁，避免产生粉尘扬散，严禁与强氧化剂接触。操作过程中应保持环境湿润以减少粉尘产生，严禁在未配备有效防护的条件下直接接触物料，操作后应及时清洗。

## 12.5 储存注意事项

储存石油萘时应将其置于阴凉、干燥、通风良好的专用库房内，保持环境温度低于 30℃并远离热源及火源；容器必须严格密封并采取防潮措施，防止其升华逸散和粉尘积聚。库房需配备防爆型通风与电气系统，地面应采用不燃材料建造并设置防泄漏围堰，严禁与氧化剂等不相容物质共同存放；储存区应设置醒目的“易燃固体”安全标识和粉尘防爆警示，严格管控火源并配备防静电设施，同时建立定期检查制度，监测容器密封性及库房粉尘浓度。

# 附录 13　甲基萘的物理化学性质

甲基萘，分子式为 $C_{11}H_{10}$，是萘环上的一个氢原子被甲基取代而形成的衍生物，根据取代位置不同主要分为 1-甲基萘和 2-甲基萘两种异构体。其在常温下为无色至浅黄色油状液体（1-甲基萘）或白色至浅黄色结晶固体（2-甲基萘），具有特殊的萘系芳香气味。分子结构中甲基的引入既保留了萘环的芳香反应特性，又通过电子效应与空间位阻改变了原有反应活性位点，使其更容易发生烷基化、磺化等取代反应，这一特性使其作为重要中间体广泛用于合成高效减水剂、染料分散剂、表面活性剂、农药乳化剂等工业助剂，同时可作为溶剂、热载体及柴油十六烷值改进剂的关键组分。

## 13.1 物理性质（附表 13.1）

**附表 13.1 甲基萘的物理性质**

| 性质 | 1-甲基萘 | 2-甲基萘 |
| --- | --- | --- |
| 分子式 | $C_{11}H_{10}$ | $C_{11}H_{10}$ |
| 结构式 | 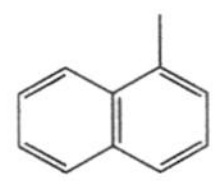 | 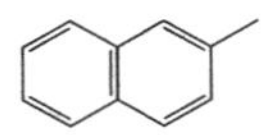 |
| 分子量 | 142.19g/mol | 142.19 |
| 外观与气味 | 无色至浅黄色液体，具有特殊芳香气味 | 白色至浅黄色固体，具有特殊芳香气味 |
| 密度① | 1.00g/cm$^3$ | 1.01g/cm$^3$ |
| 熔点② | −22℃ | 34℃ |
| 沸点② | 242.8℃ | 239.9℃ |
| 闪点③ | 82.2℃ | 97.8℃ |
| 燃点② | 530℃ | 525℃ |
| 折射率④ | 1.617 | 1.617 |
| 黏度⑤ | 2.5mPa·s | 2.3mPa·s |
| 蒸气压⑤ | 0.03mmHg(4.0Pa) | 1.0mmHg(133.32Pa) |
| 溶解度⑥ | 不溶于水；与乙醇、乙醚、苯等大多数有机溶剂混溶 | 不溶于水；与乙醇、乙醚、苯等大多数有机溶剂混溶 |

①温度 25℃，压力 101.325kPa。
②压力 101.325kPa。
③测试方法：ASTM D93，闭杯测试值。
④温度 20℃，使用钠光灯 D 线（589nm）光源。
⑤温度 20℃。
⑥温度 20℃，压力 101.325kPa。

## 13.2 化学性质

甲基萘是萘环上连有一个甲基的稠环芳烃，存在 1-甲基萘和 2-甲基萘两种异构体。其化学性质主要由甲基的电子效应与萘环的稠环特性协同调控：甲基通过给电子诱导效应和超共轭效应活化所在萘环，使该环上的电子云密度显著高于未取代环，且 $\alpha$-位因电子云密度最高、空间位阻最小，成为亲电反应的优先位点。

（1）亲电取代反应

甲基是一个强烈的邻对位定位基，亲电试剂（如硝化、磺化、卤化试剂）会优先进攻甲基萘中甲基所在的环，并且主要进入该环的$\alpha$-位。

（2）氧化反应

① 侧链甲基氧化：以2-甲基萘为例，其在碱性$KMnO_4$溶液中回流时，甲基被氧化为羧基，生成2-萘甲酸；若用酸性$KMnO_4$，氧化速率更快，但需通过重结晶提纯产物。

② 萘环氧化：剧烈条件（$V_2O_5$作催化剂、350～400℃）下，甲基萘与空气共氧化，萘环开环生成邻苯二甲酸酐；温和条件（$CrO_3$/$H_2SO_4$、室温）下，萘环部分氧化为1-甲基-1,4-萘醌（橙红色晶体，具有抗菌、抗肿瘤活性，可用于医药中间体合成）。

（3）加成反应

① 部分加氢：以雷尼镍（Raney-Ni）为催化剂，在150℃、2～3MPa氢气压力下，1-甲基萘加氢生成1-甲基-1,2,3,4-四氢萘；继续加氢至五氢甲基萘，其热稳定性提升，可作为200～300℃的高温热载体。

② 完全加氢：在Pt/C催化剂、200℃、5MPa氢气条件下，1-甲基萘加氢生成1-甲基十氢萘，其能量密度高，是航空煤油的添加剂，可提升燃料的燃烧效率。

（4）氯甲基化反应

在特定条件下，甲基萘芳环上的氢可以被氯甲基取代，生成氯甲基甲基萘，其是重要的合成中间体。以1-甲基萘为例，生成1-甲基-4-氯甲基萘，该产物可通过亲核取代引入氨基、羟基等官能团，是合成萘系酸性染料（如酸性红37）、抗抑郁药物中间体的核心原料。

## 13.3 波谱分析

（1）紫外光谱

① 1-甲基萘（附图13.1）

② 2-甲基萘（附图13.2）

（2）红外光谱

① 1-甲基萘（附图13.3）

② 2-甲基萘（附图13.4）

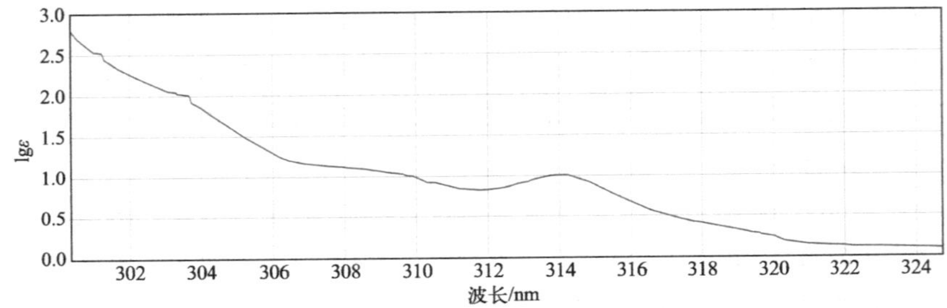


附图 13.1　1-甲基萘紫外光谱图

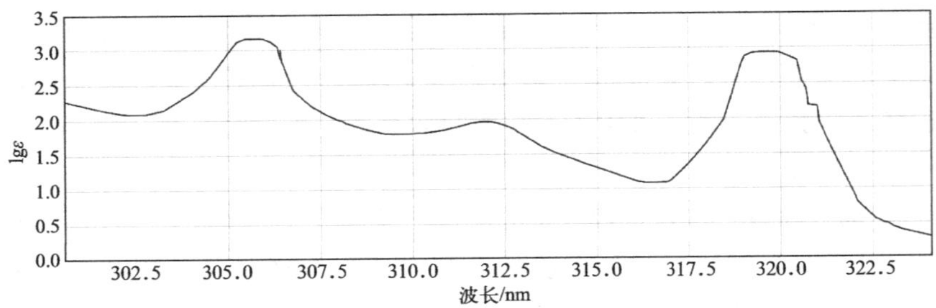


附图 13.2　2-甲基萘紫外光谱图

| HIT-NO=1407 | SCORE=( ) | SDBS-NO=1347 | IR-NIDA-00534:液膜法 |
| --- | --- | --- | --- |
| 1-甲基萘 | | | |
| $C_{11}H_{10}$ | | | |

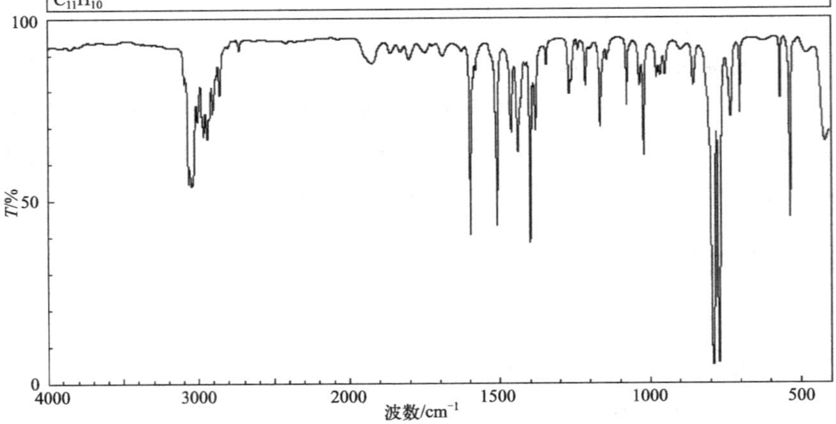


| | | | | | | | | | |
| --- | --- | --- | --- | --- | --- | --- | --- | --- | --- |
| 3099 | 79 | 2909 | 70 | 1398 | 37 | 1143 | 84 | 866 | 79 |
| 3070 | 52 | 2862 | 77 | 1380 | 66 | 1077 | 72 | 791 | 4 |
| 3049 | 52 | 1598 | 38 | 1345 | 84 | 1034 | 79 | 772 | 5 |
| 3010 | 68 | 1680 | 81 | 1269 | 77 | 1020 | 60 | 733 | 70 |
| 2970 | 64 | 1509 | 42 | 1262 | 79 | 977 | 81 | 701 | 70 |
| 2945 | 64 | 1462 | 65 | 1215 | 79 | 965 | 81 | 567 | 74 |
| 2931 | 70 | 1440 | 60 | 1166 | 68 | 949 | 81 | 633 | 43 |

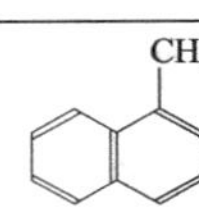


附图 13.3　1-甲基萘红外光谱图

| HIT-NO=778 | SCORE=( ) | SDBS-NO=1337 | IR-NIDA-07008:$CCl_4$溶液法 |
|---|---|---|---|
| 2-甲基萘 | | | |
| | | | |
| $C_{11}H_{10}$ | | | |

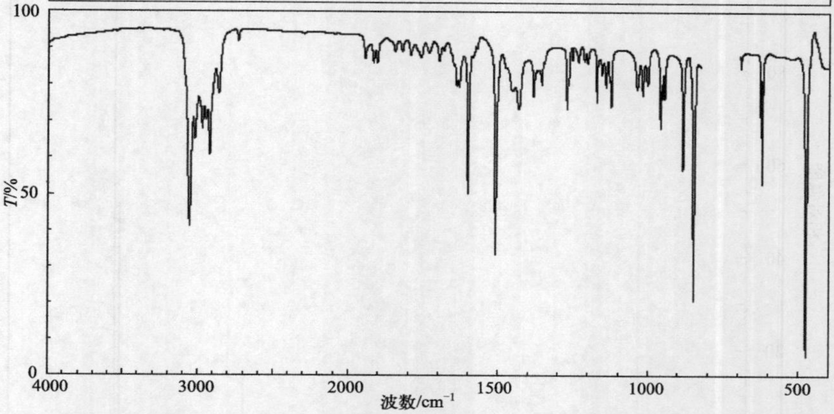


| | | | | | | | | | |
|---|---|---|---|---|---|---|---|---|---|
| 3066 | 39 | 1904 | 81 | 1382 | 74 | 1130 | 77 | 946 | 72 |
| 3021 | 62 | 1640 | 77 | 1355 | 77 | 1125 | 70 | 885 | 53 |
| 2970 | 84 | 1632 | 77 | 1272 | 70 | 1039 | 74 | 849 | 19 |
| 2948 | 68 | 1602 | 47 | 1266 | 77 | 1020 | 74 | 693 | 81 |
| 2923 | 58 | 1511 | 31 | 1173 | 72 | 1004 | 77 | 627 | 64 |
| 2863 | 74 | 1444 | 77 | 1156 | 79 | 960 | 66 | 621 | 50 |
| 1917 | 81 | 1431 | 70 | 1143 | 77 | 964 | 72 | 474 | 4 |

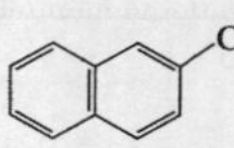


附图 13.4　2-甲基萘红外光谱图

（3）质谱

① 1-甲基萘（附图 13.5）

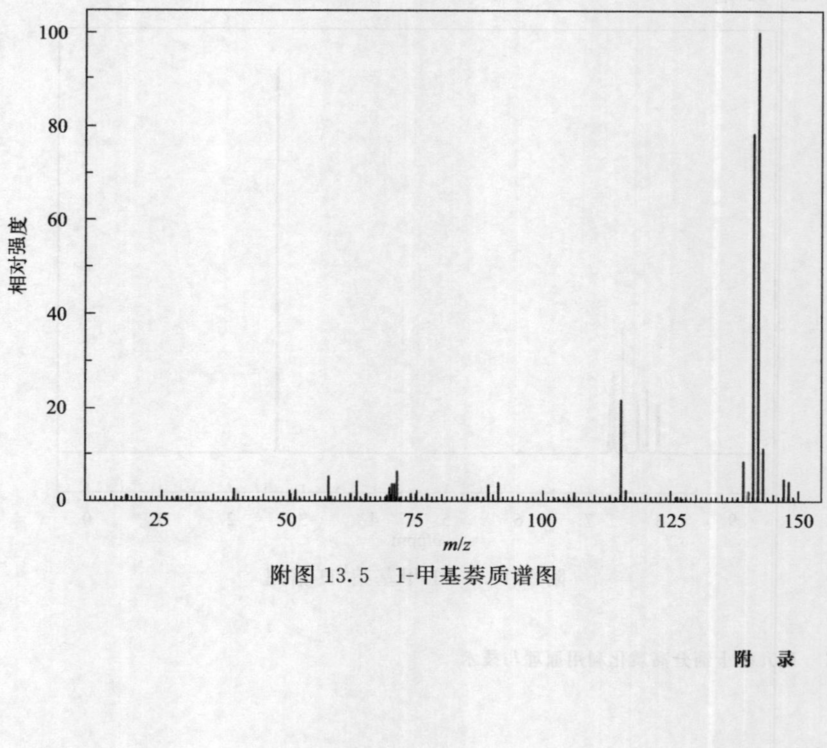


附图 13.5　1-甲基萘质谱图

② 2-甲基萘（附图 13.6）

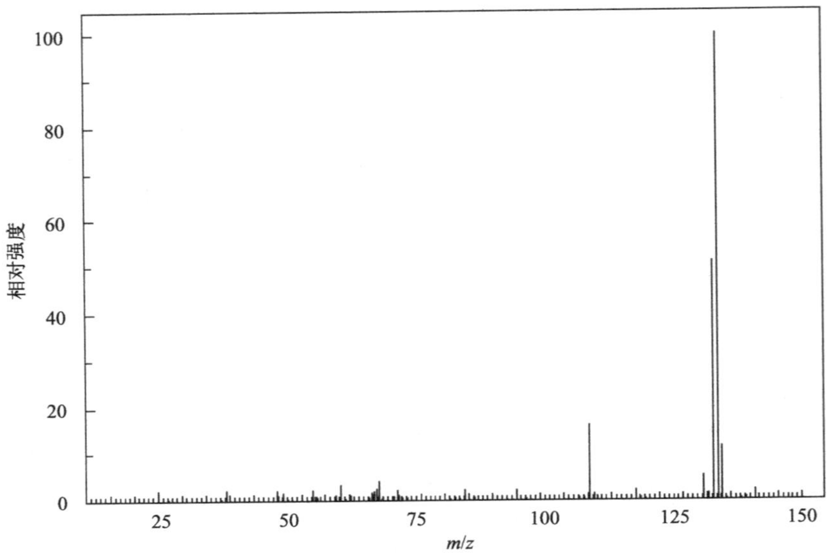


附图 13.6　2-甲基萘质谱图

（4）核磁共振波谱

① 1-甲基萘（附图 13.7）

a. $^{1}H$ 谱

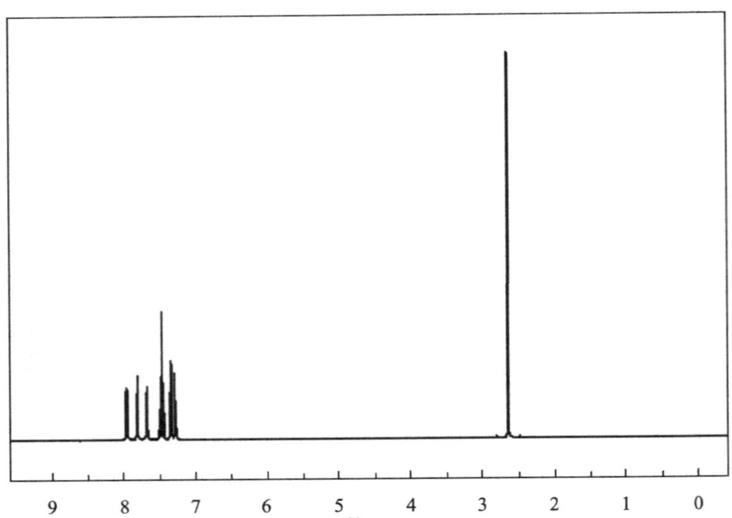


附图 13.7　1-甲基萘 $^{1}H$ 谱图

b. $^{13}$C 谱（附图 13.8）

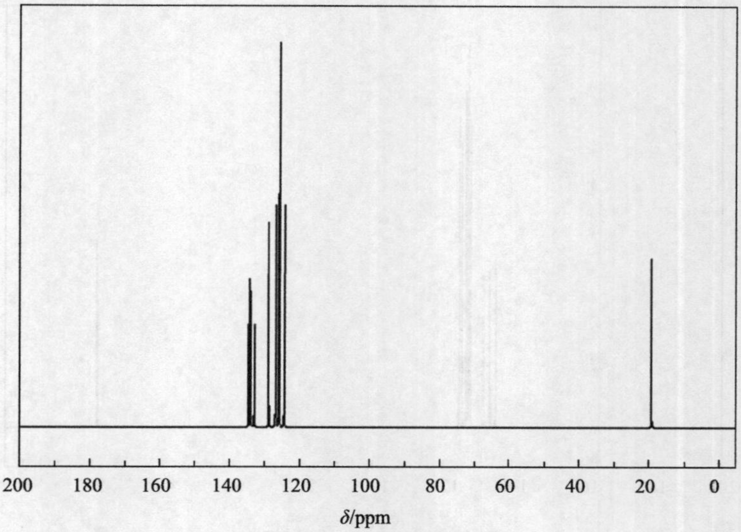


附图 13.8　1-甲基萘$^{13}$C 谱图

② 2-甲基萘

a. $^{1}$H 谱（附图 13.9）

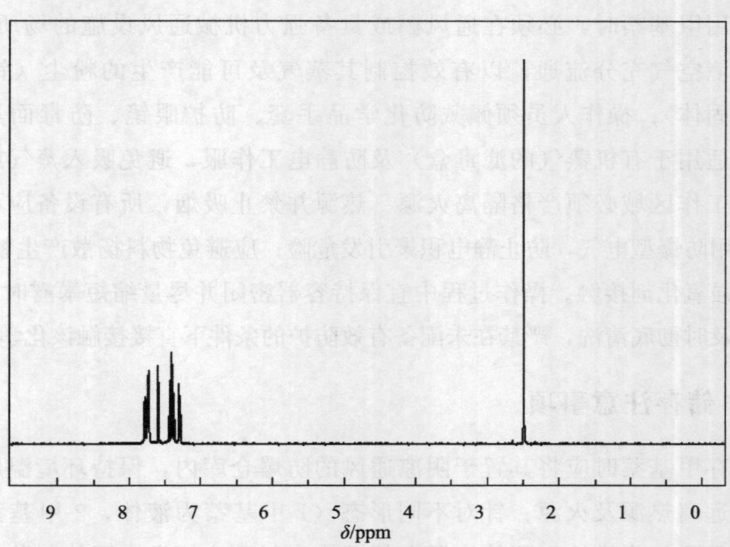


附图 13.9　2-甲基萘$^{1}$H 谱图

b. $^{13}C$ 谱（附图 13.10）

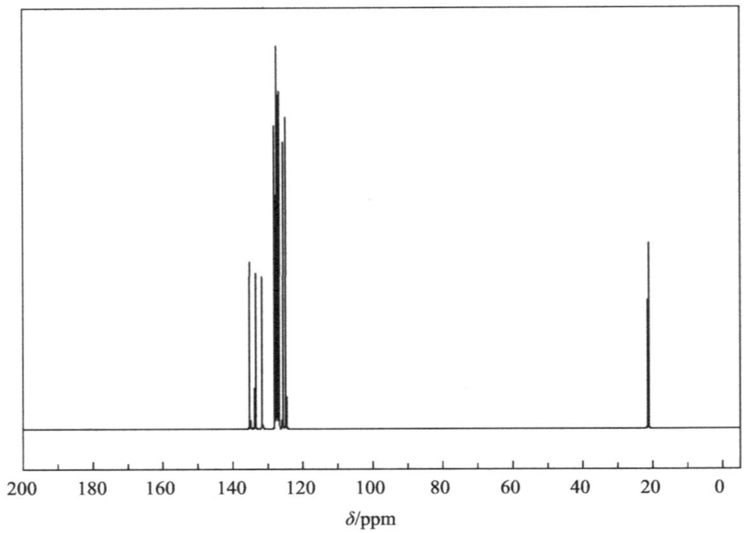


附图 13.10　2-甲基萘$^{13}C$谱图

## 13.4　操作注意事项

使用甲基萘时，必须在通风橱或具备强力机械通风设施的场所进行，确保环境空气充分流通，以有效控制其蒸气及可能产生的粉尘（针对 2-甲基萘固体）；操作人员须佩戴防化学品手套、防护眼镜、防毒面具（建议使用适用于有机蒸气的滤毒盒）及防静电工作服，避免吸入蒸气或接触皮肤。工作区域必须严格隔离火源、热源并禁止吸烟，所有设备应可靠接地并采用防爆型电气，防止静电积聚引发危险；应避免物料扬散产生粉尘云，严禁与强氧化剂接触。操作过程中宜保持容器密闭并尽量缩短暴露时间，操作后应及时彻底清洗，严禁在未配备有效防护的条件下直接接触该化学品。

## 13.5　储存注意事项

储存甲基萘时应将其置于阴凉通风的防爆仓库内，保持环境温度低于30℃并远离热源及火源；针对不同形态（1-甲基萘为液体，2-甲基萘为固体）需采取相应措施：液体容器必须严格密封防止挥发，固体包装需防潮防破损以避免粉尘产生。库房需配备防爆型通风与电气系统，地面应设置防泄漏收集装置，严禁与氧化剂等强反应性物质共同存放；储存区应设置醒目的安全标识，严格管控火源，定期检查容器完整性及库房蒸气/粉尘浓度。

# 附录 14　二乙苯的物理化学性质

二乙苯，分子式为 $C_{10}H_{14}$，是苯环上的两个氢原子被乙基取代而形成的衍生物，根据取代位置不同主要分为邻二乙苯、间二乙苯和对二乙苯三种异构体。其在常温下为无色透明液体，具有特殊的芳香气味。二乙苯分子结构中两个乙基的电子效应与空间位阻效应共同作用，既保留了苯环的芳香反应特性，又通过烷基的给电子效应增加了苯环上的电子云密度，使其更容易发生烷基化、磺化等亲电取代反应。二乙苯广泛应用于溶剂、有机合成中间体、染料合成等领域，同时还可作为生产二乙烯苯的重要前驱体，进而用于离子交换树脂、合成塑料及弹性体的交联剂制备。

## 14.1　物理性质（附表 14.1）

附表 14.1　二乙苯的物理性质

| 性质 | 邻二乙苯 | 间二乙苯 | 对二乙苯 |
|---|---|---|---|
| 分子式 | $C_{10}H_{14}$ | $C_{10}H_{14}$ | $C_{10}H_{14}$ |
| 结构式 | 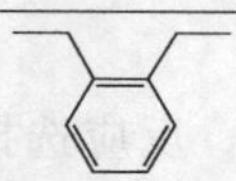 | 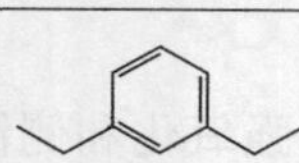 | 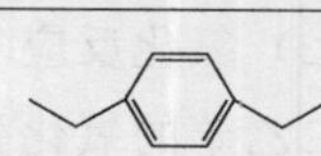 |
| 分子量 | 134.21 | 134.21 | 134.21 |
| 外观与气味 | 无色液体，具有芳香气味 | 无色透明液体，具有芳香气味 | 无色透明液体，具有芳香气味 |
| 密度[①] | 0.88g/cm$^3$ | 0.86g/cm$^3$ | 0.87g/cm$^3$ |
| 熔点[②] | −31℃ | −84℃ | −31℃ |
| 沸点[②] | 183℃ | 182℃ | 180℃ |
| 闪点[③] | 49℃ | 50℃ | 65℃ |
| 燃点[②] | 430℃ | 450℃ | 480℃ |
| 折射率[④] | 1.497 | 1.496 | 1.495 |
| 黏度[⑤] | 38mPa·s | — | 1.2mPa·s |
| 蒸气压[⑤] | 1.10mmHg(146.65Pa) | 1.15mmHg(153.32Pa) | 1.07mmHg(142.65Pa) |

续表

| 性质 | 邻二乙苯 | 间二乙苯 | 对二乙苯 |
| --- | --- | --- | --- |
| 溶解度⑥ | 不溶于水；与乙醇、乙醚、苯等大多数有机溶剂混溶 | 不溶于水；与乙醇、乙醚、苯等大多数有机溶剂混溶 | 不溶于水；与乙醇、乙醚、苯等大多数有机溶剂混溶 |
| 爆炸极限① | 0.8%～5.0% | — | 0.8%～6.0% |

①温度 25℃，压力 101.325kPa。

②压力 101.325kPa。

③测试方法：ASTM D93，闭杯测试值。

④温度 20℃，使用钠光灯 D 线（589nm）光源。

⑤温度 20℃。

⑥温度 20℃，压力 101.325kPa。

## 14.2 化学性质

（1）亲电取代反应

二乙苯的苯环非常容易发生亲电取代反应，因为两个乙基是给电子基团，会强烈地活化苯环。在邻二乙苯和对二乙苯中，两个乙基的定位效应会共同指引亲电试剂进攻特定的位置，由于乙基比甲基有更大的空间位阻，反应会更倾向于发生在位阻较小的对位；在间二乙苯中，两个基团的定位效应也基本一致。

（2）氧化反应

二乙苯的氧化分为侧链强氧化和侧链温和氧化，反应选择性由氧化剂与条件决定。

① 侧链强氧化：与乙基碳链长度无关，最终均氧化为羧基。邻二乙苯氧化为邻苯二甲酸（生产邻苯二甲酸酯增塑剂的核心原料）；间二乙苯氧化为间苯二甲酸（用于不饱和聚酯树脂、涂料固化剂生产）；对二乙苯氧化为对苯二甲酸［合成聚对苯二甲酸乙二酯（PET）纤维、塑料瓶的关键单体］。

② 侧链温和氧化：在特定条件下，二乙苯的乙基可以被选择性地氧化成羰基，生成相应的二乙酰基苯。

（3）脱烷基和转移烷基反应

在高温和催化剂（如沸石分子筛）作用下，二乙苯可以发生脱烷基或转移烷基反应。由于乙基的 C—C 键能较低，故通常乙基会优先断裂，生成乙苯、苯和乙烯等，这是二乙苯在石油化工中通过调整烷基生产高价值芳烃（如苯、乙苯）的基础。

（4）脱氢反应

在催化剂（如氧化铁、氧化锌）作用下，二乙苯可以脱氢生成二乙烯基苯。在与苯乙烯等单体的共聚反应中，二乙烯基苯是极其重要的交联剂，可用于制造离子交换树脂、高强度聚合物微球、塑料和弹性体。

（5）加氢反应

在催化剂作用下，二乙苯中的苯环可以被加氢饱和，生成相应的二乙基环己烷。

## 14.3 波谱分析

（1）紫外光谱

① 邻二乙苯（附图 14.1）

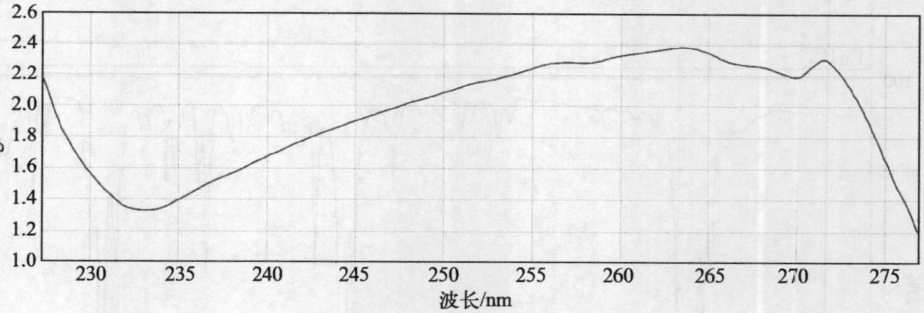


附图 14.1　邻二乙苯紫外光谱图

② 间二乙苯（附图 14.2）

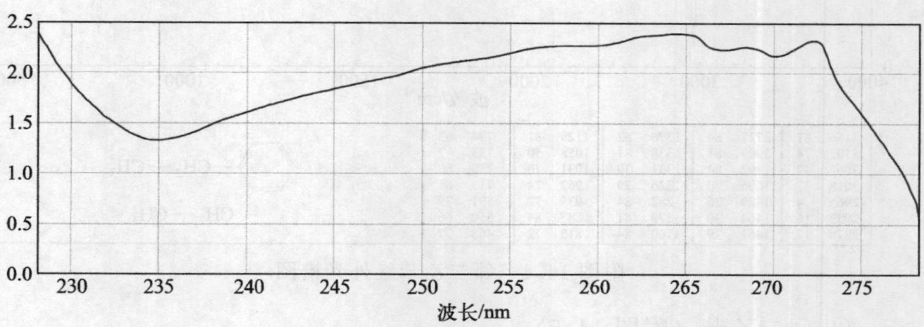


附图 14.2　间二乙苯紫外光谱图

③ 对二乙苯（附图 14.3）

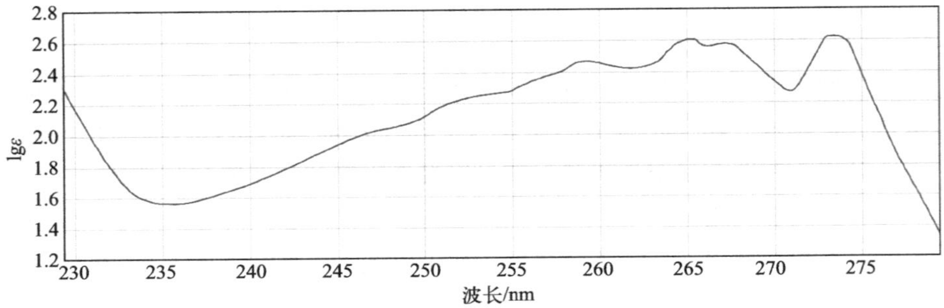


附图 14.3　对二乙苯紫外光谱图

（2）红外光谱

① 邻二乙苯（附图 14.4）

| HIT-NO=2203 | SCORE=(　) | SDBS-NO=3208 | IR-NIDA-10632:液膜法 |
|---|---|---|---|
| 邻二乙苯 | | | |
| $C_{10}H_{14}$ | | | |

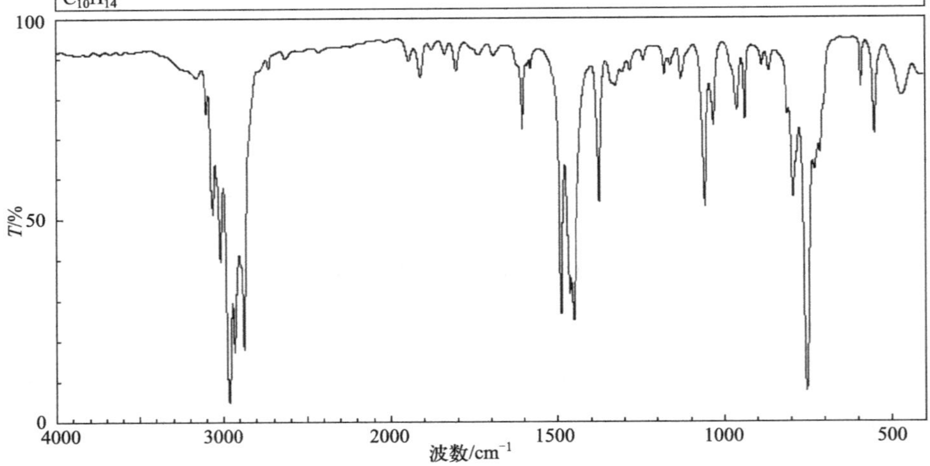


| | | | | | | | | | |
|---|---|---|---|---|---|---|---|---|---|
| 3166 | 81 | 2727 | 84 | 1376 | 62 | 1129 | 81 | 794 | 63 |
| 3102 | 74 | 1909 | 81 | 1338 | 81 | 1058 | 50 | 753 | 7 |
| 3062 | 49 | 1802 | 84 | 1331 | 79 | 1031 | 70 | 730 | 60 |
| 3018 | 37 | 1606 | 70 | 1326 | 79 | 962 | 74 | 713 | 64 |
| 2965 | 4 | 1489 | 26 | 1282 | 84 | 939 | 72 | 591 | 79 |
| 2933 | 16 | 1464 | 30 | 1179 | 81 | 887 | 84 | 550 | 66 |
| 2874 | 17 | 1461 | 29 | 1160 | 84 | 813 | 72 | 468 | 77 |

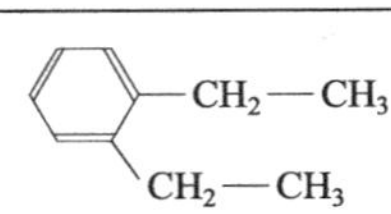


附图 14.4　邻二乙苯红外光谱图

② 间二乙苯（附图 14.5）

③ 对二乙苯（附图 14.6）

| HIT-NO=2206 | SCORE=(　) | SDBS-NO=3212 | IR-NIDA-10415:液膜法 |
|---|---|---|---|
| 间二乙苯 | | | |
| $C_{10}H_{14}$ | | | |

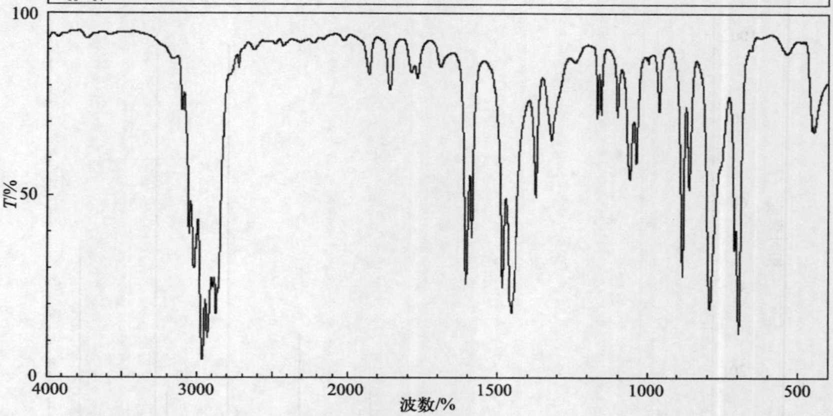


| 3103 | 70 | 2862 | 29 | 1609 | 24 | 1246 | 84 | 687 | 26 |
|---|---|---|---|---|---|---|---|---|---|
| 3056 | 37 | 2728 | 81 | 1590 | 36 | 1171 | 68 | 865 | 49 |
| 3022 | 28 | 1931 | 79 | 1487 | 23 | 1158 | 70 | 797 | 18 |
| 2966 | 4 | 1860 | 77 | 1462 | 19 | 1104 | 68 | 716 | 33 |
| 2932 | 10 | 1790 | 79 | 1455 | 17 | 1063 | 52 | 701 | 11 |
| 2895 | 23 | 1770 | 79 | 1374 | 47 | 1041 | 57 | 457 | 66 |
| 2874 | 16 | 1693 | 81 | 1322 | 62 | 964 | 70 | 461 | 64 |

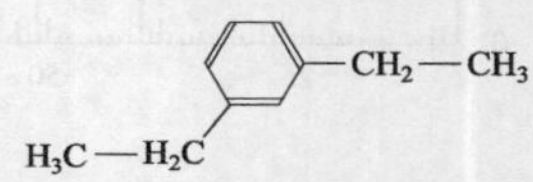


附图 14.5　间二乙苯红外光谱图

| HIT-NO=2204 | SCORE=(　) | SDBS-NO=3209 | IR-NIDA-10481:液膜法 |
|---|---|---|---|
| 对二乙苯 | | | |
| $C_{10}H_{14}$ | | | |

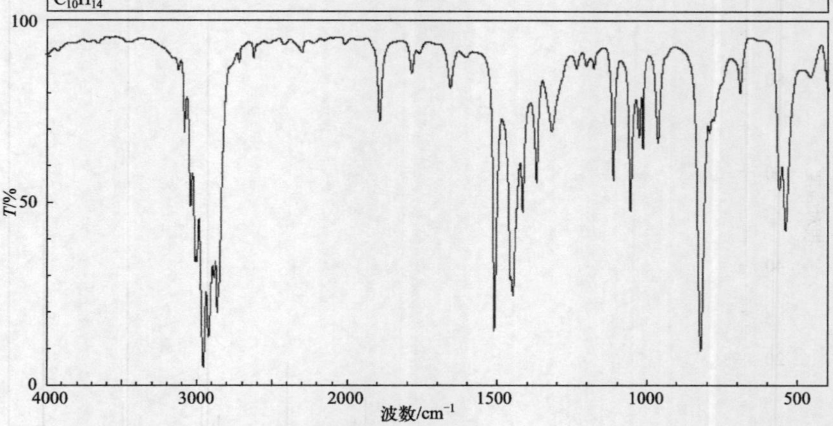


| 3133 | 84 | 2896 | 28 | 1610 | 86 | 1242 | 84 | 971 | 64 |
|---|---|---|---|---|---|---|---|---|---|
| 3091 | 66 | 2873 | 18 | 1516 | 13 | 1210 | 84 | 829 | 9 |
| 3051 | 46 | 2727 | 84 | 1462 | 27 | 1184 | 84 | 800 | 66 |
| 3019 | 32 | 2630 | 86 | 1464 | 23 | 1119 | 63 | 699 | 77 |
| 3009 | 32 | 1896 | 70 | 1420 | 44 | 1063 | 44 | 568 | 50 |
| 2965 | 4 | 1790 | 81 | 1374 | 53 | 1034 | 64 | 546 | 41 |
| 2931 | 12 | 1663 | 79 | 1324 | 66 | 1021 | 62 | 466 | 81 |

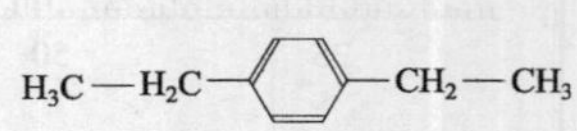


附图 14.6　对二乙苯红外光谱图

（3）质谱

① 邻二乙苯（附图 14.7）

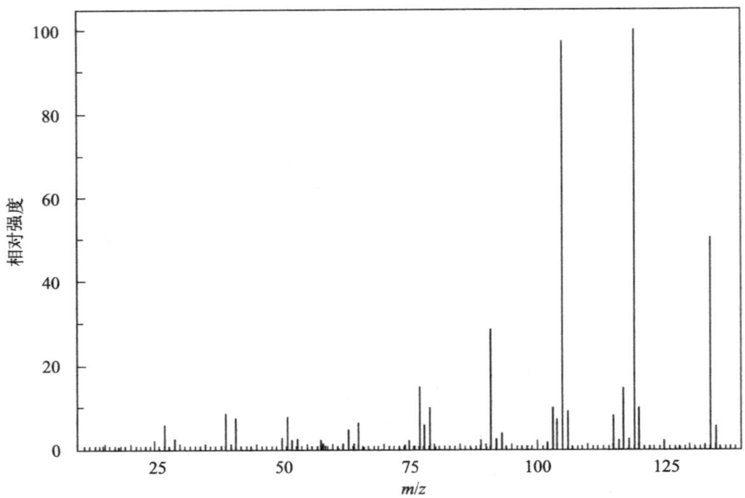


附图 14.7　邻二乙苯质谱图

② 间二乙苯（附图 14.8）

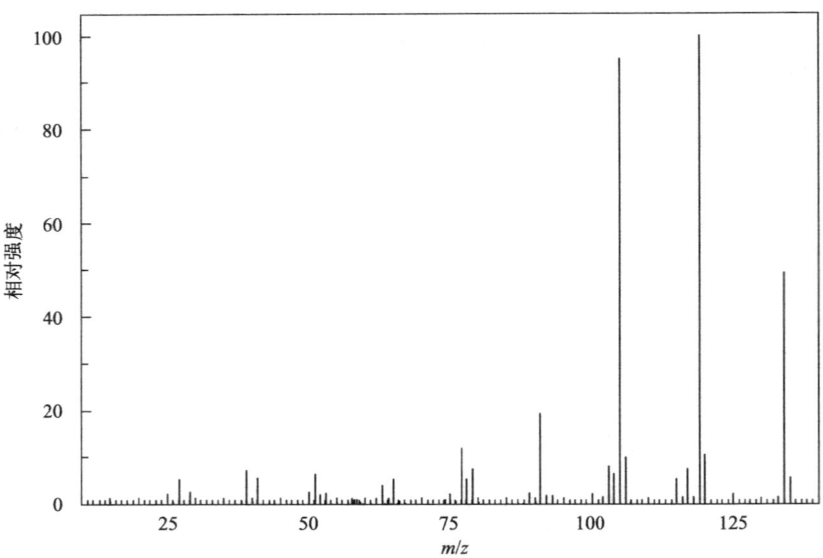


附图 14.8　间二乙苯质谱图

③ 对二乙苯（附图 14.9）

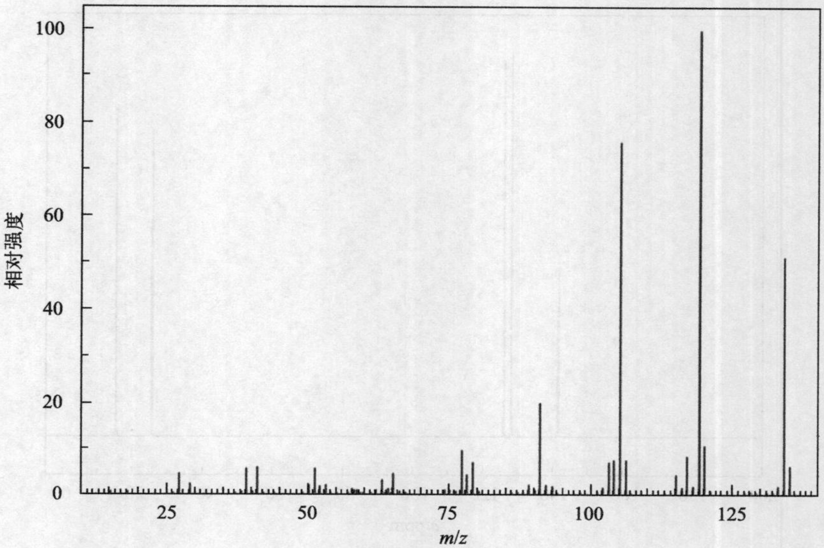


附图 14.9　对二乙苯质谱图

（4）核磁共振波谱

① 邻二乙苯

a. $^{1}H$ 谱（附图 14.10）

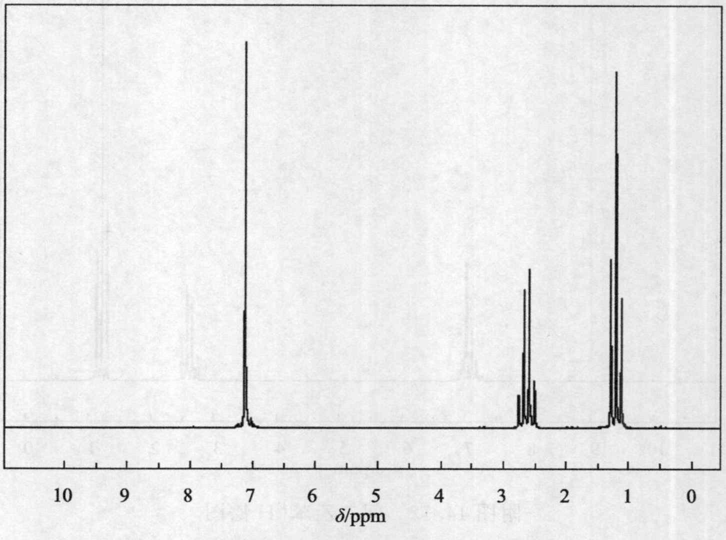


附图 14.10　邻二乙苯$^{1}H$ 谱图

b. $^{13}$C 谱（附图 14.11）

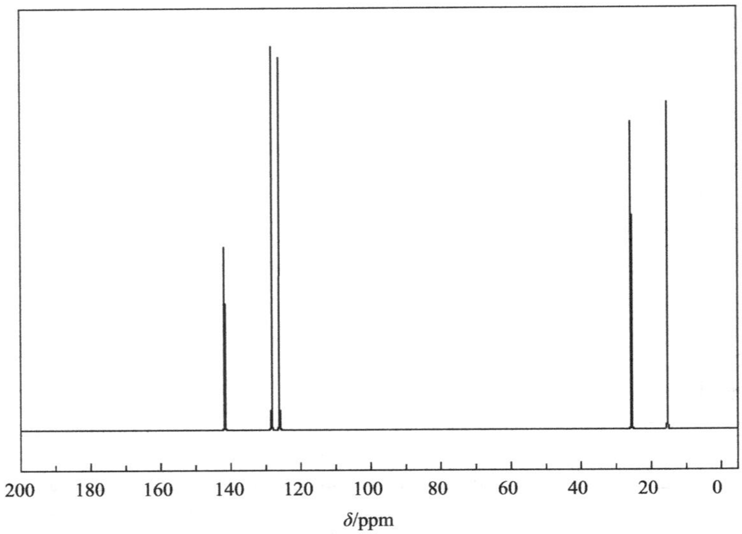


附图 14.11 邻二乙苯$^{13}$C 谱图

② 间二乙苯

a. $^{1}$H 谱（附图 14.12）

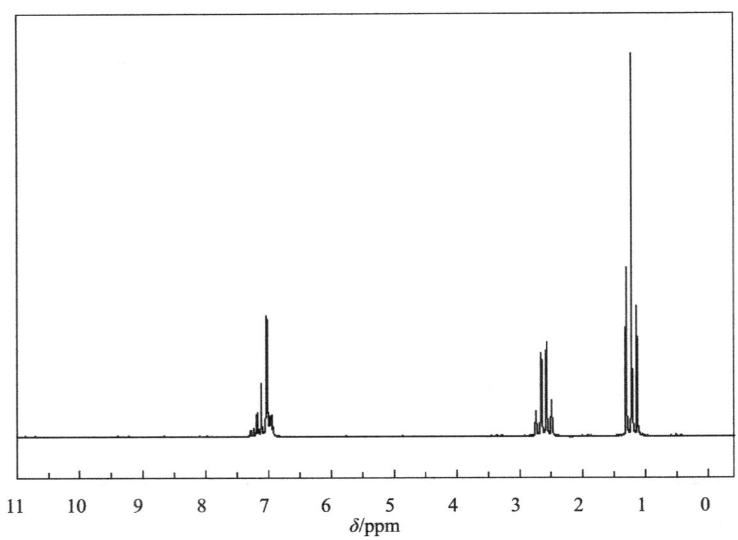


附图 14.12 间二乙苯$^{1}$H 谱图

b. ¹³C 谱（附图 14.13）

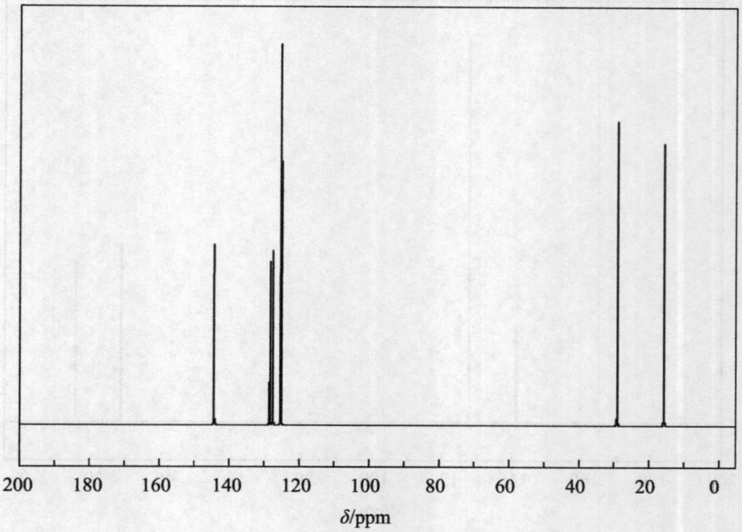


附图 14.13 间二乙苯¹³C 谱图

③ 对二乙苯

a. ¹H 谱（附图 14.14）

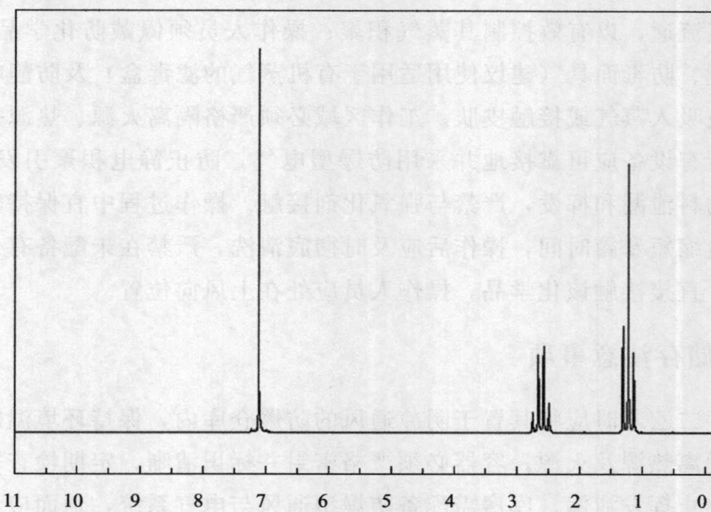


附图 14.14 对二乙苯¹H 谱图

b. $^{13}C$ 谱（附图 14.15）

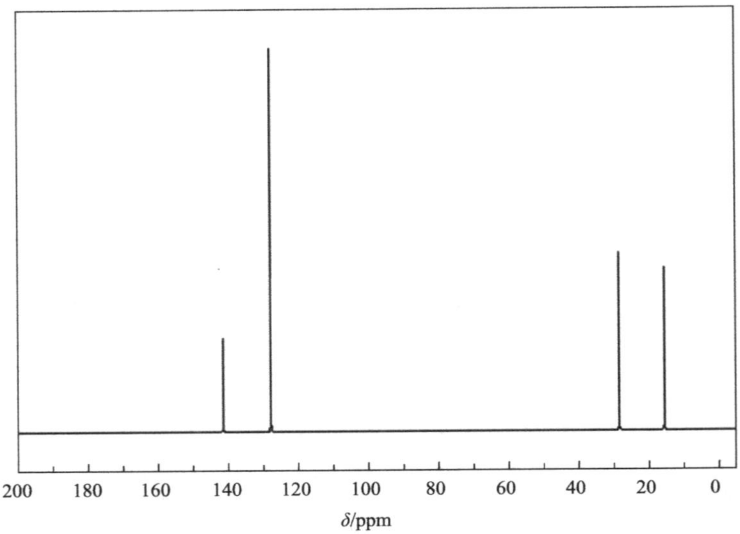


附图 14.15　对二乙苯 $^{13}C$ 谱图

## 14.4　操作注意事项

使用二乙苯时，必须在通风橱或具备强制通风设施的场所进行，确保环境空气流通，以有效控制其蒸气积聚；操作人员须佩戴防化学品手套、防护眼镜、防毒面具（建议使用适用于有机蒸气的滤毒盒）及防静电工作服，避免吸入蒸气或接触皮肤。工作区域必须严格隔离火源、热源并禁止吸烟，所有设备应可靠接地并采用防爆型电气，防止静电积聚引发危险；应避免物料泄漏和挥发，严禁与强氧化剂接触。操作过程中宜保持容器密闭并尽量缩短暴露时间，操作后应及时彻底清洗，严禁在未配备有效防护的条件下直接接触该化学品，操作人员应处在上风向位置。

## 14.5　储存注意事项

储存二乙苯时应将其置于阴凉通风的防爆仓库内，保持环境温度低于30℃并远离热源及火源；容器必须严格密封并标识清晰，定期检查容器完整性以防止挥发泄漏。库房需配备防爆型通风与电气系统，地面应设置防泄漏收集沟槽，严禁与强氧化剂等不相容物质共同存放；储存区应设置醒目的安全标识和自动火灾报警装置，严格管控火源并确保防静电设施完好。

## 参考文献


[1] 赵开鹏，韩松. 裂解 $C_9$ 芳烃的综合利用[J]. 南炼科技，1999(03)：61-69.

[2] 张洪涛，黄明凯. 重整 $C_{10}$ 重芳烃的综合利用[J]. 当代化工，2001(03)：145-148.

[3] 钱伯章，朱建芳. 国内外裂解 $C_5$ 馏分的综合利用及发展前景分析[J]. 石化技术与应用，2008(01)：86-90.

[4] 王炜，吴德荣，丁蕙. 乙烯装置副产物中一些重要精细化工原料的利用问题[J]. 化学世界，2002(07)：371-373.

[5] 刘国兴. 高效汽油抗爆剂 MMT 的合成与应用[J]. 化学工程师，2006(04)：41-43.

[6] 杜新胜，刘志琴，谢智永，等. $C_9$ 石油树脂的合成研究与应用[J]. 上海涂料，2012，50(12)：20-23.

[7] 李玉芳，伍小明. 苯乙烯生产新技术及发展前景[J]. 化学工业，2013，31(12)：12-17.

[8] 钱伯章，王祖纲. 苯乙烯的国内外现状及发展[J]. 化学工业，2004，22(12)：15-19.

[9] 钱伯章，朱建芳. 苯乙烯的市场分析和技术进展(上)[J]. 上海化工，2005(09)：40-43.

[10] 朱长生. 双环戊二烯利用现状及工业化应用研究[D]. 大庆：东北石油大学，2014.

[11] 张兰芬，吴盾，刘春林. 不饱和聚酯树脂增稠特性的研究[J]. 玻璃钢/复合材料，2009(05)：23-26.

[12] 张炳烛，吴命君. 2 步法合成双环戊二烯型不饱和聚酯树脂[J]. 热固性树脂，2005(06)：5-6.

[13] 肖淑红，王绪江. 低温催化法合成双环戊二烯改性不饱和聚酯树脂[J]. 热固性树脂，2004(06)：8-11.

[14] Leconte M，Quignard F，Perez E，et al. Catalytic systems having extended duration and conservation for the metathesis of olefins：US19880169736[P]. 2023-10-30.

[15] 杨连玺. 乙叉降冰片烯的制备及性质[J]. 合成橡胶工业，1980(04)：249-253.

[16] 付学红，姜丹蕾，周遵石，等. 一种制备双环戊二烯加氢石油树脂的方法：CN200910242177.1[P]. 2011-06-15.

[17] 山川文雄，北村忠邦，陈田常信. 石油树脂氢化用催化剂及生产氢化石油树脂的方法：CN03814419.0[P]. 2005-08-31.

[18] 李彦霞，车立光，路广乾. 双环戊二烯的现状及应用[J]. 当代化工，2014，43

(12)：2677-2679.
[19] 张焕全. 双环戊二烯(或环戊二烯)的开发和应用途径[J]. 化学世界，1991(03)：97-102.
[20] 郭建维，崔英德，米镇涛，等. 双环戊二烯加氢异构化合成金刚烷[J]. 催化学报，2001(03)：271-274.
[21] 李林，陈俊杰. 利用炼厂芳烃开发 PVC 辅助增塑剂[J]. 安徽化工，2000(01)：33-35.
[22] 季钦伦，郑薇，王彭年，等. $C_9$、$C_{10}$ 芳烃应用(上)[J]. 化工时刊，1992(07)：2-9.
[23] 黄波，王泽爱，徐占武，等. 重整 $C_9^+$ 重芳烃深加工应用研究[J]. 齐鲁石油化工，2020，48(04)：279-281.
[24] 陆林玮，李善安，卓超，等. 从重芳烃中分离提纯连三甲苯和茚满的方法：CN200910234687.4[P]. 2010-05-12.
[25] 石培华. 重整抽提装置新技术应用分析与改进措施[J]. 石化技术，2012，19(03)：49-52.
[26] 粟维清，仵栓强，包生伟，等. 连续重整装置开工过程中的问题分析[J]. 炼油技术与工程，2014，44(11)：14-17.
[27] 卢暄. 从催化重整副产 $C_9$ 芳烃分离制取偏三甲苯、均三甲苯技术[J]. 化学工业，2010，28(12)：30-33.
[28] 郑海，王永成. 二甲苯塔侧线气相抽出降低汽油馏分终馏点[J]. 石油炼制与化工，2015，46(11)：42-45.
[29] 周永兵，顾正桂，周立进，等. 重整 $C_{10}$ 芳烃的深加工与综合利用[J]. 计算机与应用化学，2009，26(11)：1423-1427.
[30] 周永兵，邢跃军，陈韶辉，等. 连续侧线出料精馏法分离重整 $C_{10}$ 芳烃[J]. 化工进展，2012，31(S1)：456-458.
[31] 张东石，顾士庆，李经球. 四氢萘加氢裂解反应行为及重整 $C_{10}$ 芳烃利用方案研究[J]. 石油化工技术与经济，2023，39(01)：20-23.
[32] 王香平，欧阳春发. 热铺彩色沥青胶结料制备与改性[J]. 内江科技，2011，32(04)：100-133.
[33] 张旭. 具有阻垢性能的水溶性 $C_9$ 石油树脂的合成与应用[D]. 天津：河北工业大学，2005.
[34] 赵晓非，张云峰，甄活良，等. $C_9$-MA 水溶性石油树脂用作混凝土高效减水剂[J]. 大庆石油学院学报，2002(02)：27-29.
[35] 王芳，张旭，闫卫东. 水溶性 $C_9$ 石油树脂减水剂的制备及性能研究[J]. 化学建材，2006(04)：42-45.

[36] 李春生，耿悦彬，谢竹柏，等. 溴化石油树脂在聚氨酯发泡体系中的应用[J]. 聚氨酯工业，2003(04)：29-31.

[37] 李春生，张瑾，周春华. 改性石油树脂对 PVC 的增韧[J]. 塑料科技，1999(01)：15-17.

[38] 王久龙. 石油树脂乳液胶黏剂的合成[D]. 北京：中国石油大学(北京)，2022.

[39] 陈炳强，陈炳耀，张意田，等. 环保型 SBS 万能胶的研制[J]. 中国胶粘剂，2008(06)：31-33.

[40] 马国章，白国宝，侯彩英. 油墨用酚醛树脂的化学改性研究[J]. 精细与专用化学品，2007(Z1)：1-5.

[41] 倪少卿，张书林，姜立春. $C_9$ 石油树脂在农业轮胎胎面胶中的应用[J]. 轮胎工业，1995(04)：220-221.

[42] 李扬. 从裂解碳十中分离萘的工艺及石油萘馏分的固液平衡研究[D]. 南京：南京化工大学，1999.

[43] 阚昊，于宸，金熙俊. 6 万 t/a 苯乙烯装置精馏工艺设计与优化[J]. 当代化工，2014，43(09)：1755-1757.

[44] 孙静，陈正国. α-甲基苯乙烯的均聚和共聚及应用研究进展[J]. 贵州化工，2005(06)：9-11.

[45] Brown，Ralph L. Polymerization and oxidation of indene in the vapor phase[J]. Indengchem，1925，17(9)：920-940.

[46] Carmody W H，Kelly H E，Sheehan W. Coal by-products the hydrogenation of indene-coumarone resins[J]. Industrial and Engineering Chemistry Research，1940，32(5)：684-692.

[47] 胡银，王民昌，潘清，等. 桥式与挂式四氢双环戊二烯的光谱学研究[J]. 光谱学与光谱分析，2020，40(10)：3161-3166.

[48] 高山. 从混合 $C_9$ 芳烃中回收甲乙苯[J]. 广东化工，2013，40(04)：55-56.

[49] 李秀敏. 合成石油树脂的原料之研究[J]. 燕山油化，1992(03)：135-139.

[50] 赵明，田龙胜，唐文成，等. 裂解碳九苯乙烯抽提蒸馏工艺的研究与开发[J]. 石油炼制与化工，2015，46(07)：37-42.

[51] 田龙胜，张云明，赵明，等. 从裂解碳九中萃取蒸馏分离苯乙烯的溶剂及阻聚剂的评选[J]. 石油炼制与化工，2001(11)：6-9.

[52] 田龙胜，赵明，唐文成，等. 从烃类混合物中萃取精馏分离苯乙烯的复合溶剂及方法：CN200710304479.8[P]. 2009-07-01.

[53] 房清江，王士保，崔延强，等. 从裂解 $C_8/C_9$ 中抽提苯乙烯的生产工艺：CN201010046317.0[P]. 2010-06-30.

[54] 颜立，董晓玲. 石油萘的市场及生产技术进展[J]. 甘肃科技，2008(11)：44-47.

[55] 左洪亮，梁国强，杨圣儒，等. 一种从裂解碳九馏分中制备甲基环戊二烯二聚体的方法：CN201910885216.3[P]. 2019-12-13.
[56] 卢暄. 从催化重整副产 $C_9$ 芳烃分离制取偏三甲苯、均三甲苯技术[J]. 化学工业，2010，28(12)：30-33.
[57] 李承烈，黄国雄，王瑞英，等. 一种烷烃异构化催化剂的制备方法：CN86106388[P]. 1988-04-06.
[58] 宋宝东，马友光，白鹏，等. 从 $C_9$ 芳烃中分离制备均三甲苯[J]. 化学工业与工程，2002(02)：211-215.
[59] 刘杰，刘岗. 国外 $C_9+C_{10}$ 混合宽馏分原料加工[J]. 中国石油石化，2005(05)：58.
[60] 夏康哲，陈举，郭茂胜. 偏三甲苯分离装置工艺的优化[J]. 安徽化工，2021，47(06)：121-125.
[61] 殷丽娜，胡永玲，韩大维. 均四甲苯的制备方法及应用研究[J]. 化学与粘合，2009，31(06)：64-68.
[62] 林军，顾正桂. 重整 $C_9$ 芳烃中甲乙苯的分离及利用[J]. 化工时刊，2001(02)：25-26.
[63] 李伯骥，吴翔，韩宝华，等. KBaY 型分子筛吸附分离对二乙苯的研究[J]. 辽宁化工，1987(03)：11-15.
[64] 肖国民，邹晓民，吴平东. 改性 ZSM-5 分子筛吸附分离混合二乙苯[J]. 石油化工，2002(08)：616-618.
[65] 王辉国，郁灼，赵毓璋，等. 对二甲苯吸附剂及制备方法：CN03147981. 2[P]. 2005-01-19.
[66] 樊佳伟，李瑞江，朱学栋，等. 二乙苯脱氢制二乙烯基苯热力学及反应特性研究[J]. 精细石油化工，2021，38(03)：35-39.
[67] 崔小明. 偏苯三酸酐的生产和应用[J]. 杭州化工，2005，35(03)：23-27.
[68] 陈威，邬茂，金炼铁. 抗氧剂及其发展趋势[J]. 化工技术与开发，2008，37(12)：22-25.
[69] 胡艳芳，李志国，聂兆广，等. 双环戊二烯对甲酚树脂的合成工艺研究[J]. 青岛大学学报(工程技术版)，2006(01)：23-27.
[70] 孟庆保. 橡胶抗氧剂 KL 的生产方法：CN201010128541.4[P]. 2010-12-01.
[71] 杨彦威. 对甲基苯酚-双环戊二烯苯乙烯化抗氧剂树脂：CN200610017126. 5[P]. 2007-02-21.
[72] Yamashita H，Ohkatsu Y. A new antagonism between hindered amine light stabilizers and acidic compounds including phenolic antioxidant[J]. Polymer Degradation & Stability，2003，80(3)：421-426.

[73] Shearer D N, Limited B C, Adams L H, et al. Stabilized polymers and their preparation: EP91300407.3[P]. 1991-01-18.
[74] Hine P J, Leejarkpai T, Khosravi E, et al. Structure property relationships in linear and cross-linked poly (imidonorbornenes) prepared using ring opening metathesis polymerisation (ROMP)[J]. Polymer, 2001, 42(23): 9413-9422.
[75] Kaminsky W, Sinn H. Transition metals and organometallics as catalysts for olefin polymerization[M]. Berlin: Springer Science & Business Media, 2012.
[76] Yi K S, Tenney L P, Lane Jr P C, et al. Continuous process for making melt-processable optical grade ring-opened polycyclic olefin (co)polymers in a single-stage multi-zoned reactor: U S 5705572[P]. 1998-1-6.
[77] Yamazaki M. Industrialization and application development of cyclo-olefin polymer [J]. Journal of Molecular Catalysis A: Chemical, 2004, 213(1): 81-87.
[78] 陈洪军，周飞，黄勇. 甲基纳迪克酸酐合成工艺及应用概述[J]. 石油化工技术与经济，2012，28(06)：53-56.
[79] 许文，孙鹰翔，杨强. 合成汽油辛烷值高效添加剂——甲基环戊二烯三羰基锰(MMT)的研究进展[J]. 石化技术，2001(01)：53-55.
[80] 彭高聪，路宝田，向绍基，等. 浅色度 $C_9$ 石油树脂的研究：Ⅲ核磁共振和红外光谱表征[J]. 涂料工业，1998(01)：39-42.
[81] 杨磊，武书彬，向冰莲，等. C-9 石油树脂化学结构的波谱分析[J]. 广州化工，2007(05)：56-59.
[82] 杨启迪，杨礼伟，赵凤仁，等. 碳九石油树脂的热聚合工艺：CN202210325398.0[P]. 2022-05-27.
[83] Tajima S, Kawai K. Hydrocarbon resin with ethylidene group and rubber composition including the same: U S 10/190376[P]. 2003-2-27.
[84] Okazaki T, Nagahara E, Keshi H. Process for producing hydrogenated $C_9$ petroleum resin and hydrogenated $C_9$ petroleum resin obtained by the process: U S 6458902 [P]. 2002-10-1.
[85] 赵洪福，贾芳成，吴永强，等. 不同操作参数对 $C_9$ 冷聚石油树脂的影响研究[J]. 中国胶粘剂，2020，29(06)：52-55.
[86] 李春生，寿崇琦，顾尧. $C_9$ 石油树脂的改性[J]. 石油化工，1999(02)：34-36.
[87] 闫卫东，肖翠玲. $C_9$ 石油树脂改性研究状况[J]. 齐齐哈尔轻工学院学报，1995(04)：76-78.
[88] 王士财，李宝霞. 改性石油树脂的合成及其增容 PVC/PE 共混物的研究[J]. 塑料工业，2004(07)：44-47.
[89] 褚夫强，邱化玉，陈夫山. 阳离子分散石油树脂施胶剂的研制[J]. 中华纸业，

2004(08)：47-49.
[90] 黎文部，马红霞，刘云霞，等. 阳离子改性石油树脂乳液的制备[J]. 化学与粘合，2008(04)：44-46.
[91] 马江权，周凯，陆敏，等. $C_5/C_9$ 共聚石油树脂的加氢工艺研究[J]. 江苏工业学院学报，2008，20(04)：36-39.
[92] 孙向东，王斌，李爱元，等. 一种 $C_5/C_9$ 加氢石油树脂的制备方法：CN201210223334.6[P]. 2012-10-10.
[93] 张正国，钟宏，危青，等. $C_5/C_9$ 共聚石油树脂的合成研究[J]. 当代化工，2004(06)：343-346.
[94] 高栋华，葛发祥. 橡胶用 $C_5/C_9$ 共聚石油树脂合成新工艺初探[J]. 安徽化工，2004(02)：21-22.
[95] 姜东成，刘玉国，高军亮，等. $C_5/C_9$ 共聚石油树脂连续聚合系统：CN201921259322.2[P]. 2020-06-05.
[96] 孙向东，王斌，彭振博，等. 一种 $C_5/C_9$ 共聚石油树脂的制备方法：CN201210218427.X[P]. 2012-10-10.
[97] 何开，冯伟，穆智宇. 裂解 $C_9$ 综合利用现状分析[J]. 广州化工，2012，40(13)：58-60.
[98] 谢美妮，梁越，谭宁梅. 裂解 $C_9$ 资源研究进展[J]. 广东化工，2011，38(05)：16-17.
[99] 翟建，刘育良，李鲁闽，等. 萃取精馏分离苯/环己烷共沸体系模拟与优化[J]. 化工学报，2015，66(09)：3570-3579.
[100] 李爱元，孙向东，王斌，等. 一种柔性氢化 $C_9$ 石油树脂的制备方法：CN202011399507.0[P]. 2021-05-14.
[101] 于海斌，南军，曲晓龙，等. 一种高品质氢化碳九石油树脂的制备方法：CN201010549195.7[P]. 2011-04-06.
[102] 耿姗，南军，于海斌，等. 一种碳九石油树脂加氢预处理的方法：CN201110274726.0[P]. 2012-03-28.
[103] 段大勇，吴俊华，张立群，等. 一种 $C_9$ 加氢石油树脂的制备方法：CN201210451084.1[P]. 2013-02-13.
[104] 于海斌，南军，杨建国，等. 一种由粗碳九石油树脂生产氢化碳九石油树脂的方法：CN201010287079.2[P]. 2011-02-09.
[105] 南军，于海斌，杨建国，等. 一种氢化碳九石油树脂的制备方法：CN201010286981.2[P]. 2011-04-06.
[106] 梁长海，李闯，张淼，等. 一种氢化 $C_9$ 石油树脂的制备方法：CN201510354808.4[P]. 2015-09-02.

[107] 李建辉，李日霞，钟毅，等. 一种氢化 $C_9$ 石油树脂的制备方法及氢化 $C_9$ 石油树脂：CN202210237475.7[P]. 2022-05-20.

[108] 司晓郡，王开林，张磊，等. 一种用于 $C_5/C_9$ 共聚石油树脂的加氢催化剂制备方法及加氢方法：CN201910114199.3[P]. 2019-05-1.

[109] 房江华，黄辉，徐卫红，等. 一种碳九树脂的加氢催化方法：CN202010128069.8[P]. 2021-06-08.

[110] 鲁佳. 用于 $C_9$ 石油树脂加氢的 $\gamma$-$Al_2O_3$ 负载钯基催化剂的研究[D]. 杭州：浙江工业大学，2012.

[111] Yu L J, Jiang D H, Xu J, et al. Two-stage hydrogenation modification of $C_9$ petroleum resin over NiWS/$\gamma$-$Al_2O_3$ and PdRu/$\gamma$- $Al_2O_3$ catalysts in series[J]. China Petroleum Processing & Petrochemical Technology, 2012, 14(03): 83-89.

[112] 司晓郡，张磊，王开林，等. $C_5$ 石油树脂加氢技术研究[J]. 中国高新科技，2017，1(04)：7-9.

[113] 傅佳伟，吴承洪，何瑶靓，等. 金属有机骨架化合物衍生镍/碳复合材料催化 $C_9$ 石油树脂加氢反应研究[J]. 精细石油化工，2022，39(06)：38-43.

[114] 王永林，付秋红，杨刚，等. 一种石油树脂的加氢脱色方法：CN201010514220.8[P]. 2012-05-16.

[115] 张先茂，吴阳春，王泽，等. 一种高含氟 $C_9$ 树脂加氢催化剂及其制备方法和应用：CN202110036900.1[P]. 2021-04-06.

[116] 韩玉泽，贾顺超，康小洪，等. 加氢石油树脂的制备方法：CN97112026.9[P]. 1998-11-25.

[117] 俞陆军. 碳九石油树脂催化加氢改性及显色原因分析[D]. 杭州：浙江工业大学，2014.

[118] 荣泽明，吕金昆，孙立明，等. 一种用于催化石油树脂加氢的催化剂及其制备方法和应用：CN201510886175.1[P]. 2016-03-23.

[119] 何志山. $\beta$-环糊精修饰废 FCC 触媒负载 Ni 基催化剂及其强化 $C_9$ 石油树脂加氢性能研究[D]. 南宁：广西大学，2021.

[120] 范若愚. 非贵金属(Cu,Ni)催化剂的合成及其加氢性能研究[D]. 合肥：中国科学技术大学，2021.

[121] 王月莹. 钴镍合金/镍钴钨多元过渡金属氧化物的制备及其催化加氢性能研究[D]. 马鞍山：安徽工业大学，2022.

[122] Usman T Y, Kubota T, Okamoto Y. Effect of phosphorus addition on the active sites of a Co-Mo/$Al_2O_3$ catalyst for the hydrodesulfurization of thiophene[J]. Applied Catalysis A: General, 2007, 328(2): 219-225.

[123] Van Veen J A R, Colijn H A, Hendriks P, et al. On the formation of type Ⅰ and type Ⅱ NiMoS phases in NiMo/$Al_2O_3$ hydrotreating catalysts and its catalytic implications[J]. Fuel Processing Technology, 1993, 35(1-2): 137-157.

[124] Kwak C, Kim M Y, Choi K, et al. Effect of phosphorus addition on the behavior of CoMoS/$Al_2O_3$ catalyst in hydrodesulfurization of dibenzothiophene and 4,6-dimethyldibenzothiophene[J]. Applied Catalysis A: General, 1999, 185(1): 19-27.

[125] Byron P R. Halogen resistant hydrotreating process and catalyst: EP19900302086 [P]. 1994-09-07.

[126] Kural M E, Cant N W, Trimm D L. The effect of metal distribution across pellets on the activity of nickel-tungsten hydrotreating catalysts [J]. Journal of Chemical Technology & Biotechnology, 1990, 47(2): 143-149.

[127] Maatman R W, Prater C D. Adsorption and exclusion in impregnation of porous catalytic supports [J]. Industrial & Engineering Chemistry, 1957, 49 (2): 253-257.

[128] Cullis C F, Willatt B M. The inhibition of hydrocarbon oxidation over supported precious metal catalysts[J]. Journal of Catalysis, 1984, 86(1): 187-200.

[129] Simone D O, Kennelly T, Farrauto R J. Reversible poisoning of palladium catalysts for methane oxidation[J]. Applied Catalysis, 1991, 70(1): 87-100.

[130] Hicks R F, Qi H, Young M L, et al. Effect of catalyst structure on methane oxidation over palladium on alumina[J]. Journal of Catalysis, 1990, 122 (2): 295-306.

[131] 过中儒，史鸿鑫，徐慧珍. 钯系双金属催化剂的制备及其表面性质[J]. 催化学报，1993(01): 12-18.

[132] 王宗波，张孔远，杨康，等. 碱金属改性对 Pd-Au/$Al_2O_3$ 催化剂上异戊二烯选择性加氢性能的影响[J]. 石油炼制与化工，2014，45(12): 38-42.

[133] 马江权，周凯，陆敏，等. $C_5$/$C_9$ 共聚石油树脂的加氢工艺研究[J]. 江苏工业学院学报，2008，20(04): 36-39.

[134] 朱明慧. 加氢石油树脂的开发与应用[J]. 石油化工，1991(08): 567-571.

[135] 李云政，张磊. 一种石油树脂的加氢脱色方法: CN201811172923. X[P]. 2020-04-17.

[136] 谢家明，陈国忠，杨忠保，等. 一种双环戊二烯加氢石油树脂的制备方法: CN02137115. 6[P]. 2004-03-31.

[137] 陈红. 一种氢化双环戊二烯石油树脂的制备工艺与设备及其加氢反应釜: CN201511013480. 6[P]. 2016-05-25.

[138] 金锋. 一种用于双环戊二烯加氢反应中的文丘里管及其使用方法：CN201610573769.1[P]. 2016-10-26.
[139] 王洋，王秀，郭春平，等. 一种由双环戊二烯直接制备双环戊二烯加氢石油树脂的方法：CN201610110368.2[P]. 2016-06-08.
[140] 王潇，李莎，艾热提·牙森，等. 一种制备氢化双环戊二烯石油树脂的加氢反应釜：CN201621138719.2[P]. 2017-04-26.
[141] 陈国兴，马庭洲. 加氢双环戊二烯树脂的制备方法：CN201310724186.0[P]. 2014-04-16.
[142] 李涛，丛长盛，王勇，等. 双环戊二烯加氢石油树脂生产系统及方法：CN201310256461.0[P]. 2013-10-23.
[143] 金锋. 一种双环戊二烯石油树脂加氢反应器：CN201420369664.0[P]. 2014-12-03.
[144] 曲晓龙，南军，于海斌，等. 一种浅色高软化点氢化双环戊二烯石油树脂的制备方法：CN201110327835.4[P]. 2012-06-27.
[145] 全国塑料标准化技术委员会. 石油树脂：GB/T 24138-2022[S]. 北京：中国标准出版社，2022.
[146] 全国煤化工标准化技术委员会. 焦化固体类产品软化点测定方法：GB/T 2294-2019[S]. 北京：中国标准出版社，2019.
[147] 全国塑料标准化技术委员会. 透明液体颜色测定方法(加德纳色度)：GB/T 22295-2008[S]. 北京：中国标准出版社，2008.
[148] 全国塑料标准化技术委员会通用方法及产品分会. 塑料 聚酯树脂 部分酸值和总酸值的测定：GB/T 2895-2008[S]. 北京：中国标准出版社，2008.
[149] 全国钢标准化技术委员会. 焦化固体类产品灰分测定方法：GB/T 2295-2008[S]. 北京：中国标准出版社，2008.
[150] 全国石油产品和润滑剂标准化技术委员会石油燃料和润滑剂分技术委员会. 石油馏分及工业脂肪族烯烃溴值的测定电位滴定法：GB/T 11135-2013[S]. 北京：中国标准出版社，2013.
[151] 全国危险化学品管理标准化技术委员会. 石油产品 闪点测定 阿贝尔-宾斯基闭口杯法：GB/T 27847-2011[S]. 北京：中国标准出版社，2011.
[152] 全国石油产品和润滑剂标准化技术委员会石油燃料和润滑剂分技术委员会. 石油产品常压蒸馏特性测定法：GB/T 6536-2010[S]. 北京：中国标准出版社，2010.
[153] 中国石油化工总公司. 溶剂油芳烃含量测定法(色谱法)：SH/T 0245-1992[S]. 北京：中国标准出版社，1992.
[154] 中国石油化工总公司石油化工科学研究院. 烃类溶剂中苯含量测定法(气相色

谱法)：GB/T 17474-1998[S]. 北京：中国标准出版社，1998.

[155] 中国石油化工总公司.溶剂汽油碘值测定法：SH/T 0243-1992[S]. 北京：中国标准出版社，1992.

[156] 中国石油化工总公司石油化工科学研究院. 原油和液体石油产品密度实验室测定法(密度计法)：GB/T 1884-2000[S]. 北京：中国标准出版社，2000.

[157] 中国石油化工总公司石油化工科学研究院. 液体化学产品颜色测定法(Hazen单位——铂-钴色号)：GB/T 3143-1982[S]. 北京：中国标准出版社，1982.

[158] 中国石油化工总公司石油化工科学研究院. 工业芳烃铜片腐蚀试验法：GB/T 11138-1994[S]. 北京：中国标准出版社，1994.

[159] 全国石油产品和润滑剂标准化技术委员会石油燃料和润滑剂分技术委员会. 石油产品和烃类溶剂苯胺点和混合苯胺点测定法：GB/T 262-2010[S]. 北京：中国标准出版社，2010.